孔子新传

孟祥才 著

人民出版社

责任编辑:宫　共
封面设计:源　源

图书在版编目(CIP)数据

孔子新传/孟祥才 著. —北京:人民出版社,2021.7
ISBN 978-7-01-023460-1

Ⅰ.①孔…　Ⅱ.①孟…　Ⅲ.①孔丘(前551-前479)–传记　Ⅳ.①B822.2

中国版本图书馆 CIP 数据核字(2021)第 099023 号

孔子新传

KONGZI XINZHUAN

孟祥才　著

人民出版社 出版发行
(100706　北京市东城区隆福寺街 99 号)

中煤(北京)印务有限公司印刷　新华书店经销

2021 年 7 月第 1 版　2021 年 7 月北京第 1 次印刷
开本:710 毫米×1000 毫米 1/16　印张:20　字数:297 千字

ISBN 978-7-01-023460-1　定价:58.00 元

邮购地址 100706　北京市东城区隆福寺街 99 号
人民东方图书销售中心　电话 (010)65250042　65289539

━━━━━━━━ **作 者 简 介** ━━━━━━━━

孟祥才，1940 年生，山东临沂人。山东大学儒学高等研究院教授、博士生导师。长期从事中国古代史和中国思想史的教学与研究。已在人民出版社、中华书局、中国社会科学出版社、齐鲁书社、山东人民出版社等出版《王莽传》《秦汉史》《秦汉人物散论》《梁启超评传》《中国古代反贪防腐术》《齐鲁传统文化中的廉政思想》《中国政治制度通史·秦汉卷》《秦汉政治思想史》等个人专著 28 部，主编、合撰、参编著作 25 部，部分著作获得国家图书奖等奖项。在《光明日报》《文物》《中国史研究》《历史教学》《文史哲》《史学月刊》等报刊发表论文 300 余篇。享受国务院政府特殊津贴。曾兼任中国农民战争史研究会理事长、中国秦汉史学会副会长、山东史学会副会长和北京师范大学等校兼职教授。

目　录

第一章　尼山诞圣

公元前551年（周灵王二十一年，鲁襄公二十二年）10月27日（夏历八月二十七日），中国伟大的政治家、思想家、教育家孔子诞生于春秋时期的鲁国陬邑（今山东曲阜东南尼山附近）①。其时，他的父亲叔梁纥正做着这个地方的行政官员陬邑宰，也称陬邑大夫。作为鲁国的贵族之家，年过60岁的叔梁纥为老来得子而无比激动，因为他有了一个健康的继承人；作为时年不到20岁的年轻母亲，颜徵在的激动更是超过年迈的丈夫，因为在这个一妻两妾的家庭里，"母以子贵"，她从此有了自己的依靠，有了自己赖以生活下去的希望和动力。不过，这对老夫少妻，生前怎么也不会想到，他们诞育的这个婴儿日后将成长为为中华民族赢得世界级荣誉的伟大人物，而他们自己也因此而获得后世王朝一连串的追封之爵，建庙祭祀，与儿子一起永垂青史。

孔子的父亲叔梁纥先世是宋国人。这个宋国是西周初年周公秉政时分封的殷人贵族、纣王庶兄微子启建立的诸侯国。周武王伐纣成功代商朝建立对全国的统治后，先是分封商纣王的儿子武庚于商朝的腹地，继承殷人的社稷。谁知武庚在周武王去世后勾结三监周贵族管叔、蔡叔、霍叔发动武装叛乱，迫使周公不得不举行二次东征平叛，诛杀武庚，其他参与叛

---

① 孔子的生卒时间，学术界长期争论不休。这里采用《史记·孔子世家》"鲁襄公二十二年而孔子生"和《谷梁传》"冬十月庚子孔子生"的记载。

乱者也得到应有的惩罚。叛乱敉平后，微子启被封为宋国国君，继承殷人的社稷。这位微子启是商朝的仁人君子，据传《尚书·洪范》就出自他的手笔，这表明他是当时不可多得的政治家和哲学家。当时的宋国以今之河南商丘为中心，地跨鲁、豫、皖三省交界处。据《孔子家语》记载，殷人为子姓。其后裔孔氏一枝传自宋襄公："宋襄公生弗父何，以让弟厉公。弗父何生宋父周，周生世子胜，胜生正父考，考父生孔父嘉，五世亲尽，别为公族，姓孔氏。孔父生子木金父，金父生睪夷。睪夷生防叔，畏华氏之逼而奔鲁，故孔氏为鲁人也。"而据《史记·宋微子世家》记载，孔父嘉曾任宋国的大司马，是在宋殇公十年被太宰华督杀死的。殇公之后又经过庄公十九年、愍公十一年、桓公三十一年，才传至襄公。这说明孔父嘉比宋襄公年长很多，《孔子家语》将其认定为宋襄公的第五代后裔显然是难以说通的。两书关于孔子家世传承的矛盾记载，可以肯定，或者其中一个记载是错的，也可能两种记载全错。这说明，孔子先世的真实情况已经难以确切考究。这里似乎可以肯定的是，孔子先世是宋国贵族，以子为姓，以孔为氏，后因避祸或其他原因迁至鲁国。至于何世何时迁徙，已经不易理清了。

孔子的先世迁居鲁国后，尽管其贵族的身份得到承认，但作为外来户不可能受到重用。据记载，其祖上防叔曾担任过鲁国贵族臧氏的家臣，做过防邑宰，一个管理贵族采邑的小官。孔子之父叔梁纥担任的陬邑宰，也是一个类似的小官，秩级大概只相当于今日的乡镇长之类。当时的地方官都是文武相兼的，平时管理地方政务，遇有战事，就要受命领兵打仗。而叔梁纥就是因为参与战事表现得机智勇武，为自己赢得了举国皆知的声名。《春秋左氏传》记载了他两次英勇善战的事迹。一次是鲁襄公十年（前 563 年）：

夏四月戊午……

晋荀偃、士匄请伐偪阳，而封宋向戌焉。荀罃曰："城小而固，

胜之不武，弗胜为笑。"固请。丙寅，围之，弗克。孟氏之臣秦堇父
辇重如役。偪阳人启门，诸侯之士门焉。县门发，郰人纥抉之，以
出门者。①

这次晋国率领的诸侯联军围攻偪阳（今江苏邳州市西北），与晋国结盟的
鲁国军队也随同作战，叔梁纥是带兵的军官之一。由于偪阳守军据城奋力
抵抗，联军的第一次进攻没有奏效。战斗进行中，偪阳守军故意开启如同
今之闸门的城门，装成败退的样子，引诱部分联军攻入城内，然后突然放
下城门，准备对突入城内的敌军进行围歼。在这千钧一发之际，接近城门
的叔梁纥识破了敌军的诡计，一跃而上，奋力用臂膀顶住下落的城门，使
突入城内的联军士卒安全撤出。这次战役的最后结局是联军攻破偪阳，而
年近 50 岁的叔梁纥的勇谋兼备也自然在列国传扬。

另一次是襄公十七年（前 556 年）：

> 齐人以其未得志于我故，秋，齐侯伐我北鄙，围桃。高厚围
> 臧纥于防。师自阳关逆臧孙，至于旅松。郰叔纥、臧畴、臧贾帅甲
> 三百，宵犯齐师，送之而复。齐师去之。②

这次齐军分两路进攻鲁国，一路由齐灵公亲自率领围攻桃（今山东汶上
北）；一路由高厚指挥围攻防（今山东泗水西南）。这时，齐军将臧纥、叔
梁纥、臧畴、臧贾等率领的鲁军围困在防城中，形势岌岌可危。鲁国君急
忙派援兵进驻防城附近的旅松，以便策应城内的守军。夜里，叔梁纥、臧
畴、臧贾等率甲士 300 人，保护臧纥突出重围，安全进入旅松。然后又率
队突回防城，继续与围城的齐军对战。被叔梁纥等鲁军将士的骁勇顽强惊
得目瞪口呆的齐军，意识到取胜无望，只得垂头丧气地撤围而去。鲁军取

---

① 杨伯峻：《春秋左传注》，中华书局 2009 年版，第 974—975 页。
② 杨伯峻：《春秋左传注》，中华书局 2009 年版，第 1030—1031 页。

得了这次战役的胜利。这一年，叔梁纥虽然已经是年近花甲的老人，但他的孔武善战也因此战进一步名闻遐迩了。

叔梁纥尽管通过自己大半生的英勇搏战在鲁国获得了一定的地位和声望，但却因为没有一个身心健全的儿子承袭贵族爵位、延续孔氏宗系而闷闷不乐。原因在于：他的夫人施氏一连生下九个女儿，未生一个男孩。另一夫人虽然生下了儿子孟皮，但这个儿子却因为下肢残疾而难以在贵族圈子里体面地周旋应酬。叔梁纥为此十分烦恼，于是决心再娶一个能为他生儿子的年轻女子为妻。他试着向居住在鲁都曲阜城内的颜家求婚，结果如愿以偿。此时，颜家的三个女儿都待字闺中，面对叔梁纥的求婚，其父征询三个女儿的意向，老大和老二都以叔梁纥年纪太大为由加以拒绝，而三女儿颜徵在却自愿应征，因此她就在公元前 552 年成为叔梁纥的第三个妻子。因为是老夫少妻，匆匆成婚，礼仪不够完备，所以被司马迁在《史记·孔子世家》说成是"野合"的婚姻。"野合"二字给后世留下了一个争论不休的话题，有些人认定为"非婚"，说孔子是"私生子"；更有人激烈反对这一说法，认为是给这位大圣人"抹黑"。《史记》的"索引""正义"都以老夫少妻、礼仪不完备诠释"野合"，或许是正确的解释。传说结婚以后，叔梁纥就带着妻子来到尼山，祈祷神灵给他们一个健康的儿子。后来孩子就降生在尼山东南的一个山洞里，所以叔梁纥就给这个孩子起名孔丘，字仲尼。正因为尼山与孔子联系在一起，它因而就成为中国传统文化中的圣山之一。《山东通志》卷六对尼山和相传孔子降生的坤灵洞是这样记述的：

> 本名尼邱山，避圣讳也。《祖庭广记》曰："……其山五峰连峙，谓之五老峰，中峰之麓有宣圣庙，庙东为中和壑，沂水出焉。流而下注为智源溪，其上为坤灵洞，洞有三门，中为一室，广可两楹，有石床石几，皆天成也。"宋仁宗皇佑二年，以尼山为孔子诞生之地，封为毓圣侯。

你看，就因为孔子诞生于尼山，此山就因此被北宋皇帝封为毓圣侯，可见与孔子沾边的事物都蒙上了圣光。今日登临尼山，不仅"群山环峙插云天，五老峰高瑞气连"的自然风光令人流连忘返，更重要的是那些与孔子连在一起的颜母山、鲁源村、坤灵洞（也称夫子洞）、观川亭，特别是建在群山环抱中的雄伟的孔庙和肃穆静谧的尼山书院等古迹，更能够引发人们的无限遐思。尼山作为一座流芳百世的文化圣山，已经与孔子和儒学融为一体，引来世界各地无数寻根问祖的炎黄子孙和仰慕中华传统文化的外国政要、专家学者、各方友人与游客的虔诚凭吊。

人类历史将永远铭记公元前 551 年 10 月 27 日孔子降生之后的清亮的啼哭声，它预示了中国一代思想文化巨人的横空出世，预示了一个中国历史上思想文化轴心时代的来临，而作为这个时代领航者的孔子，正是以他的思想和创立的儒家学派，为这个时代的降临作出了"金鸡一鸣天下晓"的无可替代的贡献。

第二章 "礼崩乐坏"的时代

迎接孔子这位未来中国思想文化巨人的是一个怎样的时代呢?

孔子诞生的春秋(前770—前476年)末期,中国历史已经发展到一个转折点,一个奴隶社会即将完成向封建社会转化的时代,一个思想文化的绚丽多姿的发皇期的开端。

中国历史从传说的五帝时代过渡到第一个阶级社会奴隶制时代,夏、商、西周时期经历了我国奴隶社会的黄金岁月。公元前771年,西周最后一个国君周幽王被戎人杀死在骊山(今陕西临潼附近)下。第二年,他的儿子周平王将都城从镐京(今陕西西安附近)迁至洛邑(今河南洛阳),史称东周。因为鲁国史书《春秋》对此后三百年左右的历史做了比较详细的记载,所以又称公元前770—前476年这一时期的历史为春秋时期。这一时期,社会生产力发展到一个新的阶段,铁器的使用和牛耕的推广使社会获得了变革生产关系的崭新力量。春秋初年,齐国的农业生产已经开始使用耒、耜、枷、芟、鉏、夷、斤、斸等铁制工具。① 到了春秋中叶,齐灵公时代叔夷管理的"造铁徒"已有4000人之多。② 公元前513年,晋国曾向汝水(今属河南)百姓征收军赋"一炉铁",铸造了著录范宣子"刑书"的刑鼎。与铁制工具使用和推广差不多同时,牛也开始广泛应用于耕

---

① 上海师范学院古籍整理组校点:《国语》卷六《齐语》,上海古籍出版社1978年版,第228、240页。

② 《叔夷钟铭》。

田。《国语·晋语》所谓"宗庙之牺，为畎亩之勤"，就是最早使用牛耕的记载。到了春秋晚期，牛与耕的联系已经大量反映到人名上，如春秋晋国大力士名牛子耕，孔子弟子冉耕字伯牛，司马耕字子牛。这意味着在中原大地上牛耕已经相当普遍了。铁器和牛耕的使用，使社会获得了一种远比木、石、骨、蚌强大得多的生产力："铁使更大面积的农田耕作，开垦广阔的森林地区，成为可能；它给手工业工人提供了一种其坚固和锐利非石头或当时所知道的其他金属所能抵挡的工具。"① 由于铁器和牛耕的使用和推广，给农业向深度和广度的发展提供了可能，大规模的开垦和精耕细作同时并进，人类征服自然的能力空前提高了。许多草莽丛生的不毛之地变成了良田沃野。西周时期"地潟卤，人民寡"的齐国，到春秋战国时期已经变成"膏壤千里，宜桑麻"② 的兴旺发达的东方强国。西周初年，"蓬蒿藜藿"一望无际的郑国，春秋时期已经是一个农、工、商都比较发达的中原强国。而西周初年"筚路蓝缕，以处草莽"的楚国，到春秋时期也已经成为南方政治、经济和文化的中心了。其他原来更落后一些的诸侯国，如燕、吴、越等都迅速地赶了上来。到春秋末期，吴、越两国已经北上中原参加争霸战争，与晋、齐等中原大国分庭抗礼了。铁器还为大规模水利工程的修建提供了有力的工具。吴国开凿了沟通长江和淮河的邗沟，成为后世南北大运河的奠基工程。其他各国也相继兴修一些农田水利设施，农业技术水平也有很大提高，所有这一切，都为此时农业生产的发展准备了条件。

铁的应用，不仅为农业提供了大量有效的工具，更重要的是为手工业提供了为青铜所不可比拟的丰富的原材料。随着冶铁的锻造技术不断提高和钢的冶炼成功，钢铁已经被用到兵器和生活用具的各个方面了。

生产力的发展是生产关系变革的前提。大量铁制农具的使用，为一家一户从事个体农业生产创造了基本条件，而这正是封建社会农业生产的

---

① 恩格斯：《家庭、私有制和国家的起源》，《马克思恩格斯选集》第4卷，人民出版社1972年版，第159页。

② 司马迁：《史记》卷一百二十九（货殖列传），中华书局1959年版，第3265页。

基本组织形式。奴隶制生产关系的特点是奴隶主占有生产资料和直接占有生产者的奴隶本身。奴隶作为"会说话的工具",没有任何人身自由,他们与土地、牛马和生产工具一样,可以被主人任意支配。如果说这种血腥的剥削制度一开始就受到奴隶的反抗,那么,到铁制农具普遍推广,生产者需要相对自由的时候,这种剥削制度就更是生产者所不能容忍的了。从西周末年到春秋时期,奴隶的怠工、逃亡、"为盗"和起义的记载不绝于史。昔日"千耦其耘"、收获物"如茨如梁""如坻如京"①的繁荣景象一去不复返,农田出现一片衰败的景象:"无田甫田,维莠骄骄;无田甫田,维莠桀桀。"②生产力发展的自然要求,迫使部分奴隶主从自身利益出发,对原有的生产关系进行点点滴滴的改革。正是从这些看来不经意的变革中,透出了封建生产关系最早出现的信息。

封建生产关系的特点,是地主阶级占有生产资料和不完全占有生产者。它通过地租剥削农民,经济手段和政治强制是紧密结合的。请看《诗·豳风·七月》所反映的农夫的生产和生活状况:

> 七月流火,九月授衣……无衣无褐,何以卒岁?……
> 同我妇子,馌彼南亩,田畯至喜。
> 八月载绩,载玄载黄。我朱孔阳,为公子裳。……
> 一之日于貉,取彼狐狸,为公子裘。
> 九月筑场圃,十月纳禾稼。……亟其乘屋,其始播百谷。③

诗中描述的农夫有自己的家室妻小,有住宅,有自己少量的财产,基本上是一家一户进行生产。但是,他们的生产活动有"田畯"监视,他们生产的百谷几乎完全入了主人的粮仓。他们的妻女纺绩织布,是为了给主人做衣裳。同时,他们还要为主人服许多无偿的劳役,如修建房屋,打猎凿

---

① 《诗经·小雅·甫田》,《十三经注疏》,中华书局1982年版,第475页。

② 《诗经·国风·南山》,《十三经注疏》,中华书局1982年版,第353页。

③ 《诗经·豳风·七月》,《十三经注疏》,中华书局1982年版,第389—391页。

冰。他们显然是刚从奴隶转化而来的农奴,受着主人劳役地租的沉重剥削。由于这种生产方式难以提高农奴的生产积极性,于是一些贵族开始采用新的剥削方式——"分货"制,即实物地租。农民对租用的土地有使用权,贵族用征、税、敛等形式对他们进行剥削。当时的"征"和"税"并不是后来意义的财产税,而是租、税合一的一种剥削方式。这时的生产者已经不是奴隶,而是被束缚于土地上的农奴。再加上原来"国人"转化而来的较独立的个体农民,和打破"工商食官"格局后产生的独立工商业者,组成了封建社会主要的生产者和经营者群体。到春秋战国之交,中国奴隶社会从经济上基本上完成了向封建社会的转化。在这一转化过程中,土地制度完成了由奴隶制的"井田制"向封建土地国有制加地主土地私有制的转变。这种转变反映在文献上,就是"私田"的逐步扩大并超过"公田",下级奴隶主贵族在这一转变中逐渐富起来,到处出现"季氏富于周公"①的现象。这种情况的进一步发展,就逼使各国国君从增加财政收入的目的出发而改变原来的税收制度,即废除"井田制"时期的贡赋制,实行根据土地多少征收赋税的办法。如公元前645年晋国"作爰(辕)田"②,前594年鲁国"初税亩"③,前548年楚国"量入修赋"④,大约在此前后,齐国实行"相地而衰征"⑤。这些税收制度并非某些传统论者所认定的那样,是什么承认土地私有制,恰恰相反,这是各诸侯国在地主土地私有制刚刚产生之时采取的一种抑制措施。它实际上是在法律上确认所有私田公田都是属于国君的财产。这就等于把各级奴隶主的私田一律收归国有。正是在这样的背景下,下层奴隶主贵族才发出了"人有土田,汝反有之;人有人民,汝覆夺之"⑥的抗议之声。不过,这时的土地所有权虽然

---

① 《论语·先进》,《十三经注疏》,中华书局1982年版,第3499页。

② 杨伯峻:《春秋左传注》,中华书局2009年版,第361页。

③ 杨伯峻:《春秋左传注》,中华书局2009年版,第758页。

④ 杨伯峻:《春秋左传注》,中华书局2009年版,第1107页。

⑤ 上海师范学院古籍整理组校点:《国语》卷六《齐语》,上海古籍出版社1978年版,第236页。

⑥ 《诗·大雅·瞻卬》,《十三经注疏》,中华书局1982年版,第577页。

属于国君，但已经不是原来意义的"井田制"，而是封建的土地国有制了。

春秋时期近三个世纪的悠长岁月，伴随着奴隶制向封建制社会转化的是激烈的阶级斗争。奴隶与奴隶主，贵族与平民，新兴地主与依附农民，奴隶主与封建地主，农民与奴隶主贵族，诸侯与周天子，诸侯国之间，卿大夫之间，诸侯与卿大夫之间，构成了一幅犬牙交错、复杂激烈、光怪陆离的斗争画面。其中对社会过渡起决定影响的，是奴隶、平民对奴隶主贵族的斗争和新兴地主阶级对奴隶主阶级的斗争。奴隶以各种方式反抗奴隶主的残酷剥削的斗争，平民以各种形式反抗奴隶主贵族横暴和贪残的斗争，几乎贯穿了整个春秋时期。"臣妾多逃，器用多丧"[1]，"民闻公命，如逃寇仇"[2]，是各诸侯国普遍存在的现象。由于军事徭役的增多，被征发的奴隶开始更大规模的集体反抗。公元前644年，齐国的"役人"骚动，致使筑郿城的工程半途而废。公元前550年，陈国虐待役人的贵族庆氏兄弟被役人杀死。公元前478年卫国工匠暴动，卫庄公被戎人杀死。春秋后期，暴动的奴隶成群结队地以"兵刃、毒药、水火"与奴隶主展开不屈不挠的斗争。史书中屡屡出现的"盗贼司目""盗贼公行""盗贼充斥"等记载，就是这种小股奴隶起义队伍的写照。后来，不少小股起义的奴隶汇成较大的队伍，啸聚于山林湖沼的险要地带，与奴隶主贵族展开激烈的武装斗争。如郑国的萑符之泽有一股声势浩大的起义军，曾与郑国执政大夫大叔统率的官军进行过血腥的战斗。春秋末年，著名的"跖"领导的起义军成为规模最大的一支队伍，他们坚决反对"不耕而食，不织而衣"的奴隶主，憧憬着"耕而食，织而衣，无有相害之心"的美好社会。他率领"从卒九千人，横行天下，侵暴诸侯……所过之邑，大国守城，小国入保"[3]，给当权的奴隶主贵族以沉重打击，成为奴隶平民心中"声名著日月"的大英雄。

与此同时，平民反对奴隶主贵族的斗争也激烈进行。他们或采取不

---

① 杨伯峻：《春秋左传注》，中华书局2009年版，第981页。
② 杨伯峻：《春秋左传注》，中华书局2009年版，第1236页。
③ 陈鼓应：《庄子今注今译》，中华书局1983年版，第825页。

合作态度，或采取激烈斗争手段。公元前 660 年，卫国平民拒绝与入侵的戎人作战，结果使卫懿公一败涂地而死于非命。公元前 609 年，莒国平民杀死了暴虐的莒纪公。公元前 554 年，郑国平民杀死独断专行的执政大夫子孔，公元前 519 年，莒国平民又赶走了暴虐无道的国君庚舆。然而，由于奴隶和平民的斗争都是自发和分散的，他们始终形成不了自觉的多数，也不明确他们所要达到的目的。所以，尽管他们的斗争严重打击了奴隶主贵族，但他们斗争的果实却被在他们身旁崛起的新兴地主阶级攫取了。

封建生产关系的出现和成长，必然伴随着这一生产关系的代表新兴地主阶级的出现和成长。中国封建社会最早出现的地主阶级，大部分都是由奴隶主贵族转化而来。在奴隶和平民斗争的推动下，一部分较低级的奴隶主贵族，首先觉察到传统剥削手段无法调动生产者的积极性，难以获取较高的收入，于是率先采取带有封建因素的剥削方法，他们逐渐转化为新兴地主阶级。鲁国的季孙氏、孟孙氏、叔孙氏，齐国的田氏（也即陈氏），晋国的韩、赵、魏三家大夫，就是当时新兴地主阶级的著名代表。在齐国，田氏首先采用新的剥削方法，在借贷中用"大斗出，小斗进"的办法，吸引了不少奴隶和平民跑到他们那里做"隐民"，民"归之如流水"①。由于新兴的封建生产关系较之奴隶制的生产关系有着明显的优越性，得到广大民众拥护的新兴地主阶级，迅速增强了自己的政治、经济，乃至军事力量。他们与维护奴隶制生产关系的周天子和各诸侯国君，必然产生越来越尖锐的冲突。这样，春秋时期新兴地主阶级与奴隶主贵族的斗争，就以"上下相克"的形式表现出来：天子倒霉了，诸侯起来；诸侯倒霉了，卿大夫起来；卿大夫倒霉了，士阶层起来，甚至"陪臣执国命"。这一时期，一些保守的思想家，总是对"礼崩乐坏"，即奴隶制度的瓦解痛心疾首。其实，这正是经济基础的变更对于上层建筑提出了新调度的要求。封建生产关系的成长，新兴地主阶级力量的增强，使他们越来越期望改变奴隶主的上层建筑为封建的上层建筑。由此，新兴地主阶级与奴

---

① 杨伯峻：《春秋左传注》，中华书局 2009 年版，第 1236 页。

隶主贵族的斗争，逐步发展到对最高统治权的争夺。在中国历史上，由于新兴地主阶级绝大部分都由各级奴隶主转化而来，他们在各国又或多或少地握有部分权力，所以，新兴地主阶级的夺权斗争，就以统治阶级内部争权夺利的形式展现出来。他们夺权斗争所采取的手段，往往是合法与非法相结合，或用合法掩盖非法；和平的手段与武装斗争的手段相结合，而以和平手段为主。新兴地主阶级一般都利用其强大的经济力量，运用自己的聪明才智，一步步从国君那里取得政治和军事权力。到万不得已诉诸武力的时候，他们也会毫不犹豫地用枪刀剑戟在血雨腥风中展示自己事业的历史正当性。鲁国三桓（季孙氏、孟孙氏、叔孙氏）三分公室、四分公室以后，基本上控制了国家的全部权力，鲁国国君已经形同傀儡了。晋国韩、赵、魏三家大夫经过不断的斗争，逐渐成为国内举足轻重的力量，最后三家联合，经过与智伯家族一场生死搏战，分掌了晋国的主要权力。公元前403年，当晋君无可奈何地沦落为一个小小的封邑主人的时候，名义上还是天下共主的周天子也只得承认了韩、赵、魏三家大夫的诸侯地位。从此以后，昔日五霸之一的晋文公称霸的基地，发号施令的就不再是他的嫡系子孙了。这种政权的转移，实际上标志了新兴地主阶级统治在晋国的确立。齐国田氏与国君姜氏的斗争经历了更长的时间和曲折。公元前532年，田桓子联合鲍氏，用武力打败了栾、高两家贵族，进一步壮大了自己的势力。公元前489年，继田桓子之后的田乞，又通过一次围攻王宫的武装斗争，驱逐了几个执政的姜氏大贵族，控制了齐国的政治军事大权。继田乞之后的田成子，再次通过一场武装斗争，驱逐了大臣监止，杀死齐简公。再后，又陆续消灭了姜氏10多家大贵族，在事实上取代了姜氏在齐国的统治。到战国时期，田氏就正式代替姜氏成了齐国的国君，完成了新兴地主阶级向奴隶主阶级的夺权斗争。从春秋伊始，尤其到战国时期，几乎每个诸侯国都进行着新兴地主阶级同奴隶主阶级的激烈斗争。当战国的历史揭幕的时候，七雄秦、齐、燕、楚、韩、赵、魏的当政者们基本上都转化成了新兴地主阶级的代表，中国奴隶社会也转变成封建社会了。

奴隶社会向封建社会转化时期的中国历史，同时伴随着各诸侯国之间频繁的争霸战争。平王东迁以后，作为天下共主的周天子的权力就每况愈下，走着迅速衰败的日暮途穷之路。与此同时，一批诸侯国则在改革中迅速崛起。他们之间为争夺号令其他诸侯国的权力，展开了激烈的争霸战争。齐桓公、晋文公、楚庄王、秦穆公、吴王夫差、越王勾践等，你来我往，各领风骚，称雄一时，"挟天子以令诸侯"，相继取得"执牛耳"的霸主地位，又一个一个地走向没落。在争霸战争烽烟波及的地区，民族在迁徙中走向融合，人口在苦难中四处流动，荒野在开辟，技术在进步，古老的生产方式，陈旧的社会观念都受到巨大的冲击。"弑君三十六，亡国五十二，诸侯奔走不得保其社稷者不可胜数。"① 在春秋争霸战争中脱颖而出的齐、楚、燕、秦、赵、魏、韩七个文明中心，尽显不同的迷人风采。封建生产方式的曙光，在这些地方尽情展现，预示着它开始锦绣般的前程。春秋时期的社会大变动，被文献定义为"礼崩乐坏"，即西周创建的奴隶制的上层建筑礼乐制度逐渐失去规范社会秩序和人们言行的效力，而法制则破土而出，开始规范人们的言行，其标志是郑析创设的竹刑和晋国的铸刑鼎。与此同时，"学在王官"即奴隶主贵族垄断文化教育的制度也被打破，文化下移，知识分子的"士"阶层成为社会上活跃的群体。

这种激烈进行的社会变革，给孔子及其首创的儒家学派的诞生准备了时代条件。而特别重要的是，中国文明史发展至此近 3000 年的思想文化的积累，更为其提供了创造新思想和创立学派的丰厚资源。

中国古代文明自传说中的五帝时期完成原始社会向阶级社会的过渡，经夏、商、西周时期 1500 年左右的发展，思想文化成果已经有了相当厚重的积累。商朝的甲骨文是成熟的文字体系，它与其发展演变而来的周朝金文，共同构成后来中国汉字的源头。"惟殷先人有册有典"②，加上西周更多的文献，构成比较丰富的文献典籍，如"典、谟、训、诰、誓、命之文"③ 的《尚书》，汇集了传说中的《虞书》《尧典》以及《夏书》《商书》《周

---

① 司马迁：《史记》卷一百三十《太史公自序》，中华书局 1959 年版，第 3297 页。

② 《尚书·多士》，《十三经注疏》，中华书局 1982 年版，第 320 页。

③ 刘知几：《史通·六家》，文渊阁四库全书本。

书》等朝代的政治文献。主要收录周代诗歌的《诗经》，汇集了305篇诗歌，反映了包括衣食住行、婚丧嫁娶、农业生产、民族冲突、国家机构、典章文物、审美情趣和阶级与社会关系等社会生活的方方面面。而作为占筮之书的《周易》，则更囊括了农、工、商、牧畜、渔猎、婚媾、家居、饮食、疾病、战争、享祀、赏罚、狱讼等内容，对了解此前的历史和思想文化以及社会生活各方面的内容，都提供了重要条件。

夏、商、周三代思想经历了明显的演进："夏道尊命，事鬼敬神而远之……殷人尊神，率民以事神，先鬼而后礼。……周人尊礼尚施，事鬼敬神而远之，近人而忠焉。"① 如果说夏朝的思想，由于文献不足征，全貌还不甚明晰，那么，殷、周人的思想则有着较清楚的继承和损益的轨迹可寻。殷人的思想文化笼罩在浓重的宗教氛围中，信仰鬼神，凡事问卜，展现神本主义的特征。周朝虽然继承了殷人的天命论，但更重视民本和人的德性修为。周公是周人思想文化的杰出代表。他尽管还将天视为人格神的上帝，但更将天意与民情联系在一起。他用"以德配天"说在中国历史上首创"天人感应论"，并以此诠释夏商周三代的更替：

> 有夏诞厥逸，不肯戚言于民，乃大淫昏，不克终日劝于帝之迪，乃尔攸闻。厥图帝之命，不克开于民之丽。乃大降罚，崇乱有夏。……菲天庸释有夏，菲天庸释有殷，乃惟尔辟，以尔多方，大淫图天之命，屑有辞。乃惟有夏，图厥政，不集于享。天降时丧，有邦间之。乃惟尔商后王，逸厥逸，图厥政，不蠲烝，天惟降时丧。……惟我周王，灵承于旅，克堪用德，惟典神天。天惟式教我用休，简畀殷命，尹尔多方。②

周公由此在殷人僵死的天命论体系上打开了第一个缺口，给人的主观能动

---

① 孙希旦撰，沈啸寰、王星贤点校：《礼记集解》，中华书局1989年版，第1309—1310页。

② 《尚书·多方》，《十三经注疏》，中华书局1982年版，第228—229页。

性争得了一个活动的地盘，创造了"敬德保民"的思想体系，要求统治者深刻检点自己的行政措施和个人修为，"克自抑畏""咸和万民"，任人唯贤，"保民""慎刑"，"闻小人之劳"，"知稼穑之艰难"①，给百姓创造较好的生产生活条件，以维持长治久安的统治。周公还是周朝初年"制礼作乐"的始作俑者，开启了影响深远的礼乐文化。周公为代表的周文化重视道德伦理建设。不仅对统治者提出许多道德要求，而且还推出许多要求百姓也必须遵守的道德规范，其中特别强调家庭伦理本位的父慈、子孝、兄友、弟恭等道德信条。周公建立的"曰命，曰天，曰民，曰德，四者一以贯之"②的思想体系，为强调礼乐并用、重视道德名节和宗法伦理观念的鲁文化的产生和发展起了巨大的促进作用，对日后儒学的产生提供了最重要的思想资源。他由此被某些学者认定为前儒学时代的重要人物。尤其重要的是，作为周公封国的鲁国，比较完整全面地移植和发展了周文化，所谓"周礼尽在鲁矣"③。而这里正是孔子出生成长的祖基之地。

与鲁国紧邻的北方是齐国的地盘，这是周初姜尚的封国。这里孕育出生了以姜尚、齐桓公、管仲、晏婴等为代表的以开放、兼容和追求功利为基本特点的齐文化。齐、鲁两国关系密切，两者之间不断的经济文化交流也深深影响了孔子的思想创造。

周文化在孕育发展它的礼乐文化的同时，还在春秋中叶孕育了以老子为代表的道家文化。孔子曾"问礼于老子"，道家思想也一直在潜移默化地影响着孔子的人生追求和理论创造。

还应该指出的是，从三代至春秋中期，中国的天文、历法、医学、农学、数学、物理、光学、磁学、地理、地质学等学科，都有了显著的发展和丰厚的积累。而以《诗经》《楚辞》为代表的文学，以《尚书》《春秋》等为代表的史学，以青铜器铸造、玉器雕琢为代表的工艺美术以及各种乐器、画作所展现的音乐美术等艺术门类，也都有着惊人的成就。

---

① 《尚书·无逸》，《十三经注疏》，中华书局 1982 年版，第 221 页。

② 王国维：《观堂集林·殷周制度论》，河北教育出版社 2001 年版，第 243 页。

③ 杨伯峻：《春秋左传注》，中华书局 2009 年版，第 1227 页。

　　马克思说："每一个社会时代都需要有自己的伟大人物，如果没有这样的人物，它就要创造出这样的人物来。"① 春秋末期的历史尤其是思想文化的发展，正届临轴心时代的开端，它需要代表自己时代的思想文化巨人，它也为这位思想文化巨人的诞育准备好了条件：中国古代文明社会发展的历史，既展示了日益激烈的矛盾，也显露着某些规律，从而给认识社会提供启迪；思想、科学和文学艺术的积累，更为深入认识中国文明提供资源；而历史的发展迫切需要一个站在时代制高点上指点迷津的哲人。而这个巨人孔子就在尼山之麓的坤灵洞里，用自己第一声清亮的啼哭赫然宣告：你们期待的那个时代骄子，我来了！

---

① 马克思：《1848 年至 1850 年的法兰西阶级斗争》（1850 年 1 月—11 月 1 日），《马克思恩格斯选集》第 1 卷，人民出版社 1972 年版，第 450 页。

第三章 "入太庙，每事问"

孔子的童年，并不是在鲜花酒杯、欢声笑语中度过的，而是充满着无限的不幸、困苦和艰辛。

颜徵在尽管为叔梁纥生下了健康的儿子，但在一妻二妾的家庭中，她依然没有什么地位，终日在施氏夫人的淫威下过着忍气吞声的日子。只有牙牙学语的儿子天真无邪的欢笑声，可以暂时驱散她心头的阴霾。不料孔子3岁时，叔梁纥一病不起，撒手人寰。此后，颜徵在对于这个充满矛盾和敌意的家庭再也没有什么留恋，就带着儿子回到娘家居住的曲阜城中，靠自己纺线织布、种粮种菜，饲养禽畜以及亲友的接济艰难度日。这位无比坚强的女性，可敬的慈母，把自己全部的生活希望和对未来的期许，都寄托在聪颖懂事的儿子身上。

孔子很小就尝到了生活的艰辛，看到了母亲为了抚育自己成长而付出的血汗和泪水。后来，孔子特别注重孝道，除了时代的原因外，与他个人的生活经历显然有密切的关系。为了减轻母亲的负担，为了抚慰母亲孤寂苦痛的心灵，孔子从小就帮着母亲从事力所能及的体力劳动，挑水、打柴、种田、放牧，凡是他能干的活儿都抢着干。后来，他多次对自己的学生说："吾少也贱，故多能鄙事。"[1] 意思是，因为我少年时期家境贫寒，所以许多达官贵人认为卑贱的事我都能干。孔子少年时期的遭际，使他过

---

① 《论语·子罕》，《十三经注疏》，中华书局1982年版，第2490页。

早地品尝了人间百味，较广泛地接触了下层的民众，对他更深入地了解和认识政治、窥视社会，体味人生，显然具有积极意义。

少年时代的孔子最突出的特点是聪明好学。他不仅在为平民子弟开设的学校里如饥似渴地学习各种知识，而且随时随地注意向周围有学问的人学习。从儿童时代起，他就对当时的礼乐产生了特殊的爱好，在与小伙伴们做游戏时，他多次摆上用泥做的俎豆等礼器，模仿大人，练习各种礼仪，这就是《史记·孔子世家》记载的"为儿嬉戏，常陈俎豆，设礼容"。而鲁国得天独厚的文化氛围和深厚的礼乐渊源，为少年孔子提供了肥沃的土壤和良好的环境，使他如鱼得水，迅速成长起来。

孔子出生地的鲁国，是西周初年大政治家思想家周公旦的封国，起初封地在今天河南的鲁山。周公是周文王的第三个儿子（也有第四子之说），是周武王的弟弟和主要谋臣，是武王灭商的主要策划者和牧野之战的重要指挥者之一。在武王去世后，他辅佐成王，营建东都洛邑，举行二次东征，把纣王之子武庚为首的叛乱势力扫平。此后，为了进一步镇服东方，周公的封地就由河南鲁山移至奄（今山东曲阜一带）。由于周公一直在周王室担任要职，难以亲自治理封地，就派儿子伯禽治理鲁国。因为周公功劳很大，所以成王特赐鲁国一套完整的文物典册，并特许鲁国使用周天子的礼乐。这样一来，鲁国自然就成为西周以来东方的文化中心，以完备的礼乐制度为各个诸侯国所仰慕。春秋时期，吴国的季札出使鲁国，观礼时，对鲁国丰富的传统礼乐发出了由衷的赞美词。后来，晋国大夫韩起访问鲁国，观赏鲁太史收藏的《易》《象》《鲁春秋》等典籍，曾感慨系之地说："周礼全在鲁国了啊！"春秋时期的鲁国，以曲阜为中心，北至泰山，南临洙水，东属蒙山，西濒大野泽，土地肥沃，物产丰饶，经济文化比较发达。然而，从西周到春秋的数百年间，由于一代又一代的鲁国统治者过于拘泥于僵化的礼乐制度，对社会变化因应乏力，改革迟缓，致使鲁国处于日趋衰落中。春秋中期以后，鲁国已经降为二流小国，与当年实力相当的齐、晋、楚等大国相比，实在不可同日而语了。由是它只能在齐、晋、楚等大国的夹缝中左右支绌，艰难维持。但是，在文化上，鲁国仍不失东方重镇的地位，以其特有的悠久的礼乐文化的氛围熏陶着孔子。

大约在 15 岁以前，孔子在鲁国的平民学校里读书，学习了一般的文化知识和射御之类的基本技能。但是，很快这样的学校已经无法满足他对知识的渴求了。然而，由于家境贫寒，孔子没有条件进入为贵族子弟设立的高级学校深造，他就只能通过自学来提高自己的水平了。孔子后来回忆说："吾十有五而志于学。"① 就是说孔子自 15 岁起就立志向学，开始了自己一生对学问的追求。他 15 岁起认真下功夫学习《诗》《书》等典籍，同时还学习当时有广泛用途的礼和乐。鲁国的太庙是祭祀鲁国始祖周公旦的宗庙，里面陈列着许多文物古器，是鲁国经常举行政治礼仪活动的场所，因而也是了解周王室与鲁国历史和典章制度的重要课堂。孔子经常到这里来考察学习，遇有不明白的问题就虚心求教，这使他获得了大量的古代礼乐文化知识。此外，他还经常到其他已故鲁国国君的祀庙中学习考察，辨识各种文物典籍，熟悉西周和鲁国的历史，学习天文历法及地理方面的知识。与此同时，孔子更抓住一切机会向所有他碰到的有学问的人学习。《史记·孔子世家》记载了他向鲁国的乐官师襄子学习弹琴的故事：

> 孔子学鼓琴师襄子，十日不进。师襄子曰："可以益矣。"孔子曰："丘已习其曲矣，未得其数也。"有间，曰："已习其数，可以益矣。"孔子曰："丘未得其志也。"有间，曰："已习其志，可以益矣。"孔子曰："丘未得其为人也。"有间，有所穆然深思焉，有所怡然高望而远志焉。曰："丘得其为人，黯然而黑，几然而长，眼如望羊，如王四国，非文王其谁能为此也！"师襄子辟席再拜，曰："师盖云《文王操》也。"②

这个故事说，孔子向师襄子学习弹琴。有一次，他迷上了一支曲子，就反

---

① 《论语·为政》，《十三经注疏》，中华书局 1982 年版，第 2461 页。
② 司马迁：《史记》卷四十七，中华书局 1959 年版，第 1925 页。

复弹奏，一连十多天也不调换别的乐曲。师襄子听了，认为他已经弹得不错，建议他另换一支曲子。孔子说："我虽然已经熟悉这支曲子了，但还没有掌握它的技巧。"于是继续弹奏下去。过了些时候，师襄子告诉他："你已经掌握了这支曲子的弹奏技巧，可以换一支了。"但是孔子还是继续弹奏下去，理由是还没有领悟这支曲子的寓意。又过了一些时候，师襄子告诉孔子他已经悟出曲子的寓意，可以换一支曲子了。孔子说："我还没有领悟乐曲所描写的人物形象呢！"继续弹奏下去。又过了一段时间，孔子突然感悟，站起来痴痴地眺望着远方，深情地说："我看到这支曲子描写的人物形象了：这个人身材高大，面貌黧黑，眼睛向上，有着统一四方的宏伟志向，这除了周文王还有谁呢！"师襄子听了连连称赞说："你说得太对了，这支曲子就是《文王操》啊！"这个故事似乎有些怪异，但其中表现的是孔子顽强痴迷的学习精神和对音乐的超常的感悟能力：他在不断地弹奏中领悟了这支曲子所展现的是周文王那超凡入圣的独特的音乐形象。

孔子在自学的道路上不断前进。他锲而不舍，孜孜以求，四处拜师，不耻下问，不断增进知识和技能。他后来时常说："三人行，必有我师焉。择其善者而从之，不善者而改之。"① 他对自己勤奋的学习态度也很自豪，曾说："十室之邑，必有忠信如丘者焉，不如丘之好学也。"② 意思是说即使十户人家的小村子，也一定有像我这样讲究忠信的人，只是不如我好学罢了。孔子不仅有一个好的学习态度，而且还有一套正确的学习方法。他能够把学与习很好地结合起来："学而时习之，不亦乐乎！"③ 又把学与思结合起来：

　　　　吾尝终日不食，终夜不寝以思，无益。不如学也。④

---

①　《论语·述而》，《十三经注疏》，中华书局 1982 年版，第 2485 页。

②　《论语·公冶长》，《十三经注疏》，中华书局 1982 年版，第 2475 页。

③　《论语·学而》，《十三经注疏》，中华书局 1982 年版，第 2457 页。

④　《论语·卫灵公》，《十三经注疏》，中华书局 1982 年版，第 2519 页。

学而不思则罔，思而不学则殆。①

这就是说，学习必须与思考结合起来，在学习中思考，在思考中学习。在不断增长知识的过程中，也增长学问和本领，不断提高自己的理论和学识水平。正因为孔子既有勤奋而持之以恒的学习态度，又有学与习、学与思相结合的正确的学习方法，所以他的学问长进迅速，掌握的知识和技艺很快超出了当时贵族学校规定的礼、乐、射、御、书（文字课）、数（数学课）等六种科目，成为一个学识渊博的青年才俊，在鲁国渐渐地有点名气了。不少人开始向他讨教问学，鲁国的贵族之家也开始对他刮目相看。

就在孔子的学问日益精进之时，与他相依为命、终日操劳的母亲却一病不起，溘然长逝。这一年。孔子仅17岁，母亲也还不到40岁。孔子悲痛欲绝，虽然贫穷，他还是竭尽所能殡葬了母亲。由于父亲死时他年纪太小，那时的习俗又是坟而不墓，所以他不知道父亲墓地的准确方位。为了使母亲与父亲合葬，他将母亲的棺木停在"五父之衢"那个人们来往稠密的地方，自己跪在那里，恳请知情者讲出父亲的墓址。他的孝心感动了知情人，终于如愿以偿地使父母合葬，了却了一桩心愿。后来，经过历代帝王的追封，孔子父母都获得了崇高的爵位，他们的墓地变成了"梁公林"，坐落在曲阜城东的原野上，那高大的坟茔和庄严肃穆的享殿，掩映在参天的树木之中，作为重要的古迹任人凭吊。

---

① 《论语·为政》，《十三经注疏》，中华书局1982年版，第2462页。

第四章　士宴遭拒

　　孔子生活的时代，尽管奴隶制度日趋崩溃，封建制度逐渐成长，各种社会关系不断进行着一些新的调整。然而，由于奴隶社会和封建社会都盛行森严的等级制度，在社会上，特别是在上流社会里，等级观念依然是十分强固的。公侯、卿大夫和士属于身份高贵的贵族，而国人和庶民则是身份低下的劳动者。孔子的祖先是宋国贵族，按照当时不成文的规定，贵族身份在各诸侯国是通用的。所以孔氏迁到鲁国后，他们家族的贵族身份也得到承认。再说，孔子的父亲叔梁纥曾为国家立过战功，生前又做过陬邑大夫，孔子作为他的继承人，其贵族身份应该是不成问题的。可是，由于叔梁纥死后孔子的家庭已经败落下来，加之他家又是非姬姓的外来户，在鲁国缺乏深厚的根基。当孔子进入少年时代的时候，已是孤儿寡母，生活水准与一般平民百姓没有多少差别。世态炎凉，贫穷则交亡，利尽则交亡。鲁国的贵族们已经把这位陬邑大夫的后裔置诸脑后，这就使他很难顺畅地涉足贵族的交往圈子了。

　　不过，少年孔子从懂事时起就牢记自己的贵族身份，念念不忘自己祖先的荣光。他渴望挤到贵族的圈子里，与上等人为伍，享受贵族们被世人尊仰的社会地位。他拼命学习文化典籍和礼乐知识，也是祈望这些学问和技能终有一天派上用场。但是，在相当一段时日里，他的愿望却无法实现，趾高气扬的鲁国贵族们谁去理会这个穷兮兮的少年郎呢！随着年龄的增长，孔子挤进贵族圈子的欲望越来越强烈，因为那是一个进退揖让、诗书礼乐的高雅世界呀。孔子每逢路过鲁国国君巍峨的宫殿门前，经过季孙氏、孟孙氏和叔孙氏等三桓之家那宏阔的府第门前，看到那些衣冠楚楚的贵族们进进出出，看到他们乘坐华丽的马车在大道上恣意驰骋的时候，心里就掀起阵阵波澜：什么时候自己也能像他们那样出入宫廷和贵族之家，与达官显贵们一起议论政治，享受盛宴和参与各种典礼呢？

孔子耐心地等待着。不久，这种机会终于等来了。鲁昭公七年（前535年），鲁国的执政大夫季武子季孙宿举行盛大的宴会招待士人，这种宴会在当时是不定期举行的，也是当政者在士阶层中选取官吏的一种形式。所有醉心于从政的文武之士都把在宴会上露脸看作展示自己才华和能力的大好机会，因而趋之若鹜。与往年的飨士宴不同的是，这一年的宴会还与鲁国大夫孟僖子、仲孙貜陪同鲁昭公出使郑、楚两国因不熟悉礼仪而大出洋相有关。鲁国执政大夫希图通过这次飨士宴，一方面向士人显示他们礼贤下士的风度和气宇，另一方面也想借此机会物色一批通晓礼乐典仪的人才，使以东方礼仪之邦著称的鲁国再也不要失礼于其他诸侯国了。

孔子得到飨士宴的消息，兴奋得彻夜未眠。第二天。他顾不得自己还处于居丧期间，身着孝服，腰间系着麻绳，就挎上祖传的宝剑，步行赶往季孙氏的府第。走近前，只见高大崇隆的门楼上张灯结彩，临门的大道上车水马龙，一批又一批的士人乘车而来，他们身着华丽的服装，在侍者陪同下喜气洋洋地与守门接待者行礼如仪，鱼贯而入，煞是热闹。当既无侍者又无车马的孔子兴冲冲走向大门的时候，守门的季孙氏家臣阳货不客气地拦住了他，大声质问："孔丘，你来干什么？"孔子理直气壮地回答："我来赴士宴！"阳货哈哈大笑，连讽带刺、阴阳怪气地说："你也来参加士宴？你也配参加士宴！你看看来参加士宴的人，有你这样步行而来的叫花子吗？哪来哪去，不要搅了喜庆之气！"孔子看着长得与自己有几分相像的阳货，面对他盛气凌人的无理行动，气得血脉贲张，大声与之争辩说："我是陬邑大夫叔梁纥的儿子，为什么没有资格参加士宴？"阳货听罢，发出一阵狂笑，说："你穷到这个份上，还有脸拿老子给自己脸上贴金！赶快离开这里！再添乱，就不要怪我不客气了！"边说边把孔子推搡到大门旁边，又点头哈腰地招呼其他客人了。

这次赴士宴被拒绝，对孔子的刺激很大，他终于明白了自己在身份上与贵族的差距，认识到祖宗的余荫是靠不住的。要想进入上流社会，一切都必须靠自己的努力去争取。从此，孔子更加奋发刻苦，戮力拼搏，决心在知识和学问上胜过他人。他相信，只要尽上自己的主观努力，令贵族侧目、被社会赏识、发挥聪明才智的日子一定会到来。

孔子在少年时代虽然帮着母亲干过许多杂活，不过，对于这个一贯以贵族子弟自居的青年人来说，他毕竟不能把种田放牧作为自己终身谋生的手段。为生计所迫，也因为他具备相应的知识技能，他干上了相礼助丧的职业，称为丧祝，职责是专门为贵族和富裕的平民之家办理丧事。

按照古代的礼制，当时贵族之家的丧礼活动是相当复杂而讲究的。人从死亡到下葬共有 50 多项议程，如沐浴、饭含、袭、设重、小殓、大殓、殡、朝夕哭奠、朔月奠、启殡、载柩、行柩等，每个程序都有严格的规定。这种相礼的活动在西周时期是由王室和诸侯国的神职人员如巫、祝之类担任的。后来，随着神职人员地位的降低，他们逐渐散落民间，成为相礼的术士。不仅贵族，而且一部分富裕起来的平民在丧葬礼仪上也日益讲究，对于丧祝的需求也越来越多。如此一来，丧祝就成为一部分民间知识分子的职业。孔子什么时候开始从事相礼活动，史料缺乏明确记载，估计在他母亲去世前已经进入这一行道了。

从事丧祝职业的人，身穿特制的礼服，头戴特制的礼帽，当时称"襦服"，襦、儒同音，人们逐渐称丧祝为"儒"。因为孔子长期从事这种职业，后来他创立的学派也就称为儒家学派了。大概因为孔子很有学问，与一般丧祝不同，在为人家进行丧礼活动时干得特别出色，有一定的创造性，许多显赫的贵族之家都来请他为之服务，所以名气也越来越大，连鲁国国君也注意到他了。

孔子 20 岁的时候结婚了，夫人亓官氏是宋国人。结婚前，孔子曾去宋国，一是行聘礼，二是借机考察殷朝的礼制，以便对周朝的礼制渊源进行研究。他这次的宋国之行收获很大，从而明确了夏、殷、周三代礼

制的继承关系："殷因于夏礼，所损益可知也；周因于殷礼，所损益可知
也。其或继周者，虽百世亦可知也。"① 婚后第二年，孔子的夫人生了一个
儿子。鲁昭公得到消息以后，特命人送去一条鲤鱼，以示祝贺。孔子受宠
若惊，随即给儿子起名鲤，字伯鱼，以示对昭公赐鱼的纪念。此事表明，
此时的孔子，在鲁国不仅以自己的学问赢得了社会的关注，也吸引了国君
的目光。

孔子渊博的学识和出众的才华，在相礼活动中得到越来越多人的承
认和赏识，特别是鲁昭公赐他鲤鱼的消息更是不胫而走，霎时传遍鲁国都
城。不少人登门向他请教有关文化知识和礼仪方面的学问，他的知名度迅
速提高。至此，孔子终于以自己的努力引起上流社会的注目，昔日那些对
他不屑一顾的达官贵人开始向他发出讨好的微笑。

此时，已经很长时间掌控鲁国国政的季、孟、叔孙三家大夫自然也
注意到了孔子。他们一方面不得不承认孔子在学识方面的优势，另一方面
又觉得他出身外来士族，年纪太轻，家境贫寒，没有担任公职的任何经
历，似乎不宜重用。三家各自盘算着，正当孟孙氏、叔孙氏两家在是否任
用孔子的问题上犹豫不决时，季孙氏捷足先登，毅然把孔子招到自己门
下，给了他一个展示才干的机会。

---

① 《论语·为政》，《十三经注疏》，中华书局 1982 年版，第 2463 页。

第五章　初任季氏家臣

孔子娶妻生子以后，不久就感到养育妻儿的担子十分沉重，如何使他们过上吃穿不愁的生活，成为他日夜考虑的头等大事。固然，为贵族之家做丧祝，一次就可以获得较丰厚的收入，但这并不是一种有保证的经常性收入，完全依靠它很难维持妻儿正常的生活。正当孔子为生计苦苦思虑谋划的时候，鲁国执政季武子派来的人叩响了他的家门。

喜出望外的孔子登上季氏派来的马车向季氏府第进发。一路上，他思绪起伏，感慨万千。几年前，他贸然去季氏府第赴士宴，结果被狗仗人势的阳货无理阻拦，吃了闭门羹。当时真如冷水浇顶，无地自容，恨不能有一条地缝钻进去。如今，季氏居然派人登门敦请。这说明今非昔比，我孔丘已经是一个引起社会重视的人物了。想到这里，一丝微笑挂上眉梢，胸中的波澜却是近乎汹涌了。

进入季氏府第，孔子被引进客厅。行礼后，分宾主坐下。季武子看到，他面前的孔子，已经是一个仪表堂堂的青年人。他身材高大魁梧，给人以庄重沉着之感；他前额隆起，双目炯炯，给人以稳健睿智的印象。季武子说："我今天请你来，是仰慕你的学识和才干，请你帮我家里做点事情。"看到孔子洗耳恭听的神情，季武子声音略略提高，继续说："我想请你做我家的'委吏'，帮我管理仓库。当然，这类小差事，请你这样有学问的人来干，实在有点屈才。不过，你先干一段时间，历练历练，以后还可以调换其他职务么！"孔子听罢，心想这一职务尽管不怎么显要，但总可以得到稳定的俸禄，足可保证妻儿衣食无虞，所以就爽快地答应下来。

从此，孔子成了季氏的一名家臣，承担起为他家管理仓库的任务。季氏是掌握鲁国国政的大贵族之一，在三桓中势力最大。他家与孟孙氏、叔孙氏经过"三分公室""四分公室"之后，占了其中二分之一的份额，所以成为鲁国最富有的家族，其财力超过了鲁国国君。做这样一个大贵族之家的仓库管理员，不啻等于管理鲁国一半的财富，并不是一件简单的事情，也不是随便一个人就能胜任的。

孔子上任后，充分运用自己的数学才能和管理知识，整理账目，清点库存，对钱粮一一登记造册，收入支出，笔笔记录在案，清清楚楚。一年下来，尽管季氏一家的开销没有减少，但钱粮皆有盈余。孔子的理财和管理能力得到充分的展现。季武子非常高兴。第二年，他又让孔子做他家的"乘田"，即牧场的总管。当时，农业虽然是鲁国最重要的经济部门，财政收入的主要来源，但畜牧业也还占有十分重要的地位。贵族们日常生活离不开驾车的马，尤其是他们以兵车为主组成的军队，更需要源源不绝的马匹供应，而日常生活和祭祀也需要大量的牛、羊、猪、鸡、犬等家畜。所以，几乎每个大贵族之家都有相当可观的牧场。作为鲁国头号贵族之家，季氏牧场的规模也就可想而知了。孔子从小就放牧过牛羊，积累了一定的经验，又善于从典籍中学习畜牧知识，还时刻注意向其他人随时学习有关的知识和经验。接掌乘田的职务后，更是专心致志，认真负责，很快建立起一套行之有效的管理、喂养、放牧、繁殖的制度，把牧场管理得井井有条。一年后，不仅原有的牲畜茁壮成长，而且还繁殖了大量的仔畜。季武子几次去牧场视察，发现牧场很短时间就大变样，所有牧工、兽医和其他工作人员，都各司其职，忙而不乱，一切都依据制度和章法有序运行。季武子对孔子的才能十分赞赏，他明白，孔子是一个不可多得的人才。

在季氏家里服务期间，孔子一面做好本职工作，一面也不时接手一些相礼的事情，以便赚些酬金补贴家用。同时，他更加抓住一切闲暇时间孜孜不倦地学习。他越学越感到不足，越学越感到自己与中国的传统文化结下了不解之缘。他珍视每一个学习的机会，随时注意向遇到的任何一个学识渊博或有一技之长的人学习。

鲁昭公十七年（前525年），位于今山东东南部的小国郯国（今山东郯城境）国君郯子来鲁国访问。孔子虽然没有资格参与接待，但他还是不断通过各种渠道了解郯子谈话的内容。因为郯国虽小，却有着非常悠久的历史。它是远古氏族部落少昊氏的后裔。这个部落作为东夷族的主体，曾在东方盛极一时，留下许多古老的习俗和传说。关于这次郯子来访和孔子与他的交谈，《左传》留下了比较详细的记载：

> 秋，郯子来朝，公与之宴。昭子问焉，曰："少皞氏鸟名官，何故也？"郯子曰："吾祖也，我知之。昔者黄帝氏以云纪，故为云师而云名；炎帝氏以火纪，故为火师而火名；共工氏以水纪，故为水师而水名；大皞氏以龙纪，故为龙师而龙名。我高祖少皞挚之立也，凤鸟适至，故纪于鸟，为鸟师而鸟名；凤鸟氏，历正也；玄鸟氏，司分者也；青鸟氏，司启者也；丹鸟氏，司闭者也。祝鸠氏，司徒也；鸱鸠氏，司马也；鸤鸠氏，司空也；爽鸠氏，司寇也；鹘鸠氏，司事也。五鸠，鸠民者也。五雉为五工正，利器用、正度量，夷民者也。九扈为九农正，扈民无淫者也。自颛顼以来，不能纪远，乃纪于近。为民师而命以民事，则不能故也。"仲尼闻之，见于郯子而学之。既而告人曰："吾闻之，'天子失官，学在四夷'，犹信。"①

这个记载留下一段重要的史料。由此后人知道，黄帝氏族以云纪，炎帝氏族以火纪，共工氏族以水纪，太昊氏族以龙纪，即分别以云、火、水、龙为图腾。东夷人是以鸟为图腾的古老氏族部落，这一图腾标记，后来得到考古发掘的证实。东夷人所有百官都以鸟命名。如主管天文历法的叫凤凰氏，主管春分、秋分的叫玄鸟氏，主管夏至、冬至的叫伯赵（又名伯劳）

---

① 杨伯峻：《春秋左传注》，中华书局2009年版，第1386—1389页。

氏，主管立春、立夏的叫青鸟氏，主管立秋、立冬的叫丹鸟氏，任司徒的叫祝鸠氏，任司马的叫鸤鸠氏，任司空的叫鸤鸠氏，任司寇的叫爽鸠氏，任司事的叫鹘鸠氏等，这些习俗和传说对于理清氏族社会的历史具有重要意义。孔子了解到郯子在鲁昭公的宴会上闻所未闻的谈话以后，产生了与郯子会面交谈的强烈愿望。由于孔子此时已是 27 岁，且在季氏家中服务也有多年，与鲁国的上流社会建立了较为广泛的联系，特别是他的学识和才能也已经使他获得了较高的知名度，因而，他会见郯子的愿望很快得到满足。

孔子与郯子大概交谈了很长时间，请教了许多有关古代历史和文化的问题，学到了不少知识。这使他不由得对郯子肃然起敬。这次会见，也使孔子感慨万千。当时的郯国僻处今之山东东南一隅，是很小的被中原大国视为夷狄之列的蕞尔小邦。在激烈的大国争霸战争中，它没有任何发言权，在文化上也被视为落后的荒蛮之地。但是，就是在如此偏僻的小国里，居然还有郯子这样的学识渊博的国君，居然保存了这么多古老的传说和文化典籍，实在令人吃惊和钦敬。

这次会见以后，孔子不止一次地对别人说："过去听人说，周天子的官学衰微了，文化散落在四夷。从郯国的情况看，这话是千真万确的呀！"与郯国国君的一番交谈，使孔子意识到，平王东迁以后，周王室一天天衰落下去，原来为周王室服务的大批文化官员携带许多文化典籍流落四方，从而使华夏文化传播到周边的许多所谓蛮夷戎狄之国，使那里的文化得到较快的发展。这一方面是中国文化的幸事，另一方面也容易造成文化典籍的失落。想到这里，孔子不由得萌生了一个极其强烈的念头：现在政局动荡，战乱频仍，文化人四处流散。如不及时搜集、整理中国的文化典籍并进行传播，中国文化典籍乃至中国传统文化就有亡佚的危险。唯一挽救的办法就是办学。因为通过办学，既可以搜集整理文化典籍，又能够将文化在青少年中广泛传播。想到这里，孔子毅然决定，必须将自己的主要精力投入到创办私学的事业中，肩负起传播思想文化的重任。

第六章　创办私学

　　大约在孔子 30 岁的时候，他创办私学，招收来自天南海北的弟子，开始了他毕生最具成绩的教学活动。以后，孔子终生乐此不疲，使自己成为春秋末期成就最卓著的教育家，他创立的儒家学派也成为中国历史上与教育联系最密切的一个学派。

　　在中国，从夏朝、商朝、西周到春秋长达 1500 年左右的历史时期，国家实行的是"学在王官"的教育体制。政府设立贵族和平民两种学校。贵族学校分小学、大学两级，是专门为贵族子弟开设的。学习的主要科目是礼、乐、射、御、书、数等课程，由国家任命的教师任教。平民学校为一般平民子弟开设，级别很低，仅学习一般文化知识和从事军事训练。这种教育制度在长期的奴隶社会里培养了一定数量的为奴隶主贵族专政所需要的各类人才，传播了文化科学知识，对社会的发展起了促进作用。然而，这种教育体制的弊端也十分明显：它具有鲜明的等级性，规定只有贵族子弟能够享受充分受教育的权利，平民子弟只有接受初级教育的权利，完全剥夺了广大奴隶受教育的权利。同时，它传授的知识和技能也仅局限于贵族管理国家和统治百姓的理论、方法、手段与经验。随着历史的发展和社会的进步，这种封闭的、由少数人垄断的教育体制越来越不适应社会各阶层日益增长的文化生活的需要，也不利于劳动者素质的提高。到春秋后期，随着周王室衰微和地方诸侯国力量的增强，特别是农业、手工业、商贸业的发展和各地经济文化交流的日趋频繁，社会对各级各类人才的需求大量增加，再加上周王室的文化礼乐官员流散民间，为教育文化下移创造了条件。打破原有教育体制的时机成熟了。在周王室衰微，尤其是平王东迁以后，它已经无力维持自己庞大的官吏队伍，王室的不少专职文化官员开始流落四方。他们辗转来到诸侯国甚至蛮夷戎狄，使以前完全由王室控制的文化下移到地方乃至边远地区。《论语·微子》就记述了平王时期一批王室乐师的去向：

> 太师挚适齐，亚饭干适楚，三饭缭适蔡，四饭缺适秦，鼓方叔入于河，播鼗武入于汉，少师阳、击磬襄入于海。①

这就是说，由于周王室无力养活这批文化人，致使太师挚去了齐国，二饭乐师干去了楚国，三饭乐师缭去了蔡国，四饭乐师缺去了秦国，击鼓的方叔入居黄河之滨，摇小鼓的武往居汉水流域，而少师阳和击磬的襄则流落到海滨定居

人才从周王室的外流，首先对于打破周王室对文化的垄断起了积极作用，大大有利于文化的下移和传播。其次，随着民间对文化教育需求的增加，一些灭亡或衰落的诸侯国的文化教育官员也走向民间。为了谋生的需要，他们创办私学，招收弟子，开启了最初的私学教育。郑析、少正卯、詹何、王骀等人，就是中国历史上创办私学的先行者。不过，他们办学的规模和影响远不及孔子。孔子创办私学虽然不是最早的，但是，由于他创办的私学规模大，持续的时间长，培养了一大批有才干的学生，特别是因为他在办学方针、教学内容和教学方法等方面大胆创新，在中国教育史上做出了开拓性的贡献，所以影响巨大而深远，被后世视为中国古代教育事业的祖师。

孔子办学的基本方针是"有教无类"。《论语·卫灵公》记载了他说的这句话，而在《论语·述而》中，他说的"自行束修以上，吾未尝无海

---

① 《论语·为政》，《十三经注疏》，中华书局 1982 年版，第 2530 页。

焉",大体上可算作他对"有教无类"的诠释。中心意思就是招生对象不分贫富贵贱和民族国别,什么人都可以入学就读。这个方针,在春秋时期具有特别重大的积极意义。因为它适应了此一时期文化下移的时代潮流,打破了以前奴隶制体制下贵族教育制度在出身、国别、族别等诸多方面的限制,迎合了广大富裕平民和被解放了奴隶渴求教育的愿望,因而受到普遍的欢迎。孔子很直白地说,不管什么人,只要交上"束脩"即学费十条干肉,我就招收他做弟子,进行教育。这表明,孔子决心打破贵族对教育的垄断,给所有人自愿接受教育的权利,同时也明确地把教师作为一种谋生的职业了。

孔子最早设立的学校在鲁国国都的阙里,也就是今日曲阜孔子故居所在的地方。后来,因为入学者十分踊跃,原有的地方难以适应,就在今日孔庙的杏坛一带修筑了新的教学场所。孔子一生从事教育达 40 多年之久,据史料记载有弟子 3000 多人,其中才学出众、品德优良者 72 人。他的学生遍布当时的许多诸侯国,里籍有确切记载的计有鲁国、卫国、齐国、秦国、陈国、宋国、晋国、楚国、吴国、蔡国等,另外还有不少人不明国籍。实际上,长城内外,大江南北,黄河上下,都有学生不远千里,登门求教。孔子的弟子可谓桃李遍天下。如此一来,过去贵族学校对学生国别、出身、贵贱等限制,在孔子创办的学校里基本上被打破了。例如,就出身看,文献记载的孔子弟子表明出身的共 20 多人,其中除孟懿子、南宫敬叔、司马耕三人出身贵族,澹台灭明出身士阶层、子贡出身商人外,其余大都出身于平民家庭,甚至不乏冉伯牛、冉雍、冉求之类的"贱人"、子张之类的"鄙家"和子路之类的"卞之野人",他们很有可能出身于获得解放不久的奴隶之家。这一切说明,孔子的教育实践是完全遵循了"有教无类"的办学方针的。

在孔子的弟子中,子路进入孔子门下特别具有戏剧性。子路姓仲名由,子路是他的字。生于公元前 542 年,比孔子小 9 岁。他家住鲁国卞邑(今山东泗水泉林镇),出身微贱,为了奉养贫寒的父母,他起早贪黑,从事各种劳作,但仍不得温饱。可能由于长期生活在社会下层,他养成了粗野、豪爽、直率、好勇斗狠和疾恶如仇的性格。他初见孔子时，头插鸡毛，身佩猪形饰物，腰挎长剑，态度粗鲁，几乎与孔子弟子发生格斗，但孔子丝毫不嫌弃他，而是对他进行耐心的教育与开导，使他逐渐正视自己的缺点和不足，认识学习文化知识的重要性，终于心悦诚服地拜孔子为师。以后在孔子门下，他认真学习，刻苦磨炼品性，自觉加强道德修养，最后成为孔门弟子中在政事方面具有卓越才能的人物。

孔子办私学，特别注意在教学内容方面进行大胆改革和创新，除贵族和平民学校传授的礼、乐、射、御、书、数等六艺的内容继续讲授外，还增加了不少新内容。孔子将其概括为文、行、忠、信四个方面。

文指文化课。孔子初期办学，开设的主要课程是《诗》《书》《礼》《乐》等，加上晚年增开的《易》和《春秋》等课程，他的文化课教学的内容就发展为以后汉朝人概括的新六艺，即《诗》《书》《礼》《易》《乐》和《春秋》了。而这些课程恰恰是当时中国传统文化的精华，被后世推尊为儒家思想的经典。

这其中，孔子特别提高《诗》在各科课程中的地位。《诗》即六经中的《诗经》，是西周至春秋时期中国诗歌的总汇，共305首，反映了这一时期的政治、经济、文化以及社会生活的方方面面。有一次，他对学生全面论述《诗》的功能说："小子何莫学夫诗！诗，可以兴，可以观，可以群，可以怨；迩之事父，远之事君；多识于鸟兽草木之名。"[1] 意思是：学诗，可以激发志气，可以提高观察力，可以养成合群的性情，可以抒发心中的怨恨；近可以侍奉父母，远可以侍奉君主；从诗中还可以多知道一些草木鸟兽的名称。诗歌基本是一种文学课，孔子第一次比较全面地论述了它的社会功能。

《书》又称《尚书》，分《虞书》《夏书》《商书》《周书》等（流传至今的今文《尚书》是31篇，古文《尚书》是52篇），是春秋以前的政治文献和历史传说。这些文献虽然在孔子以前的官学中已经在传授，但仅仅

---

① 《论语·阳货》，《十三经注疏》，中华书局1982年版，第2525页。

是作为文字课。孔子首次将这些散乱的文字整理成一部书,把它作为系统的政治历史教材向学生传授,要求他们通过对以往历史的学习和研究,鉴古知今,总结社会历史经验,汲取思想营养,提高自己的政治智慧和从政能力。

礼和乐尽管也是孔子以前学校教育的传统课程,但是,以前对礼、乐的传授,重视的是典礼仪规和与诗结合在一起的具体乐曲。孔子承袭礼、乐作为教学内容,除了继续重视其固定的有形内容外,更着力开拓和丰富礼乐的内涵,极力挖掘蕴藏在礼中的亲亲、尊尊以及人与人之间互敬互爱互让互谅的伦理道德内容,弘扬音乐陶冶性情的审美意识,从而把礼乐教育大大提高了一个层次。

以上《诗》《书》、礼、乐为主要内容的文化知识教学,内容广泛,涉及政治、历史、伦理、美学、音乐、文艺以及文献学和相礼的技艺等基本技能,实际上总括了夏商以来至春秋时期的全部优秀文化成果。这些文化知识的传授,不仅满足了当时人们日益增长的文化需要,而且也使古代的优秀文化遗产得以在传播中保存和发展。

孔子的教学内容还有行、忠、信,这三者同属行为教育的内容。行就是用所学的理论、原则指导自己的行动。孔子经常说"听其言而观其行",他对与理论背离的行为是深恶痛绝的。孔子的忠、信具有十分丰富的内涵,是他伦理思想的重要范畴。不过,作为行为教育,它们主要指对所学理论原则的坚定信念和在实践中持之以恒的执着精神,包含着丰富的德育内容。

除了符合时代需要、内容新颖的课程外,孔子在自己的教学活动中还逐渐总结出一套符合认识规律、行之有效的教学原则。作为一个伟大的教育家,孔子终生"学而不厌,诲人不倦",即努力学习永不满足,教诲别人,不知疲倦,平等热情地对待所有的学生,对他们的学习状态、品德修养,甚至个人生活都采取真诚关怀和认真负责的态度。在学术问题上,他虚怀若谷,鼓励自由讨论,要求学生坚持自己认为正确的意见,"当仁不让于师"。他从不将自己的观点强加于人。在他主持的学校里,充满平等、和谐和活跃的空气，孔子与自己的学生犹如水乳交融地融为一体。对学生，他既是师长，又是慈父，更像推心置腹、无话不谈的朋友，师生之间充满信任、友谊和亲情。正因为如此，孔子所办的学校才对青年学子产生磁石般的向心力和凝聚力。即使在孔子周游列国、颠沛流离的年代，他的不少弟子也始终追随左右，矢志不移，患难相持，休戚与共，留下了许多令后人动容的故事。

在教育学生的过程中，孔子特别提倡和实行"因材施教"的原则。在孔子那里，"因材施教"有两方面的含义，第一，是根据学生的资质、爱好搞定向培养。孔子了解自己每个弟子的秉性和特长。他评论几个学生说，子路办事果断，端木赐通达事理，冉求"多才多艺"，所以可以使他们扬长避短，充分发挥自己的特长，向最能发挥他们特长的方向发展。有一次，孟武伯问他对几个学生的看法，二人之间有如下一段对话：

> 孟武伯问："子路仁乎？"子曰："不知也。"又问，子曰："由也，千乘之国，可使治其赋也，不知其仁也。""求也何如？"子曰："求也，千室之邑，百乘之家，可使为之宰也，不知其仁也。""赤也何如？"子曰："赤也，束带立于朝，可使与宾客言也，不知其仁也。"①

在这次对话中，孔子评价说，子路这个人，千乘之国，可以使他掌管军务；冉求这个人，千室之邑，百乘之家，可以使他当总管；公西华这个人，可以让他穿着朝服，做接待宾客的工作。但他们是否达到"仁"的境界，我还拿不准。在另一次谈话中，孔子认定"雍也可使南面"②，断定这个弟子是做大官的料。正因为孔子根据学生的特长加意培养，所以他的学生中出现了许多各具特色的优秀人才，如德行方面有颜渊、闵子骞、冉伯牛、仲弓；语言方面有宰我、子贡；政事方面有冉有、季路；文学方面子

---

① 《论语·公冶长》，《十三经注疏》，中华书局 1982 年版，第 2473 页。
② 《论语·雍也》，《十三经注疏》，中华书局 1982 年版，第 2477 页。

游、子夏等，形成可观的人才群落。第二，根据学生的不同特点和接受知识的能力，使用不同的教学方法。有这样一件事：有一天，子路问孔子："听到了应该做的事情，立即就去做吗？"孔子回答："有父亲和兄长，怎么不商量就去做呢？"子路退出后，冉有进来，请教孔子："听到了应该做的事情，马上就去做吗？"孔子回答说："对！应该这样做。"孔子与二人的对话，被在场的公西华全都听到了。冉有走后，他大惑不解地问孔子："仲由问听到了应该做的事马上就去做吗？您说应该请教父兄。冉有问同一个问题，您又说应该马上做。本来是同样的问题，您为什么有两种决然不同的回答呢？"孔子说："冉求这个人，遇事犹豫不决，畏缩不前，所以我要鼓励他果敢。仲由这个人平时好胜过人，遇事莽撞，所以我要他冷静，遇事三思而后行。"① 这个故事说明，孔子在教学活动中，总是根据学生的实际情况，循循善诱地引导他们发挥所长，弥补不足，使之逐步成熟起来。

颜渊曾经充满感情地颂扬自己的老师："仰之弥高，钻之弥坚，瞻之在前，忽焉在后。夫子循循然善诱人，博我以文，约我以礼，欲罢不能。既竭吾才，如有所立卓尔，虽欲从之，末由也已。"② 这段话的意思是：仰望老师的道德学问，越看越觉得高，越深入钻研越觉得深奥。看着好似在眼前，忽然又感到好像在后面。老师循循善诱，以文献来丰富我的知识，用礼节来约束我的行为，使我想停止前进也不可能，直到竭尽我的才能，好像有一个高大的东西立在前面，尽管想攀登上去，却怎么也找不到路径。颜渊这段话，生动地说明"因材施教"的原则充分调动了学生们学习的主观能动性，也使他们的才能得到最大限度的发挥。

孔子在教学实践中还注意运用启发式的教学方法。因为不论讲授的内容是什么，启发式的教学效果肯定优于注入式。孔子在谈到他的教学方法时曾这样说："不愤不启，不悱不发。举一隅不以三隅反，则不复也。"③

---

① 《论语·先进》，《十三经注疏》，中华书局 1982 年版，第 2500 页。
② 《论语·子罕》，《十三经注疏》，中华书局 1982 年版，第 2490 页。
③ 《论语·述而》，《十三经注疏》，中华书局 1982 年版，第 2482 页。

意思是，教育学生，不到他苦思冥想而仍然想不通的时候，不要去启发开导他。比如一间房子，如果告诉他一个角落的样子，而他不能由此推知其他三个角落的样子，我就不再教他了。在教学活动中，孔子总是随时随地启发弟子们自己动脑筋，独立思考，同时又倡导师生之间、学生之间互相诘难、互相启发，以达到教学相长的目的。《论语·先进》记述了一个孔子师生各言自己志向的故事：

> 子路、曾皙、冉有、公西华侍坐。子曰："以吾一日长乎尔，无吾以也。居则曰：'不吾知也！'如或知尔，则何以哉？"子路卒尔而对曰："千乘之国，摄乎大国之间，加之以师旅，因之以饥馑，由也为之，比及三年，可使有勇，且知方也。"夫子哂之。"求，尔何如？"对曰："方六七十，如五六十，求也为之，比及三年，可使足民也。如其礼乐，以俟君子。""赤，尔何如？"对曰："非曰能之，愿学焉。宗庙之事，如会同，端章甫，愿为小相焉。""点，尔何如？"鼓瑟希，铿尔，舍瑟而作，对曰："异乎三子者之撰。"子曰："何伤乎？亦各言其志也。"曰："暮春者，春服既成，得冠者五六人，童子六七人，浴乎沂，风乎舞雩，咏而归。"夫子喟然叹曰："吾与点也。"①

这个故事说，一天，子路、曾皙、冉有、公西华等陪孔子坐着。孔子说："你们平时好说：'没有人知道我呀！'假如有人知道你们，信任你们，那么，你们打算做些什么事情呢？"子路不假思索地急忙答道："一个拥有兵车千乘的国家，夹在大国之间，外有军队侵犯，内有自然灾害，让我去治理，不出三年光景，可以使人们勇敢善战，并且遵守礼义。"孔子听后不以为然地笑笑。接着问冉有："你怎么样呢？"冉有回答说："一个方圆六七十里或五六十里的小国，让我去治理，等到三年，就可以使人民丰衣足食。至于这个国家的礼乐，只有等待君子来实行了。"孔子又转问公西

---

① 《论语·述而》，《十三经注疏》，中华书局 1982 年版，第 2500 页。

华："你怎么样？"公西华回答："我不敢说我能够做到，但是，我愿意学习，在举行宗庙祭祀或者诸侯会盟时，我愿意穿着礼服，戴着礼帽，做个小傧相。"孔子再转向曾皙，问："你怎么样呢？"这时，曾皙正弹奏着琴瑟，乐曲已接近尾声，只听"铿"的一声，乐曲结束了。他放下琴瑟，起身回答说："我的志向和他们三位不一样。"孔子说："这有什么关系呢？只不过各人谈谈自己的志向罢了。"曾皙说："暮春时节，穿上春服，我和五六位成年人，六七个少年童子，去沂水中沐浴，再去舞雩台上吹风，然后一路唱着歌儿回来。"孔子听了，长叹一声，说："我赞同曾点的想法！"这个故事是孔子启发式教学的生动例证，展示了孔子师生之间的融洽关系和生动活泼的学习场景，使后人读之如见其形，如闻其声。而孔子表示与曾皙观点一致，则显示了他晚年与政治逐渐疏离后对恬静闲适生活的向往与肯定。这显然靠近了道家的人生追求。

孔子的教学活动还有一个很显著的特色，就是他以社会为课堂，随时随地以遇到的事物为教学内容，而不仅仅局限于书本知识。他周游列国，遇到各种各样的人和事，这些事涉及政治、社会、经济、文化等诸多方面的内容。孔子总是遇事加以引申，诱导学生增长知识，领悟哲理。如《孔子家语》记载他带学生参观鲁桓公庙时，就借宥坐之器对学生进行"谦受益，满招损"的教育：

> 孔子观于鲁桓公之庙，有欹器焉。夫子问于守庙者曰："此谓何器？"对曰："此盖为宥坐之器。"孔子曰："吾闻宥坐之器，虚则欹，中则正，满则覆。明君以为至诚，故常置之于坐侧。"顾谓弟子曰："试注水焉。"乃注之水，中则正，满则覆。夫子喟然叹曰："呜呼！夫物恶有满而不覆哉！"子路进曰："敢问持满有道乎？"子曰："聪明睿知，守之以愚；功被天下，守之以让；勇力振世，守之以怯；富有四海，守之以谦。此所谓损之又损之之道也。"[1]

---

① 王肃：《孔子家语》卷二《三恕》，电子版文渊阁四库全书。

因为孔子的不少教学方法反映了人类认识和学习的一般规律，所以具有普遍意义，对后来中国教育事业的发展产生了积极作用和深远影响。

孔子 30 岁创办私学，因为教学内容丰富而适用，教学方法新颖而灵活，吸引了四面八方的学子慕名前来就学。经他教育的学生在学业和品德上进步很快，终于引起了鲁国贵族的注意和重视。"三桓"之一的孟僖子曾在陪同鲁昭公出使郑国、楚国时连连失礼，因而对孔子的礼乐教育倍感兴趣，认定孔子的学问对鲁国贵族是有用的。他临终前，特意对管家留下遗言，一是承认孔子的贵族家世，二是将自己的两个儿子孟懿子（仲孙何忌）与南宫敬叔送到孔子那里学礼。孟僖子死后，他的两个儿子都遵嘱到孔子门下学习，成为孔门中最早入学的两位贵族公子。这一年，孔子 34 岁。从 17 岁参加士宴被拒绝，到 34 岁受到鲁国贵族的瞩目，孔子 17 年的奋斗终于使上流社会承认了他的学识和价值。特别是贵族子弟自动登门就学，显示了他的私学比贵族学校更有优越性、生命力和无量的前程。

孔子是中国创办私学教育的翘楚。他创办的私学在中国教育史和学术史上都具有划时代的意义。他在实践中摸索建立并逐渐完善的办学原则、教学内容和教学方法，给此后两千多年的中国古代教育事业打上不可磨灭的印记。他创立的儒家学派不仅对战国时代百家争鸣局面的形成起了"金鸡一鸣天下晓"的启迪作用，而且深深地影响了中国古代社会的政治、经济，尤其是思想文化的发展，起到了其他任何思想流派不可替代的作用。

由于孔子创办私学，广收门徒，不断宣传他的思想学说，在社会上的影响越来越大，不仅鲁国朝野对他投去尊仰的目光，其他诸侯国的国君和高官贵族也注意到他的存在，希望结识这位冉冉升起的文化新星。鲁昭公二十年（前 520 年），齐景公携晏婴来鲁国访问，也找机会与孔子作了一次长谈。他们在对话中特别谈到对五霸之一秦穆公的评价：

　　景公问孔子曰："昔秦穆公国小处辟，其霸何也？"对曰："秦，国虽小，其志大；处虽辟，行中正。身举五羖，爵之大夫，起累绁之中，与语三日，授之以政。以此取之，虽王可也，其霸小矣。"①

秦穆公是秦国历史上划时代的改革派代表人物，孔子给予他如此高的评价，说明孔子对春秋时期推动社会发展的大人物是持肯定态度的。

孔子一直关心和热衷政治，希望通过从政实施自己的政治理想。不过，在他因办学成功而声名鹊起之时，并未急于进入仕途。这是因为鲁国三桓崛起，不断侵夺鲁君的权力，而三桓内部，家臣侵权，上下相克，政治昏乱。孔子实在不愿去趟这一汪浑水。只是更加潜心教育，研究学问："季氏亦僭于公室，陪臣执国政，是以鲁自大夫以下皆僭离于正道。故孔子不仕，退而修诗书礼乐，弟子弥重，至自远方，莫不受业焉。"②

---

① 司马迁：《史记》卷四十七《孔子世家》，中华书局 1959 年版，第 1910 页。
② 司马迁：《史记》卷四十七《孔子世家》，中华书局 1959 年版，第 1914 页。

第七章 访洛邑，会老子

孔子经过长期不倦的学习研究，鲁国收藏的古代经典已经读遍熟知了，几乎所有鲁国境内有学问的人，他也都全部拜访交流过了。这时，久久潜藏在他心中的一个愿望更加强烈了：到周天子居住的京师洛邑（今河南洛阳）去参观、访问、学习，以求见识更大的世面，吸纳更多的学识。

京师洛邑，当时又名王城。周成王时，周公做辅政大臣，发动第二次东征，在镇压了武庚为首的叛乱后，为了更好地统治东方广大地区，主持修建了北依芒山、南临洛水的东都洛邑。常驻八师劲旅，成为周朝在东方政治和文化的中心，当时称为成周。公元前771年，西周灭亡后，平王东迁洛邑，这里又成为全国政治和文化的中心。春秋后期，随着齐、晋、秦、楚等诸侯大国的强盛，东周王室日益衰落，在全国政治上的分量已经大不如前。尽管如此，周王室作为"天下共主"的虚名还有一定影响，洛邑作为全国文化中心的地位仍然是其他诸侯国的都城无法比拟的。这里不仅有居全国之冠的文物典籍，更有保存最完备的最典型的各种礼乐制度，还有一批学识渊博、精通礼乐和各种文化知识的王室文化官员，如老聃、苌弘等人。所以，洛邑一直是孔子倾心向往的地方。过去因为条件不具备，他访问洛邑的愿望只能深深埋在心底。如今，办学的成功使他在鲁国闻名遐迩。他的学识，特别是在礼乐方面的修养更使鲁国贵族不敢小觑。恰在此时，孟懿子与南宫敬叔成了他的学生。据推测，孔子访问洛邑的请求就是这两位学生向鲁昭公提出并极力促成的。

　　鲁昭公很快就批准了孔子的请求，并特赐一辆车、两匹马，一名童仆和出访的全部费用。昭公二十四年（前518年）三月，春风拂煦，百鸟和鸣，杨柳依依，芳草萋萋，广袤的中原大地披上了绿装。孔子乘坐鲁君赐予的马车，在一名童仆和一名学生的陪同下，踏上了去洛邑的征程。经过十多天的跋涉，穿越卫国、郑国，终于到达他向往已久的名城。

　　孔子先参观洛邑的市容。他看到，虽然此时周天子的地位较之西周时期已是一落千丈，但洛邑作为王室的都城仍然显示出不凡的气势。洛邑横跨洛水和谷水的交汇处，面积约等于鲁国都城的三倍半。全城由内城和外城两部分组成。内城即王城为宫殿区，王宫居中，"左祖右社"，雄伟壮丽的宫殿、官府建筑迤逦展开，布局严整，气象万千。外城由居民区、手工业作坊区、市场和大片的农田菜园组成，整齐宽阔的街道南北东西交错，街上车水马龙，熙来攘往，呈现一派繁荣的景象。孔子在京师期间，访问日程安排得十分紧凑，重点是考察礼制和文物典籍。他参观了祭祀天地的天坛和地坛，了解郊、社的礼仪。他参观了宗庙，当时也叫明堂，考察了周王室祭祀祖先、举行朝会、议事与宣政等政务活动的程序和礼仪，仔细观看了这些地方收藏的大量文物。在周王室收藏的大量典籍中，孔子不仅看到了他熟悉的《诗》《书》《易》等文献，而且第一次看到了王室史官收集掌握的多达120多个诸侯国的史书。其中重要的有鲁国的《春秋》，晋国的《乘》，楚国的《梼杌》等。这些史书使孔子大开眼界，为他晚年精心修订《春秋》一书准备了条件。

　　孔子参观明堂时，在尧、舜、禹、夏桀、商汤、商纣、周文王、周武王、周公和成王等人的画像前久久徘徊，不忍离去。这些画像悬于四壁，善恶之状各异，对比鲜明，每一帧画像旁边，写着针对他们兴衰成败而作的诫辞。孔子很有感触，认为只有认真总结历史的经验和教训，才能成为聪明的统治者。

　　孔子在洛邑的活动，最有意义的就是同时任周王室守藏史即国家博物馆和图书馆馆长的老聃的会见。老聃又称老子，姓李名耳，楚国苦县（今河南鹿邑境）人，生卒年已难以考究。从现有史料推断，他大概比孔

子年长一辈，所以这次会见是一个晚辈对长辈的拜访和请教。老子是先
秦时期道家学派的创始人，留下了诗体的《道德经》（又名《老子》）一
书。老子赋予"道"以丰富的内涵，将其视为最高的哲学范畴，一个最高
的精神本体。这个"道"，看不到，摸不着，听不见，但又无处不在。它
是"无为"的，却又"无不为"。它创造了天地万物、宇宙鬼神，是自然
界和人类社会的最高主宰。老子看到了自然界和人类社会到处充满矛盾和
斗争，每个事物都以自己的对立面为存在的前提，互相依存、对立、斗争
和转化。大小、高低、美丑、难易、正反、长短、前后、有无、损益、刚
柔、强弱、福祸、智愚、巧拙、生死、胜败、攻守、进退、轻重等，都是
对立的统一。而离开这一方，另一方就不存在。同时，对立的双方又不断
地互相转化。幸福转化为灾祸，灾祸紧靠着幸福。这说明老子已具有朴素
的辩证法思想，认识到"反者道之动"的规律。老子还朦胧地意识到事
物发展变化中的从量变到质变的规律。他说："合抱之木，生于毫末；九
层之台，起于累土；千里之行，始于足下。"① 意思是，合抱的大树由毫末
般的小树苗长成，九层的高楼由一块块细土垒起，千里的路程要一步步
走完。老子看到人类文明的发展所带来的残酷压迫剥削和严重的社会不
公，他说："民之饥，以其上食税之多，是以饥。民之难治，以其上之有
为，是以难治。民之轻死，以其上求生之厚，是以轻死。"② 意思是，百姓
饥饿，是因为统治者收取赋税太多，所以才饥饿。百姓难治，是因为统治
者喜欢有为，所以才难治。百姓看轻死，是因为统治者过分养生，所以才
看轻死亡。在老子看来，既然文明的发展带来社会的严重不公平，所以还
不如使社会倒退到原始社会的纯朴状态。他描绘自己的理想社会："小国
寡民，使有什伯之器而不用；使民重死而不远徙。虽有舟舆，无所乘之；
虽有甲兵，无所陈之。使民复结绳而用之。甘其食，美其服，安其居，乐
其俗。邻国相望，鸡犬之声相闻，民至老死，不相往来。"③ 就是说，我理

---

① 陈鼓应：《老子今注今译》，商务印书馆 2003 年版，第 301 页。

② 陈鼓应：《老子今注今译》，商务印书馆 2003 年版，第 330 页。

③ 陈鼓应：《老子今注今译》，商务印书馆 2003 年版，第 345 页。

想的社会，国家要小，百姓要少。百十人大器具，不用而弃置。使百姓看
重死亡而不迁徙。虽有船和车，却不乘坐。虽有武器，却不陈列。让百姓
打绳记事。百姓满意自己的食品，喜爱自己的衣服，安于自己的居室，喜
欢自己的习俗。邻国之间互相看得见，鸡鸣狗吠听得清，但百姓老死不相
往来。在这样的社会里，统治者要实行"无为而治"的治理观念，就像天
道与万物之间的关系那样："生而不有，为而不恃，长而不宰。"① 就是要
求使万物生而不占有，为万物养而不矜持，作万物之长而不宰制。让百姓
按照自己的意愿生活，不要过多干预。遵循圣人的训诫："我无为，而民
自化；我好静，而民自正；我无事，而民自富；我无欲，而民自朴。"② 也就
是说，只要我无为百姓就自动归化，我好静百姓就自动端正，我无事百姓
就自会致富，我无欲百姓就自会纯朴。

尽管孔子对老子的上述观点并不完全赞同，但还是恭恭敬敬地拜访
了他。因为老子当时的名气很大，以德高望重、学识渊博蜚声华夏。孔子
要向他请教礼制，更想阅览他收藏的大量文物典籍。孔子与老子的会见是
中国思想史上的重要事件，因为这是道家学派创始人与儒家学派创始人的
一次有着深远历史意义的会见，也是儒、道两家第一次交流和辩诘。他们
二人这次谈话的详细内容已经难以复原了，不过，孔子对于这次会见却留
下美好的回忆。因为，尽管二人的思想观点大相径庭，但孔子终于碰到了
一个与自己旗鼓相当的对话之人。

与老子的会见，使孔子获得了许多闻所未闻的奇闻轶事，见到了许
多他长期想见而未能得见的典籍，特别是亲耳听到老子那许多新颖、智
慧、精辟的观点，对自己的启迪是空前的。据《史记·孔子世家》记载，
孔子向老子辞行时，老子送他到门口，说了一段意味深长的话：

　　　　吾闻富贵者送人以财，仁人者送人以言，吾不能富贵，窃仁人

---

① 　陈鼓应：《老子今注今译》，商务印书馆 2003 年版，第 260 页。
② 　陈鼓应：《老子今注今译》，商务印书馆 2003 年版，第 280 页。

之号，送子以言，曰："聪明深察而近于死者，好议人者也。博辩广大危其身者，发人之恶者也。为人子者毋以有己，为人臣者毋以有己。"

这段颇能体现老子思想底蕴的话，翻译成现代汉语是：我听说，富贵之人拿钱送人，仁德之人拿有益的话送人。我不是富贵之人，就冒充仁德之人，送你几句话权作临别赠言："聪明深察的人接近死亡，因为他喜欢议论是非；雄辩博学的人危害自身，因为他喜欢揭别人的坏处。所以，做人的儿子心中不要有自己，做人的臣子心中也不要有自己。"大概孔子辞别老子以后，一直反复揣摩老子这段话的深意，沉浸在冥想中。《史记·老子韩非列传》记载了孔子与老子的会见，或者有助于了解孔子的感触：

孔子适周，将问礼于老子。老子曰："子所言者，其人与骨皆已朽矣，独其言在耳。且君子得其时则驾，不得其时则蓬累而行。吾闻之，良贾深藏若虚，君子盛德，容貌若愚。去子之骄气与多欲，态色与淫志，是皆无益于子之身。吾所以告子，若是而已。"孔子去，谓弟子曰："鸟，吾知其能飞；鱼，吾知其能游；兽，吾知其能走。走者可以为网，游者可以为纶，飞者可以为矰。至于龙吾不能知，其乘风云而上天。吾今日见老子，其犹龙邪！"

这些记载可与上面《孔子世家》的记载相印证，传达的是老子"无为""深藏""去欲"的人生信条。其中孔子赞扬老子如龙般不可捉摸的话，透出的是他从儒家立场出发对老子的认知。

老子与孔子各自开创了自己学派独立的思想体系，他们的区别还是十分显著的。不过，老子对孔子思想的影响也是非常明显的。特别是晚年，孔子淡泊名利要求与大自然融为一体的思想和情操，就有老子思想的影子。

孔子在洛邑还拜访了周王室的大夫苌弘，向他请教礼乐方面的问题，两人着重研讨了周人的大型古典乐舞《大武》的思想意义、表演程序等。孔子渊博的学识和谦虚好学的态度给苌弘留下了极为深刻的印象。苌弘赞扬孔子仪表非凡、谦恭有礼、博闻强记，认定他是一个不可多得的人才。

孔子在洛邑盘桓了三个多月。100多个日日夜夜，他都在兴奋、激动、忙碌中度过，感到充实而有意义。这是他第一次离开鲁国的小天地走向中国的大舞台。不仅见了世面，增长了知识，而且也使许多当世文化名人认识了自己，提高了自己的知名度，为进一步办好教育和参与政治活动创造了条件。

第八章　齐国际遇

　　洛邑访学，满载而归。尽管夏日炎炎，孔子还是催动车马，兴冲冲地行进在返回鲁国的大路上，希望尽快回到父母之邦，干一番更大更有意义的事业。可是，进入鲁国后，就仿佛进入了一个低气压的世界。人们表情冷漠，神色严峻，行色匆匆，似乎预示着有什么大事发生。孔子回到鲁都以后，顾不得洗净身上的征尘，就急急忙忙地赶到鲁昭公和三桓那里汇报出访的情况。但所有接待他的人态度都比较冷漠，这使孔子感到难堪和悲凉。经过仔细打听，孔子才知道鲁国统治者内部正酝酿着一场你死我活的斗争。山雨欲来风满楼，政局乱象呈一触即发之势。

　　原来，鲁国的三桓经过"三分公室""四分公室"以后，力量迅速壮大，完全控制了鲁国的政治局面。特别是季孙氏一家，长期担任鲁国执政，势力更是与日俱增，致使鲁君变成了徒有虚名的傀儡。这样，三家大夫与国君，尤其是季氏与国君的矛盾就日趋尖锐。到孔子返鲁的第二年，即鲁昭公二十五年（前517年），积累已久的矛盾终于变成一场流血的斗争。

　　这一年，鲁国的天空几乎不见一片云彩，从正月到五月，未见到一丝雨星。虽然夏季已经来临，但田野上几乎看不到一点绿色。两次祈雨，也没有感动上苍。就在这苦热难耐的炎夏，一场政治风暴正在酝酿中。这时，叔孙昭子任国政，季平子任国卿。鲁昭公深感大权旁落的窘况，他们父子就秘密联合与季氏矛盾尖锐的郈昭伯、季公亥以及臧昭伯等人，共同策划打击季平子，夺取他手中的权柄。恰在此时，发生了季平子违礼的事件，终于引来了酝酿已久的冲突。原来，这一年鲁昭公要举行祭祀先公襄公的仪式，而三桓也要举行祭祖仪式。按照当时礼仪的规定，鲁国国君祭祖时可以使用周天子的礼乐，用八佾（一佾为一列八人）的舞蹈队，这本来是周天子当年为表彰周公的功劳而给予鲁国的特殊荣誉。三家大夫祭祖只能使用四佾的舞蹈队。可是，季平子居然把鲁君的舞蹈队和乐队调来用于祭祖，于是在他家的祭祖仪式上就出现了"八佾舞于庭"的场面。更离谱的是，三家在祭祖仪式接近尾声撤除供品时，竟然又唱起周天子用的《雍》歌，气派豪华，令人叹为观止。与之形成鲜明对比的是，由于舞蹈队和乐队都被季平子调走，鲁昭公的祭祖仪式就显得特别的冷落、寒碜。

面对次情此景，鲁昭公父子感到再也无法容忍，就与郈昭伯、季公亥等密谋，于七月十六日发动了对季氏府第的围攻。郈昭伯指挥的几家贵族的家兵，攻破季氏府第的大门，杀死了季平子的兄弟公之。季平子逃到自家的堡垒观台上，向鲁昭公乞哀告怜，恳求保住自己的性命，被鲁昭公严词拒绝。正当季平子走投无路、危在旦夕之时，叔孙氏和孟孙氏率领他们的家兵前来救援，杀死郈昭伯，其他参与反对季氏的贵族家兵四散奔逃。鲁昭公眼看到手的胜利转瞬间化为泡影，只得匆匆离国出走，先逃到齐国，后又逃到晋国。在外流亡7年后，死于乾侯（今河北成安西南）。

孔子回到鲁国后，目睹了这场统治阶级内部为争夺权利进行的残杀，深感规范与调和贵族内部关系的周礼在鲁国的君臣那里已经被肆意践踏，因而十分愤慨和痛心。他对季氏等三家大夫公然违背周礼的僭越行为特别深恶痛绝。听到季氏"八佾舞于庭"时，他愤怒地谴责说："季氏八佾舞于庭，是可忍也，孰不可忍也！"① 意思是，季氏在庭院中使用八佾舞乐，对于这样的事情能够容忍的话，还有什么事情不能容忍呢！知道季氏等三家大夫使用《雍》诗撤除祭品时，他讥评说："'诸侯恭谨助祭，天子庄严

---

① 《论语·八佾》，《十三经注疏》，中华书局1982年版，第2464页。

主祭'，这样的诗句怎能用于三家的庙堂?"①鲁国的局势被三家大夫搅得如此混乱不堪，孔子实在不愿再继续与他们为伍。怎么办呢? 他忽然想到，听说齐国的贤相晏婴正在主持政务，此人清正廉洁，任贤使能。自己到那里也许能有所作为。于是他毅然决定，就到齐国去碰碰运气。

鲁昭公二十五年（前 517 年）十月的一天，孔子带着自己的弟子踏上了赶赴齐国的道路。他仍然乘坐着出访洛邑时的那辆马车，由子路做驭手。马车驶出鲁都北门，越过泗水，在深秋的原野上款款行进。极目所至，久旱不雨的景象映入眼帘：土地龟裂，河流干涸，枯黄的小草在秋风中摇曳，苍黄的天底下，散落着几个萧索的荒村。衣衫褴褛的百姓三三五五，挎着讨饭的篮子，带着绝望的神色踽踽而行。孔子心头一阵紧缩：多么巨大的反差呀! 鲁都城内，以三家大夫为代表的贵族们终日轻歌曼舞，醉生梦死。而广大的乡村，又有多少百姓劳碌一生，却不得温饱，挣扎于死亡线上啊! 唉，什么时候，百姓才能安居乐业，青壮男子有事情做，老年人生活有保障，少年都能受到良好的教育呢?

孔子一行不停地向北走着，地势逐渐高起来。几天以后，雄伟的泰山已经耸立在面前。弟子们仰望着云雾缭绕的岱顶，纷纷要求登一次泰山，孔子答应了。第二天，弟子们簇拥着孔子开始登山，他们从山南麓起步，沿着崎岖险峻的山路攀登。一路上，师徒们谈古论今，说说笑笑，不到半天，就登上了泰山的峰顶。这时，秋阳高照，凉风习习。极目远眺，方圆数百里的泰山山脉横亘齐鲁大地，层峦叠嶂，松涛阵阵。远处田园如网，汶河似带，多么壮丽的山河呀。此时，孔子与弟子们心胸开阔，仿佛容得下整个宇宙。弟子们欢腾雀跃，一致请老师谈谈登上泰山顶峰的感想，孔子遥望着天地相交的远方，若有所思、意味深长地说:"从前，登上东山，看鲁国就小了。现在登上泰山，看天下也小了。登高才能望远啊!"②孔子与弟子们在山上游览了大半天，余兴犹未尽，太阳偏西时才慢

---

① 《论语·八佾》:"三家者以《雍》彻，曰:'相维辟公，天子穆穆。'奚取于三家之堂!"中华书局 1982 年版，第 2464 页。

② 《孟子·尽心上》:"孟子曰:'孔子登东山而小鲁，登泰山而小天下。'"

慢下山。

孔子师徒在泰山下休息了一天，接着继续向齐国前进。他们在山中蜿蜒曲折的路上穿行，时而翻越丘陵，时而涉过涧溪，时而穿过阴森的树林，时而踏过没膝的荒草。师生们小心翼翼，慢慢行进。

这天时近黄昏，孔子的马车刚转过一个山脚，就听到前面的山坳中传来一个妇女悲切的哭声。孔子停下车，让子路寻着哭声去看个究竟。子路寻声向前，发现山坳中一个中年妇女跪在一座新坟前失声痛哭，坟前摆着几样简单的祭品。子路走上前，问她坟中埋葬的是何人，为什么如此悲痛。妇人收住哭声，悲悲切切地说："坟里埋葬的是我儿子。我家 20 多年前就迁到这个山沟里，开垦荒地，猎取禽兽，艰难度日。可是这里人烟稀少，虎豹出没，稍有不慎，就可能被野兽咬伤甚至咬死。先是我的公爹被老虎咬死了。过了不久，我的丈夫也被老虎咬死了。最近，我的儿子也丧身虎口。"说到这里，这位妇人又止不住号啕大哭起来。子路很难过，回来告诉孔子。孔子前去，问她，"既然这里这么危险，你家为什么不离开呢？"妇人摇摇头，沉痛地说："这深山里虽然有老虎，可是没有我们承担不起的赋税和徭役呀！"孔子听了，心情久久不能平静。他严肃地对弟子们说："你们一定要记住这件事，苛政猛于虎呀！"①

孔子一行又走了一天，进入齐国境内。这里，平原伸向天际，道路平坦宽阔。孔子的心情愉快起来。子路催马加鞭，马车飞快前进。又走了一天，天际出现齐国都城临淄巍峨的城楼，孔子师生精神为之一振。子路一高兴，甩出一串响鞭，马车沐着夕阳的余晖，向着城门驰去。

孔子到达临淄以后，没有马上去拜见齐景公。因为孔子在鲁国虽然已有相当的名声，齐国不少人也听说过他，但在当时等级森严的社会里，孔子"士"的身份还是太卑微了，贸然去见齐景公，很可能被拒绝。所

---

① 《礼记·檀弓下》："孔子过泰山侧，有妇人哭于墓者而哀。夫子式而听之，使子路问之曰：'子之哭也，壹似重有忧者。'而曰：'然。昔者吾舅死于虎，吾夫又死焉。今吾子又死焉。'夫子曰：'何为不去也？'曰：'无苛政。'夫子曰：'小子识之，苛政猛于虎也。'"

以，孔子就先去拜见齐卿高昭子，想通过他从中接洽，再去拜见齐景公。高昭子是齐国的大贵族，与国氏同为齐卿，在齐国有很大的势力和影响。他热情地接待了孔子，并让他做自己的家臣。高昭子早就耳闻孔子的学识，又因为当时田氏贵族在齐国的势力急剧膨胀，已经威胁到他的权力地位。此时收留孔子，可以博得礼贤下士的美名，增加自己政治上的分量。这样，孔子就在高昭子家里安顿下来。之后，他一面从事教学，一面办理高昭子交办的事情，同时广泛访问结交齐国的权要人物，等待齐景公召见的机会。

到齐国不久，孔子就拜会了齐国的国相晏婴，双方进行了多次谈话和友好的辩论。晏婴字仲，谥号平，所以后人又称他晏仲平。他出身于齐国的大贵族之家，在齐灵公、齐庄公、齐景公三代国君统治时期做官。景公时当上齐相，是管仲之后最有作为的政治家。晏婴生活节俭，品德高尚，自律甚严。做了齐相以后，仍然住在靠近市场的低矮的茅草房中。他经常吃粗米饭和野菜，坐着破车子上朝。他的夫人年老而相貌丑陋，但他从不嫌弃，恩爱如初。别人劝他再娶，被他严词拒绝。他一生廉洁奉公，勤勤恳恳，在当时骄奢淫逸的贵族官僚行列中，实在是凤毛麟角。做齐相后，他多次劝谏齐景公虚心纳谏，认真听取不同的意见，认为"圣人千虑，必有一失；愚人千虑，必有一得"①。他随时注意收集信息，关心民间疾苦。有一次，齐景公问他在集市附近看到什么，他说"踊贵而履贱"②，说明齐国刑罚的残酷，要求景公注意减轻刑罚。晏婴还以机智、幽默著称。他多次代表齐国出使各诸侯国，每次都能不辱使命，圆满完成任务，为齐国争得荣誉。孔子一直对晏婴怀着深深的敬意，他特别赞赏晏婴的交际能力，曾说："晏平仲善与人交，久而敬之。"③

---

① 张纯一：《晏子春秋校注》卷六《内篇·杂下第六·景公议晏子食不足致千金而晏子固不受第十八》，中华书局 2014 年版，第 305 页。

② 张纯一：《晏子春秋校注》卷六《内篇·杂下第六·景公欲更晏子宅晏子辞以近市得所求讽公省刑第二十一》，中华书局 2014 年版，第 308 页。

③ 《论语·公冶长》，《十三经注疏》，中华书局 1982 年版，第 2474 页。

　　孔子拜访晏婴，双方坦诚相见，彼此的观点有许多近似之处，如都主张节财，都要求国君虚心采纳臣民谏议等，但也有不少分歧意见。晏婴作为大贵族出身的高级官吏，继承姜尚、管仲创始的齐学重功利、尚法制的传统，反对孔子重礼尚文的主张，也不同意孔子士人干政的意见。因为孔、晏之间存在许多根本原则的分歧，而晏婴又是手握重权的执政者，所以孔子在齐国从政的希冀也就十分渺茫，很难有什么作为了。

　　会见晏婴后不久，经高昭子引荐，齐景公召见了孔子。会见时，齐景公问孔子如何治理国家，孔子的回答是"君君，臣臣，父父，子子"，即做国君的要像做国君的样子，做臣子的要像做臣子的样子，做父亲的要像做父亲的样子，做儿子的要像做儿子的样子。景公听了非常高兴，说："善哉！信如君不君，臣不臣，父不父，子不子，虽有粟，吾得而食诸？"① 齐景公是一个贪图享受、沉湎声色犬马的君主，他对孔子的话作了完全有利于自己的解释。其实孔子的意思很明确，君、臣、父、子都必须依照周礼规定的各自的名分行动，只有这样才能使贵族内部协调一致。齐景公只想到自己有没有粮食吃，没有想到他自己的行动也必须受到礼制的严格约束。又过了几天，齐景公再次召见孔子，继续请教政治问题。这次孔子回答说："治理国家，重要的是节省开支。"② 孔子这番话是针对齐景公和其他贵族惊人的奢侈浪费而发的，但景公也只是听听而已。不过，两次会见，孔子还是给景公留下很好的印象。景公表示要留孔子做自己的顾问，并打算将尔稽一地封赐给孔子。孔子十分高兴，以为可以依靠景公有一番作为了。谁知此后再也没有重用他的消息，孔子只得在齐国耐心等待下去。

　　在齐国期间，孔子曾经到夏朝后裔建立的杞国（今山东安丘东北）考察过夏朝的礼制。但由于年代久远，孔子对杞国保存的礼制是否就是夏礼没有把握。所以，孔子以后不大谈论夏礼，认为杞国保存的文献是不

---

① 《论语·颜渊》，《十三经注疏》，中华书局 1982 年版，第 2503—2504 页。
② 王肃：《孔子家语》卷三："景公问政焉，孔子答曰'政在节财。'"电子版文渊阁四库全书。

足征信的。孔子在齐国期间碰到高兴的事情并不多，唯独观赏古典乐舞《韶》的演出，给他留下难忘的印象。《韶》相传是虞舜时期的乐舞，在他后裔所建立的陈国保存下来。陈国公子陈（田）完逃到齐国时，也将这部乐舞带了来。后来，田氏在齐国迅速发展。他们最早采用封建的剥削方式，借贷时用"大斗出，小斗进"的办法争取民众，老百姓都像流水般地归附到他们那里，实力迅速壮大，不仅超过原有的国、高、鲍等贵族，也逐渐超过齐国国君。在这种形势下，乐舞《韶》也就在齐国宫廷流行起来。

《韶》乐由九节组成，用鼓、鼗、磬、埙、管、簴等乐器演奏，同时由化妆成凤凰和天雉的演员表演舞蹈。这场乐舞，音乐高亢嘹亮，舞姿优美动人，场面气势恢宏，精彩绝伦。孔子看了一遍又一遍，如醉如痴，身心都沉醉在那动人的旋律中，好长时间都忘记了肉的滋味，只是不住地赞美："想不到古人创作的音乐和舞蹈能达到这样迷人的程度。"后来，孔子把《韶》乐与《武》乐对比，认为《韶》乐达到了尽善尽美的境界，《武》乐虽然尽美了，但还没有达到尽善的水平。①

孔子在齐国住了一年多的时间，希望得到齐景公的信任，给自己一个从政的机会，以便实践自己"君君，臣臣，父父，子子"的行政理念。然而，一等再等，不仅从政的希望化作泡影，连齐景公当面答应的给予尔稽之地的封赏也落空了。孔子百思不得其解，不知道什么地方出了差错。后来，真相大白，孔子万万没有想到，阻止景公对他封赏的不是别人，而是他十分敬仰并且无话不谈的晏婴。

原来，晏婴这个人虽然是一代贤相，政绩道德都令人钦敬，但是，晏婴继承的却是管仲的一套讲求实际、重视功利、崇尚法制的治国理念，对于孔子讲求仁义礼乐的以德治国的方针持反对态度。所以，当他听到齐景公要重用孔子的消息后，立即晋见景公，大讲了一通孔子的坏话：

---

① 《论语·八佾》，《十三经注疏》，中华书局 1982 年版，第 2469 页。

仲尼之齐，见景公。景公说之，欲封之以尔稽，以告晏子。晏子对曰："不可。彼浩裾自顺，不可以教下。好乐缓于民，不可使亲治。立命而怠事，不可守职。厚葬破民贫国，久丧循哀费日，不可使子民。行之难者在内，而儒者无其外，故异于服，勉于容，不可以道众而驯百姓。自大贤之灭，周室之卑也，威仪加多而民行滋薄，声乐繁充而世德滋衰。今孔丘盛声乐以侈世，饰弦歌鼓舞以聚徒，繁登降之礼以示仪，务趋翔翔之节以观众，博学不可以仪世，劳思不可以补民，兼寿不能殚其教，当年不能究其礼，积财不能赡其乐，繁饰邪术以营世君，盛为声乐以淫愚其民，其道也不可以示世，其教也不可以导民。今欲封之，以移齐国之俗，非所以导众存民也。"公曰："善。"于是厚其礼，留其封，敬见而不问其道，仲尼乃行。①

晏婴在这里对孔子和他代表的儒学进行了全面的抨击，主要揭示其"迂远而阔于事情"的弊端，认定重用孔子并实行他那套治国理念，必然是"博学不可以仪世，劳思不可以补民，兼寿不能殚其教，当年不能究其礼，积财不能赡其乐"，对齐国没有一点好处。不管晏婴对孔子和儒学的抨击带有多少偏见，但在一定程度上也的确击中了儒学的软肋，打消了齐景公重用孔子的念头。

　　由于晏婴对孔子采取坚决反对的态度，自然影响了齐国一大批实权人物对孔子的看法，更是改变了齐景公打算任用他的初衷。后来，景公出于礼貌，尽管又召见孔子，但只是讲了些不着边际的话，对孔子重视的礼乐再也没有提及。又过了几天，景公干脆对孔子下了逐客令，说明他不可能像鲁国季氏那么重视他。此后，因为景公和晏婴对孔子越来越冷淡，孔子明白自己在齐国从政的希望已经不存在，就产生了离开齐国的念头。正在这时，传来齐国某个大夫要谋害孔子的信息。鉴于当时的形势，弟子们

①　张纯一：《晏子春秋校注》卷八《外篇·不合经术者第八·仲尼见景公景公欲封之晏子以为不可第一》，中华书局 2014 年版，第 369—370 页。

宁信其有，不信其无，立即催促他尽快离开这个是非之地。匆忙中，把淘好下锅的米捞出来，众人七手八脚收拾好行装，就乘车悄悄地离开了临淄。

马车走上通往鲁国的大道以后，孔子回首望了一眼夕阳中染上金色的临淄城楼，感到仿佛是做了一场酸甜苦辣兼备的梦，这时已是鲁昭公二十七年（前515年）的早春，田野中麦苗在微风中摆动，黄鹂在柳丛中轻声吟唱。生机勃勃的大自然的景观没有冲散孔子心头的阴霾，他闷坐在马车里闭目冥想，在马蹄和车辆碾地的单调声响中苦苦思索着自己的未来之路。

第九章　差评铸刑鼎

孔子回到鲁国后，继续办学，为越来越多的弟子们的教育而奔忙，他感到生活充实而有意义。

鲁昭公二十九年（前513年），晋顷公十三年，晋国发生了一件大事，引起了中原各诸侯国极大的关注，这件事就是铸刑鼎。原来这一年，晋国执政大夫赵鞅和荀寅督率一支军队和征发的百姓在汝水（今属河南）之滨筑城的时候，向当地百姓征收了"一鼓铁"（约合今250公斤），铸造了一尊鼎，将30年前范宣子创制的刑书，即法律文书铸在了上面，故该鼎又称刑鼎。

范宣子名匄，是晋平公在位时期的执政。当时，随着奴隶制的瓦解和新的封建生产关系的成长，阶级关系发生了很大变化。不仅旧的奴隶主与奴隶、贵族与平民的矛盾依然存在并日趋尖锐，而且新出现的新兴地主阶级与奴隶主贵族以及新兴地主阶级与奴隶、平民和农奴的矛盾也日趋发展。特别是由于上层统治集团日趋腐败、肆意盘剥，大大加重了广大奴隶、平民和农奴的负担。晋国的土地上到处可见饿死的人横尸道旁。百姓用各种形式进行反抗，城乡处处有"盗贼"出没，搅得当权者坐卧不宁。为了巩固统治，镇压被剥削阶级和敌对势力的反抗，范宣子制定了一部法典，这部法典的内容比较广泛，涉及刑法、民法、行政法和礼制等。这部法典制定后，晋国于晋襄公七年（前519年）借在夷地举行大蒐

礼① 的时机予以颁布。不过，此后这一法典显然并未认真执行，因而赵鞅
才决定将它铸在鼎上重新公布。赵鞅铸造刑鼎的目的，一是再次强调实施
这一法典的决心，二是通过刑鼎向百姓宣传和普及这部法典。春秋时期，
由于社会结构和阶级关系都发生了较大的变化，原来维系和稳定社会秩序
的礼制遇到了顽强的挑战。新兴地主阶级需要新的维护自己利益的工具。
在这种情况下，各种法典应运而生。

晋国是当时出现法典较早和较多的地区，后来许多法家的著名代表
人物从这方土地上产生出来。著刑书的范宣子就是法家的先驱者之一。尽
管他所著的刑书大部分条文已经亡佚，但它在相当程度上反映了新兴地主
阶级的利益及其稳定巩固新秩序的要求，对以后的法典制定起了积极的促
进和示范作用，所以具有一定的进步意义。

这件事传到鲁国以后，孔子十分震惊和不安。他立即发表了如下一
通评论，表明自己的态度：

> 仲尼曰："晋其亡乎！失其度矣。夫晋国将守唐叔之所受法度，
> 以经纬其民，卿大夫以序守之，民是以能尊其贵，贵是以能守其业。
> 贵贱不愆，所谓度也。文公是以作执秩之官，为被庐之法，以为盟
> 主。今弃是度也，而为刑鼎，民在鼎矣，何以尊贵？贵何业之守？
> 贵贱无序，何以为国？且夫宣子之刑，夷之搜也，晋国之乱制也，
> 若之何以为法？"②

孔子的评论说，可惜呀，晋国就要走向灭亡了！因为它丧失了原来的法
度。晋国是唐叔受封建立起来的诸侯国，它遵循唐叔制定的法度，管理它
的百姓。卿大夫们能在等级秩序中世世代代守住他们的家业，贵贱界限分
明不相混淆和僭越。这就是法度啊！后来，晋文公根据唐叔法度，在被庐

---

① 大蒐是春秋时期军队每五年举行一次的大检阅典礼。
② 杨伯峻：《春秋左传注》，中华书局 2009 年版，第 1504 页。

举行大蒐礼时颁布了新的法度，主要是有关官吏礼仪制度的规定。唐叔之法和被庐之法是晋国长期遵循的主要法度。今天抛弃了旧有的法度，而以铸在刑鼎上的法规代替它，原有的贵贱等级乱了套，老百姓都按鼎上的条文行事，怎么能去尊崇原来的那些贵人呢？这样一来，贵人们还有什么基业可守？贵贱失去了秩序，又怎能治理国家？并且，范宣子的刑法，是晋国在夷地举行大蒐时颁布的，它搞乱了晋国原有的法度，怎么能作为根本大法推行呢？

显然，孔子对晋国铸鼎一事的评判满含愤激和忧虑，甚至将此事提到了导致晋国灭亡的高度。孔子的态度，正反映了他对春秋时期社会变革潮流的保守立场。他不知道礼和法作为上层建筑必须随着经济基础的变化而进行调整，而变化是永恒的。不错，范宣子的刑书体现了当权者对被统治阶级赤裸裸镇压的一面，这正是法律阶级性的体现。但它明确告诉百官、贵族和百姓，哪些事能做，哪些事不能做，在一定程度上撕去了原来礼制下温情脉脉的纱幕，与孔子以礼经世以德治国的政治理论是相悖的。就这一点而言，孔子对铸刑鼎的批评也还有一定的合理性，但这不足以抵消他在这个问题上的保守立场。因为，刑鼎所体现的"贵贱失度"恰恰反映了时代潮流对原有等级秩序的冲击，用范宣子的刑书代替唐叔法度和被庐法度，恰恰是一种历史的进步。同时，铸刑鼎又是向整个社会宣传和普及新法度的重要措施：它不仅使百姓知道自己能做什么和不能做什么，而且也使他们知道别人，特别是压在他们头上的贵族和官吏能做什么和不能做什么。这无疑对贵族和官吏的违法行为有一定的约束作用，在一定程度上也便于老百姓同贵族和官府的无厌盘剥进行斗争，这同样具有进步意义。其实，自从人类进入文明社会，就必须制定多种社会规范约束所有人的行动，非如此就不能有稳定运行的社会秩序。中国进入文明社会后，三代，尤其是经过周公的"制礼作乐"，一方面有礼制规范贵族和上流社会的行为，一方面也有法度规范下层民众的行为，形成了所谓"刑不上大夫，礼不下庶人"的社会规范体系。但随着社会变革的不断发展，"礼崩乐坏"的局面愈演愈烈，必须制定新的社会规范以维护社会有序运行。晋国的铸刑鼎正体现了这一潮流，因而具有进步意义。

孔子反对铸刑鼎，除了反映他政治上的保守立场外，也反映了他内心深处过多地钟情于古代的礼制，特别是对周礼倾注了太多理想化的理解，"周兼于二代，郁郁乎文哉，吾从周"。他总是觉得周礼规范化的社会充满温情、诗情和爱意，而看不到周礼与社会越来越疏离的一面，尤其是不愿正视社会变革带来的新变化，而必须有上层建筑的变革来适应这种变化，才能维护整个社会的有序运行。这件事表明，孔子不是一个完人。处于急剧变革的时代，他有时十分清醒，有时又比较糊涂；大多数时间展现了超人的智慧，个别情况下却又显得固执和短视。反对铸刑鼎一事，显示了孔子作为一个旁观者，对晋国发生的事情也未能表现应有的清醒。

第十章　与阳货的恩怨情仇

前面提到，鲁襄公七年（前535年），17岁的孔子前去参加季孙氏举行的飨士宴，结果被季氏家臣阳货拒之门外。那时候，孔子是一个初出茅庐的少年学子，阳货是季氏门下一名送往迎来的小臣。然而，大概应了一句冤家路窄的古谚，32年后，时间到了鲁定公七年（前503年），在鲁国权倾朝野的阳货居然登门请求孔子出来做官了。这是为什么呢？

阳货从青年时代起就做季孙氏的家臣，据说因为他凶横粗野，又被人称为"阳虎"。尽管在外声名不佳，但由于他胆识过人，狡黠善断，敢于冒险，办事干脆利落，因而深得季孙氏数代掌门人的信任。阳货利用这一有利条件，一步步地掌控了季氏家族很大的权力。不过，人的权力欲从来都是没有餍足的。阳货并不以把持季氏一家的权力为满足，他贪婪的目光已经投向整个鲁国了。然而，年事已高的季平子对这位逆子贰臣的不轨之心却毫无觉察。这就使阳货谋划攫取更大权力的活动得以顺利进行。他不断地积聚力量，网罗党羽，等待时机，准备伺机夺取鲁国的执政权柄。

鲁定公五年（前505年），季平子死去，他的儿子季桓子继承爵位，接任鲁国的执政之权。阳货利用新旧交接的混乱之机，突然发动政变，把季桓子囚禁起来，挟持他按照自己的意图行事：杀死季氏的同族公何藐，把季氏的同党仲梁怀、公父歜、秦遄等赶出权力圈，然后胁迫季桓子乖乖地把他执掌的鲁国权柄交到他的手上。

政变的成功，使阳货踌躇满志，得意扬扬。第二年，他得寸进尺，又挟持鲁定公与季、孟、叔孙三家大夫在周社（鲁国祭祀土地神的场所）盟誓，又与鲁国平民在亳社（商朝遗民祭祀土地神的场所）盟誓，继而再到五父之衢举行诅咒仪式，胁迫参加这些仪式的所有人员承认阳货在鲁国的执政地位，从而使他通过政变阴谋窃取的权力披上了合法的外衣。这样一来，就使鲁国出现了所谓"陪臣执国命"的局面。

　　阳货掌权以后，独断专行，人莫予毒，鲁君和三桓成了他的傀儡，一般老百姓更是既不敢怒也不敢言。对于阳货的专权自恣，孔子看在眼里，记在心上。他不仅反对阳货的专权，而且也反对三桓的专权。他认为当时天下和各诸侯国的权力既不应该掌握在卿大夫手里，更不应该被阳货之类的陪臣所窃夺，而应该牢牢地掌握在周天子手里。他坚持的原则是："天下有道，则礼乐征伐自天子出。天下无道，则礼乐征伐自诸侯出。自诸侯出，盖十世希不失矣。自大夫出，五世希不失矣。陪臣执国命，三世希不失矣。天下有道，则政不在大夫。天下有道，则庶人不议。"① 就是说，在天下正常运转的时候，制礼作乐和出兵征伐都由天子决定；只有到了天下无道的时候，制礼作乐和出兵征伐才由诸侯决定。由诸侯决定，大概经过十代很少有不垮台的。由大夫决定，经过五代很少有不垮台的。由陪臣执掌国政，经过三代很少有不垮台的。在天下正常运转的时候，国家政权就不会在大夫手里。在天下正常运转的时候，老百姓就不会议论朝政。看着阳货专权所造成的鲁国非常态的政治形势，孔子慨叹说，鲁君失去国家政权已经有五代了，政权落在大夫手里也已经四代了，所以三桓的子孙也衰微了。其实孔子这些看法并不全对。阳货此时虽然窃夺鲁国执政之位，但三桓的根基并未动摇。

　　面对春秋时期周天子权力衰微、各诸侯国之间争战不已，各国统治者内部斗争日趋尖锐的局面，孔子认定，只有加强周天子的权力，建立一个强有力的中央政府，集中统一，号令一切，才能实现全国的稳定和社会的安宁。然而，这时的孔子还看不到新兴地主阶级中蕴藏着的统一的力

---

① 《论语·季氏》，《十三经注疏》，中华书局1982年版，第2521页。

量，并且，由于对周礼的痴迷和对周王室的幻想，他把建立集中统一权力的希望寄托在周天子身上，期盼再现"成康之治"的兴盛之局。孔子的理想隐约反映了历史走向统一的发展的方向，但他提出的实现这一目标的道路和方针却是行不通的，因为此时的周王室已经丧失了统一全国的威势和能力，这就是南辕而北辙吧。

阳货执掌鲁国大权以后，继续网罗党羽，培植亲信，目的是进一步削弱三桓势力，更大限度地巩固和扩大自己的权力。因为阳货毕竟出身于低级贵族，在鲁国没有什么根基。在当时等级观念还根深蒂固的情况下，他网罗党羽的计划进展并不顺利。这个时候，因大办私学获得成功而声名大振的孔子，就进入了阳货的法眼。他想，如果能把孔子拉过来为自己服务，他的学生自然也能跟进，这样，不仅可以带来一大批能力卓越的青年才俊助长声势，而且更可以为自己博得礼贤下士的美名，实在是一举数得。

阳货于是派人传话，希望与孔子见面谈谈。一方面，32 年前的旧事使孔子刻骨铭心，对阳货宿怨难平；另一方面，孔子对阳货之类陪臣执国命的事情一直持反对的态度。所以，尽管孔子热切期望通过从政实践自己的理想，但也不愿途经阳货的门子走上从政之路。因此，他对阳货的邀请毫不通融地断然拒绝。但阳货并不死心，他知道孔子历来注重礼仪，于是就想了一个让孔子不得不与他相见的办法：趁孔子不在家的时候，派人将一只蒸熟的小猪送到他家里。因为按照当时的礼仪，执政的阳货位同大夫，士对于大夫的馈赠如果不能亲自拜受，就必须亲自前去答谢。这样一来，就迫使孔子不得不登门与自己相见。

孔子看到阳货派人送来的礼物，立刻明白了阳货的用心。孔子灵机一动，来了一个以其人之道还治其人之身的举措。他派弟子瞭望，在侦知阳货离开家以后，立即赶往他家回拜，这样就避免了与阳货的直接见面。正当孔子离开阳货之家、为了却一桩心事而高高兴兴走在返回自家路上的时候，却在途中碰上了阳货。《论语》传神地记述了孔子与阳货的这次邂逅：

　　　　阳货欲见孔子，孔子不见，归孔子豚。孔子时其亡也，而往拜
　　之。遇诸途。谓孔子曰："来！予与尔言。"曰："怀其宝而迷其邦，
　　可谓仁乎？"曰："不可。""好从事而亟失时，可谓知乎？"曰："不
　　可。""日月逝矣，岁不我与。"孔子曰："诺，吾将仕矣。"①

这次邂逅，是一个令孔子十分尴尬的场面：阳货盛气凌人地大声说："来！
我同你说话。"孔子站住，默然地注视着阳货，拒绝答话。阳货又说："把
自己的政见藏起来，听任国家迷乱，难道叫仁吗？"迎着阳货咄咄逼人的
目光，孔子依然表情木然，拒不回答。双方沉默相对，阳货熬不住，自己
回答："我看不能。"接着又问："喜欢参与政事而又屡次错过机会，能叫
聪明吗？"孔子依然拒绝回答。阳货还是耐不住，又自答说："我看不能。"
此时的阳货脑子飞速转动，思考着用什么话打动孔子。突然他看到孔子鬓
角露出的一缕白发，心中窃喜，故意长叹一声，充满感情地说："日月流
逝，时间不等人呀！"这一句话果然深深触动了孔子心底的忧思，他终于
开口说话："好吧！我打算出来做官了。"
　　时隔32年的孔子与阳货的又一次并不愉快的对话，使双方都摸到了
对方的脉搏。孔子冷漠的态度使阳货明白，他争取孔子的努力不会成功。
阳货的趾高气扬、粗鲁无礼，使孔子感到，这种人绝不是一个理想的合作
伙伴。此后，阳货虽然放弃了拉拢孔子的打算，孔子也决不与阳货同流合
污，但阳货的话却使孔子意识到了自己的年纪。是啊，时光正流水般地逝
去，未来属于我的时间还能有多少呢？难道自己的理想只能潜藏在心中，
永远没有实践的机会了吗？是的，必须出山做官，时不我待，越快越好，
隐居不仕的日子应该结束了。
　　孔子的心思被聪明的子贡窥破了，于是就转着弯儿问他："如果是块
美玉，是把它收藏在匣子里呢，还是找个识货的商人把它卖出去呢？"孔
子急切地说："卖掉吧！卖掉吧！我正等着识货的商人呢！"然而，孔子等

---

① 《论语·阳货》，《十三经注疏》，中华书局1982年版，第2524页。

待的"识货的商人"在鲁国一时并没有出现。当权的阳货放弃了争取孔子的努力，三桓自身又处于危机之中，自然也顾不得为孔子安排职务。孔子还只能以期待的心情，静观着鲁国政局的变化。恰在此时，利令智昏的阳货加快了剪除三桓的步伐。

鲁定公八年（前502年）阳货纠集一批与三桓积怨很深的旧贵族，密谋把三桓的权力统统夺取到自己党羽手中。他的如意算盘是：以季寤取代季桓子，以叔孙辄取代武叔，以他本人取代孟懿子。他们计划于八月三日在鲁都城东门外的圃田设享礼宴请季桓子，乘机把他杀掉。第二天再攻打孟孙氏、叔孙氏两家，同时下令城郊的车兵整装待命。为了转移三桓和国人的视线，阳货首先策动自己的党羽、当时担任季氏费邑宰的公山弗扰发动了叛乱，向季氏打出了重重的一拳。

公山弗扰在费邑发动叛乱以后，立即派人联络孔子，邀请他到费邑共商大计。苦闷彷徨的孔子有点动心了，打算去试一试。子路很不高兴地说："没有地方去就算了，何必到公山弗扰那里去呢？"孔子为自己辩解说："那个邀请我去的人，难道能白白地邀请我吗？如果有人用我，我就要在东方恢复周礼啊！"不过，孔子虽然想到公山弗扰那里去，但终于没有去。大概是思之再三，感到不能与叛乱分子搅到一起吧？再说，小小的费邑也难以办成大事。孔子在公山弗扰事件中的行动表明，做官心切的他这时已经似乎有点饥不择食了。

正当公山弗扰的叛乱闹得举国沸沸扬扬的时候，阳货等人的篡权密谋也在紧锣密鼓地进行中。八月三日，阳货一行人先到圃田预备一切。紧接着，派出亲信卫士把季桓子骗上车，飞速驰向圃田。为了防止意外，阳货的从弟阳越驾车紧随其后。行进途中，季桓子才发现自己已经处于极其危险的境地，只好求救驾车的林楚搭救。原来林楚曾长期担任季桓子的御者，只是迫于形势暂时屈从阳货。现在听到主人的哀求，不由地想起他往日的恩义，于是幡然悔悟，决定救季桓子脱险。就在马车行至十字路口时，林楚猛抽一鞭，辕马就狂奔起来，林楚随即以最快的速度驰向孟孙氏的府第，待阳越明白过来，阻止已经来不及了。他只能快马加鞭，穷追不舍。快到孟府大门时，突然同时从几个方向飞来十数支利箭，像长了眼睛似地射向阳越。阳越为躲避飞箭，只得停止追击，眼睁睁地看着季桓子的马车驰入孟府的大门。可就在此时，他已经身中数箭，跌落车下，费力挣扎了几下，倒在血泊中。

原来，阳货的阴谋活动，早就引起孟孙氏成邑宰公敛处父的怀疑，随即报告了孟懿子。孟懿子立即预作准备，孟府内外，严密设防，昼夜警戒。阳越撞上的利箭，正是严阵以待的孟府家兵准确地射出来的。这一变故打乱了阳货的阴谋计划，他只得提前发动，不等城郊的车兵赶到，就临时劫持了鲁定公和大夫武叔，督兵向孟府猛攻。此时，早已预作准备的孟孙氏成邑宰公敛处父率兵赶来，猛攻阳货党羽盘踞的南门，未能奏效，又转而进攻南门外的棘下，把集中在那里的阳货士卒打得溃不成军。阳货见大势已去，就率领残兵败将退守灌邑（今山东宁阳北），不久再退守阳关（齐、鲁交界处，今山东泰安南）。鲁定公九年（前501年），鲁军进攻阳关，阳货及其党羽彻底失败。他逃到齐国，继而又逃到晋国。晋国的赵简子赏识阳货的才干，就收留他做了自己的家臣。

孔子听到阳货在晋国被收留的消息，感慨地预言："赵氏收留了阳货，恐怕从此世代就难以安宁了！"孔子对阳货的评论，显示了他的知人之明。孔子深知，阳货这样凶横残暴、唯力是视、唯利是图、唯权是夺的家伙，绝对不会长期安于陪臣的地位，一有机会必定故伎重演，犯上作乱。果然，阳货归附赵氏不久，就又在晋国作乱，最后被彻底打垮，以乱臣贼子结束了自己的生命。

孔子尽管对三桓之家的专权不满，但对出山从政却是满怀热望，不过，面对阳货的拉拢诱惑，他还是冷静理性的。他没有卷入阳货的暴乱，赢得了鲁国上下的称许。阳货之乱平息以后，鲁国又回到三桓专权的局面。孔子虽然鄙视阳货的为人，但阳货关于他年龄的告诫却老是萦绕脑际，挥之不去。他觉得自己不能再等待下去，必须尽快出山从政，以开启自己人生之旅的一个新阶段。

第十一章　仕途之路

　　阳货在鲁国的叛乱虽然得以平定，但这一重大事变所产生的冲击波却久久不能平息，给鲁国君臣上下，尤其是三桓，留下了长期反思的课题。更紧迫的是，此时鲁国内部不安定的因素还很多：外逃的阳货在边境虎视眈眈，他的余党公山弗扰和叔孙辄等人仍然以费邑为根据地，司机骚扰，并不时发出进攻鲁都的叫嚣。与此同时，叔孙氏派往郈邑的公若藐、侯犯，孟孙氏的成邑宰、平叛有功的公孙敛父等人也与自己的主人貌合神离。一遇机会，他们都可能举起反叛的旗帜。而广大奴隶和平民在沉重赋役的盘剥下，不满情绪更是日趋高涨。如何维持鲁国社会的稳定，怎样才能使三桓的富贵长存、子子孙孙永宝用，是季桓子为代表的三家大夫不得不进一步思考的问题。

　　另外，这时鲁国面临的列国形势也相当严峻。自春秋以来，鲁国作为一个中等诸侯国，在激烈的列国斗争中，只能周旋于齐、晋两个大国之间。齐国强大时与齐国结盟，晋国强大时又与晋国结盟。此时，由于鲁国正与晋国结盟，引起齐国的不满。鲁定公七、八两年中，齐军两次进攻鲁国西部边境。阳货失败后逃到齐国时，又将鲁国的汶阳之田带去作见面礼，这就使齐、鲁两国关系相当紧张。如何调整与齐、晋两国的关系，在大国矛盾的夹缝中争取一个和平的环境，也是摆在鲁国君臣面前的一大难题。

　　阳货事变之后，以三桓为代表的鲁国君臣颇思振作一番。尤其是季桓子，阳货是他的家臣，在他们家几代人的宠信下羽毛逐渐丰满，又在他几乎毫无觉察的情况下险些置三家大夫于灭顶之灾。阳货事件使他的昏聩无能彻底暴露在鲁国贵族和百姓面前。为了改善自己的形象，为了给鲁国政治注入新的活力，季桓子想到了孔子。此时年届50岁的孔子道德文章誉满鲁国，蜚声列国诸侯，他的门下还有一大批有才干的学生。而且，尽管长时间被冷落，尽管阳货百般拉拢，公山弗扰派人联络，孔子和他的学生都没有卷入这场叛乱。这表明孔子有着十分清醒的头脑和准确的判断力。特别是孔子热望从政的信息通过各种渠道传了出来以后，季桓子明白，这时征召孔子出来做官，他肯定不会拒绝，而是乐于采取合作的态度。在这种形势下，孔子做官从政的时机终于到来了。

大约在鲁定公九年（前501年）的下半年，51岁的孔子接受鲁国政府和季氏的聘任，担任了地方官中都宰。中都位于今日山东的汶上县与梁山县之间，辖区约等于后来的一县之地。滚滚东来的汶河横穿北部，烟波浩渺的大野泽成为南部的天然屏障，土地肥沃，物产丰饶。然而，由于这里地处鲁国的西北边陲，东北与齐国接壤，西部与卫国为邻，西北距晋国也不远，时常成为列国争战之地，有时需要处理复杂的战争与外交事宜。孔子到这里任职，并不是一件轻松的工作。

孔子在中都任职的时间一年左右，有关他任此职的详细情况已经难以稽考了。只在后来晋朝人王肃编著的《孔子家语》中留下这样一些记载：孔子做中都宰的时候，为当地百姓制定了一套养生送死的礼仪制度，使成年人与儿童的饮食有区别，根据每个人体力与智力的不同给予不同的工作，要求男女分开走路，道路上丢了东西也不要捡，禁止将各种器物雕琢得精巧而不实用。在丧葬问题上推行节约原则，棺以四寸为限，椁以五寸为度，依山为坟墓，不堆封土，不置树木，等等。总之，孔子大体上是从制定礼仪制度入手，对社会的各项秩序进行整顿和规范，使百姓的生产与生活都纳入秩序的轨道。这一系列的措施认真推行了一年后，收到良好的效果：昔日混乱不堪的中都面貌焕然一新，"路不拾遗，夜不闭户"，成为周围地方官和邻国学习的榜样。看到孔子的政绩，鲁定公非常高兴。他亲自召见孔子，问他："你治理中都取得了成功，如果用你的办法治理鲁国，效果如何呢？"孔子满怀信心地回答说："不要说治理鲁国，就是治理天下，也没有什么问题吧！"孔子任中都宰一年的政绩，证明他有着成熟的政治头脑和非凡的管理才能。第二年，孔子就升任了管理国家公共工程事务的长官的副手——小司空。在这一职务上孔子也干得比较出色。不久，他又转升司寇，成为鲁国最高的司法行政长官。这是他一生中所担任的最高官职。

作为一个士阶层出身的低级贵族，孔子能够登上如此高的官位，是非同寻常的，因而在鲁国引起巨大反响。尽管一部分贵族发出嫉妒的怒火，暗地里对孔子百般讽刺挖苦，但广大百姓却欢欣鼓舞。而一部分经常违法乱纪的不良分子也惶惶不可终日，不等孔子将惩罚的大棒落到他们头上，他们就或者潜逃避匿，或者改邪归正了。据《荀子·儒效篇》记载，孔子任鲁国司寇的信息一经传出，不少不法分子都避之唯恐不及：

> 仲尼将为司寇，沈犹氏不敢朝饮其羊，公慎氏出其妻而徙，鲁之粥牛马者不豫贾，必蚤正以待之也。居于阙党，阙党之子弟罔不分，有亲者取多，孝弟以化之也。

如果说这里的记载还比较简单，那么，《孔子家语》的记载就详细多了，已经有了十分生动的情节。第一个故事说，当时鲁国有一个沈犹氏，是一个羊贩子。他把远处贩来的羊拿到市场上出卖前，总是要进行一番特殊处理：他利用羊爱吃盐的特点，每天早晨先让羊喝上一肚子盐水，显得膘肥体壮，然后赶到市场上去卖，坑害顾客。不少人买了他的羊，赶回家不久就死了。虽然有不少人到官府去告发他，但因为司法行政人员执法不严，或受沈犹氏贿赂，致使沈犹氏一直逍遥法外，继续行骗。听到孔子上任司寇的消息后，沈犹氏立即乖乖地收起他的骗术。第二个故事说，有一个公慎氏，他的妻子淫乱无度，在当时影响很坏，但他不闻不问。很多人苦口婆心地规劝他，他却一笑置之。听到孔子上任司寇的消息后，他马上同妻子办了离婚手续。第三个故事说，有一个沈溃氏，生活特别奢侈无度，从住房、车马、饮食到丧葬，都违背了礼制的规定。但长期以来，他不以为耻，反而得意扬扬地加以炫耀。许多人很气愤，可是谁也拿他没有办法。听到孔子任职司寇的消息后，他也屁滚尿流地越过边境逃到了齐国。此外，鲁国还有一批贩卖牛马的商人，互相勾结，垄断市场，哄抬物价，也是长期无人干预，令百姓非常不满。孔子任司寇的消息一传出，这伙人也都老老实实地从事合法经营了。这些故事，或许有些出于时人与后人的演绎或杜撰，不乏过分美化孔子的成分。但所有这些故事，都显示孔子的一身正气对坏人形成了强大的先声夺人的威慑力量。

作为司寇，孔子的本职工作是处理诉讼案件，可惜今天已经看不到这方面的具体资料了。不过，从散见在古籍中的一些支离破碎的记载中，仍可看到，孔子的司法活动所遵循的基本原则是教化为主，刑罚为辅，决不滥用刑罚增加一般百姓的痛苦。传说孔子处理过一个父子互讼的案件：孔子了解案情后，立即将儿子拘禁起来，但三个月未作判决。后来，他的父亲熬不住了，就自动撤诉，孔子也就把他儿子宣布无罪释放了。对于如此处理这一案件，季桓子知道后很不满意，对不少人说："这个老夫子不是欺骗我么！他多次对我说：'治理国家百姓讲求孝道。'今天正可以杀一个人表示对不孝的惩罚，可他竟然把罪犯释放了！"冉有把季桓子的话转告孔子，孔子叹息着解释说："上面不重视教化，下面的人犯罪就杀头，这样处理公平吗？不教化百姓而听任他们犯罪，这不是等于滥杀无辜的人么！三军吃了大败仗，不能把他们都杀了。法令不当，教化不行，就难以执行刑罚，因为罪过不在百姓身上。不进行教化而加以严惩，就是残害百姓；生长有时而赋敛无度，就是凌暴百姓；不加教导就要求成功，就是虐待百姓。只有改掉这三种为政恶习，才可以实行刑罚。"这些孔子的话显示的是他德治为本、教化为先的理念。

在任司寇期间，孔子除了做好本职工作外，还参与了鲁国不少内政外交方面的活动，与朝中同僚进行广泛接触，并随时为国君提供各方面的咨询意见。由于孔子没有什么大贵族的背景，与鲁君又非同姓，并且一贯主张抑制大夫、大臣的权力和提高国君的权力，真心诚意地期望鲁君从三桓那里收回本来属于自己的权力，成为名副其实的有为之君。所以，鲁定公对孔子毫无戒心，乐于在一些问题上向他请教。一次，他们君臣有如下的对话：

　　定公问："一言而可以兴邦，有诸？"孔子对曰："言不可以若是，其几也，人之言曰：'为君难，为臣不易。'如知为君之难也，不几乎一言而兴邦乎？"曰："一言而丧邦，有诸？"孔子对曰："言不可以若是，其几也，人之言曰：'予无乐乎为君，唯其言而莫予违也。'如其善而莫之违也，不亦善乎？如不善而莫之违也，不几乎一言而丧邦乎？"①

这段对话记述的是：有一次，鲁定公问孔子："有可以使国家兴盛的一句话吗？"孔子回答说："不可能有这样的话，但近乎这样的话还是有的。有人说：'做君主难，做臣子也不易。'如果知道做君主难，就会认真谨慎地管理国政，这不是接近一句话可以使国家兴盛吗？""鲁定公又问："有可以使国家导致灭亡的一句话吗？"孔子回答说："不可能有这样的话，但近乎这样的话还是有的。有人说：'我做君主没有别的快乐，只要求没有人违抗我的话。'假如说的话正确而没有人违抗，不也很好吗？假如说的话不正确而没有人违抗，这不是接近于一句话使国家灭亡吗？"在这次对话中，孔子要求鲁君认识做国君的难处，从而兢兢业业地对待自己所负的责任，认认真真地把国家的各类事情办好。同时，也要胸怀大度，广开言路，虚心听取各种不同的意见，集思广益，以便减少国家政务中的失误。显然，这里孔子的意见隐含着要求鲁君广泛团结三桓以外的各种力量，加强集权，以改变当时"政在大夫，陪臣执国命"的不正常状况。

　　又有一次，鲁定公问孔子，国君使用臣子，臣子侍奉国君，应该遵

① 《论语·子路》，《十三经注疏》，中华书局 1982 年版，第 2507 页。

循什么原则呢？孔子回答了 10 个字："君使臣以礼，臣事君以忠。"① 意思
是，国君使用臣子按照礼制的规定，臣子侍奉国君就要忠贞不渝。在这次
对话中，孔子提出了处理君臣关系的指导原则，中心要求是双方都必须承
担义务和接受约束。这一原则与后来封建社会国君片面要求臣子绝对忠于
自己的理论，如"君要臣死，臣不敢不死"之类，还是有很大区别的。

孔子任司寇的时间不过三年，但在这三年中，他根据自己理解的为
国君服务的原则，怀着对鲁君的忠诚，尽职尽责地履行司寇的职务，使鲁
国在治安上出现新气象。他以身作则，一心为国，忠于职守，不谋私利，
努力实践自己"复礼"即恢复周礼所规范的社会秩序与政治理想。期望鲁
国从此振作起来，自立于列国之林，成为各诸侯国效法的榜样。孔子的政
治理想及其从政实践表明，他是一位有理想，有担当，讲原则，多谋善
断，勤政廉政，具有处理复杂问题能力的卓越的政治家。然而，前面等待
他的从政之路却并非坦荡无垠，而是充满坎坷、艰辛和曲折。

---

① 《论语·八佾》，《十三经注疏》，中华书局 1982 年版，第 2468 页。

第十二章　夹谷折冲

孔子在担任司寇期间，参与了一次重要的外交活动，这就是鲁国与齐国在夹谷举行的险象环生的会盟。

孔子任职司寇时期的鲁国，已经沦为二流的诸侯国，在春秋列国争霸的形势下，只能在对大国的依违中艰难生存。齐桓公称霸时，鲁国与齐国结盟。齐国霸业衰落后，晋国崛起，当晋文公成为中原地区执霸业牛耳的人物时，鲁国又背齐向晋，寻求新的盟主，结果触怒了齐国，从此双方不断发生战争。到鲁定公当国时，晋国的霸业开始衰落，而齐国已经从齐桓公死后的混乱中挣脱出来，国力逐渐恢复，成为中原地区与晋国分庭抗礼的主要力量。

齐国为了对付晋国，当然不希望距自己最近的鲁国成为敌对势力。所以在用战争手段给了鲁国一些打击之后，又向鲁国伸出橄榄枝，希图用会盟的办法将鲁国从晋国的统一战线中分离出来，至少使之变成对自己无害的中间力量。鲁国君臣也敏感地觉察到，已经衰落的晋国无法提供对自己的保护，与其继续附晋，不如在齐、晋之间保持中立以维持自己的生存。在齐鲁双方都要求接近的条件下，于是有了两国的夹谷会盟。出于外交斗争的需要，齐国主动向鲁国发出了会盟的邀请。

夹谷是夹山中的一片谷地，又称祝其，在今山东莱芜与新泰交界处，也是泰山和沂山两大山脉的交汇处，当时属于齐国南部边境地区，与鲁国的北部边境相接。齐国灭掉莱国（今山东昌邑一带）后，将莱人迁至这里定居。

鲁定公十年（前500年），齐景公率领晏婴等一批臣子和其他随行人员来到夹谷。鲁定公用孔子担任相礼，也带着一大批随行人员赶来参加会盟。这时的鲁国，行政大权依然操在三桓的手里，任何重大的内政外交活动，没有他们参与显然是不行的。然而，为什么如此重大的一次外交活动他们不担任鲁君的主要辅佐而让孔子去担任这一出头露脸的职务呢？原因在于，一方面，孔子在担任中都宰和鲁司寇期间已经展现了杰出的政治才干和处理复杂事务的能力，而他渊博的学识和对礼仪制度的娴熟更是闻名齐、鲁两国，三桓对孔子承担这一职务的能力是信得过的。况且，孔子在26年前就已经见过齐景公，也认识齐相晏婴，这一层关系显然对于创造融洽的会谈气氛是有用的。另一方面，三桓，特别是季孙氏在阳货事变中遭到沉重打击，在国内的威信处于最低点。而夹谷之会能否取得令人满意的成果还是一个未知数，一旦失败对自己不啻雪上加霜，避开一点没有什么坏处。此外，夹谷之会有着复杂的礼仪程序，稍出差错就会见笑列国间。三桓中找不到一个既熟悉礼仪又能随机应变、对整个会盟都能应付裕如的人物。而三桓缺乏的，孔子几乎全部拥有。各种因素综合在一起，使孔子成了夹谷之会中鲁国一方不可或缺的人物，由是就使孔子成了此次会盟中鲁国一方的总导演。

孔子知道，夹谷之会对鲁国具有至关重要的意义。接受相礼的任务后，孔子就从最难处考虑，做了充分的准备工作。行前，他对定公说："臣听说两国和谈时必须有武力做后盾，两国交战时必须做好和谈的准备。古代诸侯离开国境，一定要有方方面面的官员随行。请左右两司马带一支精干的军队到夹谷待命，随时听候调遣。"定公接受了孔子的建议，命左右司马率精兵随行。会盟的准备工作主要是由齐国预先部署的。他们在夹谷山南麓一块平坦的空旷之地筑起三层的土台，作为会盟的场所。台子两边建起简易的宫舍，作为双方人员的住所。《左传·定公十年》对这次情节跌宕起伏的会盟作了较详细的记述：

十年春，及齐平。

夏，公会齐侯于祝其。实夹谷。孔丘相。犁弥言于齐侯曰："孔丘知礼而无勇，若使莱人以兵劫鲁侯，必得志焉。"齐侯从之。孔丘以公退，曰："士兵之！两君合好，而裔夷之俘以兵乱之，非齐君所以命诸侯也。裔不谋夏，夷不乱华，俘不干盟，兵不偪好——于神为不祥，于德为衍义，于人为失礼，君必不然。"齐侯闻之，遽辟之。将盟，齐人加于载书曰："齐师出竟而不以甲车三百乘从我者，有如此盟。"孔丘使兹无还揖对，曰："而不分我汶阳之田，吾以共命者，亦如之！"齐侯将享公。孔丘谓梁丘据曰："齐、鲁之故，吾子何不闻焉？事既成矣，而又享之，是勤执事也。且牺、象不出门，嘉乐不野合。飨而既具，是弃礼也；若其不具，用秕稗也。用秕稗，君辱；弃礼，名恶。子盍图之！夫享，所以昭德也。不昭，不如其已也。"乃不果享。

齐人来归郓、讙、龟阴之田。①

《史记·孔子世家》对此次会盟有比《左传》更详细的记载：

定公十年春，及齐平。夏，齐大夫黎鉏言于景公曰："鲁用孔丘，其势危齐。"乃使使告鲁为好会，会于夹谷。鲁定公且以乘车好往。孔子摄相事，曰："臣闻有文事者必有武备，有武事者必有文备。古者诸侯出疆，必具官以从。请具左右司马。"定公曰："诺。"具左右司马。会齐侯夹谷，为坛位，土阶三等，以会遇之礼相见，揖让而登。献酬之礼毕，齐有司趋而进曰："请奏四方之乐。"景公曰："诺。"于是旍旄羽袚矛戟剑拨鼓噪而至。孔子趋而进，历阶而登，不尽一等，举袂而言曰："吾两君为好会，夷狄之乐何为于此！请命有司！"有司却之，不去，则左右视晏子与景公。景公心怍，麾而去

---

① 杨伯峻：《春秋左传注》，中华书局2009年版，第1577—1579页。

之。有顷，齐有司趋而进曰："请奏宫中之乐。"景公曰："诺。"优倡
侏儒为戏而前。孔子趋而进，历阶而登，不尽一等，曰："匹夫而营
惑诸侯者当诛！请命有司！"有司加法焉，手足异处。景公惧而动，
知义不若，归而大恐，告其群臣曰："鲁以君子之道辅其君，而子独
以夷狄之道教寡人，使得罪于鲁君，为之奈何？"有司进对："君子有
过则谢以质，小人有过则谢以文。君若悼之，则谢以质。"于是齐侯
乃归所侵鲁之郓、汶阳、龟阴之田以谢过。①

综合两书的记载，我们可以大体上复原这场会盟的场景：正式会盟的那
天，台上陈设几案座席，台周围插满各色旗帜，手持兵器的士卒围台而
立，齐鲁两国的官员在台上相向列队站立，一派庄严肃穆的气氛。孔子与
齐国的相礼官并排站立台口，共同指挥这次会盟。按照程序，齐景公和鲁
定公分别由东西两边登台。行过揖让之礼后，双方随行官员献上见面礼
物。这时，齐国相礼官前进几步，高声对两位国君说："请允许演奏四方
之乐。"齐景公说："好！"话音未落，急促嘈杂的鼓乐齐鸣，一群身着奇
装异服的莱人，手持五颜六色的旗帜和矛、戟、剑、盾等兵器，鼓噪着向
台上冲来。孔子见此情景，明白是齐人做的手脚。因为在事先商定的程序
中没有莱人表演乐舞这一项安排，齐国这样做显然包藏祸心。

孔子面对突然变故，当机立断。一面命令立于台下的鲁国士卒迅速
登台，把莱人阻挡在台下，一面一步两个台阶迅速登上盟台，在齐景公面
前一揖，平静而严肃地说："我们两国君主为盟好在这里相会，为什么要
表演这种夷狄之乐？请您命令齐国礼官立即让他们撤下去！"齐景公很不
情愿地颔首示意，齐国相礼官只得假惺惺地命令莱人退下去。但莱人坚持
不退，一时形成僵持局面，气氛十分紧张。孔子立在齐景公面前，态度异
常坚决地说："今天我们两国君主友好相会，这些莱夷俘虏居然手持兵器
冲进这神圣的场所捣乱，我想这绝不是君上您的主意吧？这种以夷狄扰乱

① 司马迁：《史记》卷四十七《孔子世家》，中华书局 1959 年版，第 1915—1916 页。

华夏，让俘虏侵犯会盟，用武力威胁盟友的行动，对神灵是不祥，在德行上是失义，对人是无礼。我想君上您不会这样做吧?"面对孔子义正词严的谴责，参加会盟的齐国臣子都直视齐景公和晏婴，意在让他们赶快做出决定。老于世故的晏婴双目平视，纹丝不动。齐景公心里发虚，只得下令让莱人退场。台上台下稍稍恢复平静后，每个人都回到既定位置，孔子又退到台下。这时，齐国相礼官又前进几步，对景公说："请演奏宫廷乐舞。"景公首肯后，一群穿着华丽，打扮妖冶的舞女在一帮滑稽可笑的侏儒伴随下，款款登台，在两国国君面前翩翩起舞。孔子一看，又是违礼之举。他立即三步并作两步，再次迅速登台，对景公说："按照礼仪，匹夫匹妇惑乱诸侯，必须处以极刑! 请您下命令执行吧!"齐景公垂头丧气，只得示意齐国相礼官以礼惩罚，为首的舞女和侏儒被士卒拖到台下斩首。

　　经过这么两番折腾，齐国不仅没有占到什么便宜，反而失礼丢脸，气势自然弱下去，会盟依程序按部就班进行。但齐人并不善罢甘休，在最后盟誓时，他们偷偷地在誓词中加上"齐国征伐时，鲁国必须以三百兵车相随"的条款。孔子听了很不高兴，立即让鲁国大夫兹无告诉齐人，齐国如果不归还它侵占的鲁国汶阳之田，鲁国决不同意在誓词中加进新内容。齐国不愿因此而使会盟中途夭折，就勉强同意了鲁国的要求，盟誓终于草草成立。

　　会盟结束以后，齐景公大概为了缓和一下紧张气氛，就发出邀请，准备以享礼款待鲁国君臣一行。孔子为防止意外，就婉言谢绝了景公的邀请，同时还对齐国大夫梁丘据大讲了一通谢绝赴宴的理论根据，直截了当地指出了齐国君臣在礼仪问题上的无知。他说："齐国和鲁国旧有的礼仪制度，您难道没有听说吗? 事情已经结束，而又要举行隆重的享礼，这只能增加办事人员的操劳之苦。并且，牺尊、象尊这样的礼器不应该拿出国门，钟、磬等乐器嘉乐也不应该在野外合奏。显然，在这里设享礼动用这些礼器和嘉乐是不合礼法的。但是，不动用这些东西而设享礼，那必然使享礼变得像秕子、稗子一样轻贱。可像秕子、稗子一样轻贱，对被宴请的国君就是一种羞辱; 这样办事不合礼法，还必然招来恶名。这一连串的问题，您为什么不仔细加以考虑呢？按照规定，享礼是用来宣扬德行的，不能宣扬德行，还不如不举行为好。"经过孔子这一通有理有据的批评，齐国只得取消了举行享礼的打算。会后，齐国按照盟约归还了"郓、讙、龟阴之田"。

在夹谷之会上，齐国所有的阴谋策划都一一破产，不仅没有占到便宜，反而落了个违礼的恶名。齐景公垂头丧气地回到临淄以后，把满腔怒火都倾泻到他的臣子身上，气愤地斥责他的群臣说："鲁国的孔子用君子之道来辅佐他的国君，而你们却用夷狄之道来辅佐寡人，不仅使我丢了脸，还得罪鲁国国君，你们看怎么办才能予以补救？"有一个臣子说："按照礼仪，君子有了过错，就用实实在在的礼物表示歉意。仆人有了过错，就以谦恭的言辞表示谢罪。您如果想对鲁君表示悔过之意，不妨送他最希望得到的东西。"齐景公斟酌再三，决定归还齐国侵占的鲁国的郓、汶阳和龟阴（皆在泰山附近）三处地方，传达了谢罪和维持盟好关系的意向。

夹谷之会是孔子参与策划并具体指挥的一次重大的外交活动，以刚经过阳货之乱的二流小国，面对东方第一强的齐国，居然取得了少有的外交胜利，这除了当时列国形势有着一些对鲁国有利的因素外，主要是孔子折冲樽俎的结果。上面提到，春秋末期的形势是齐、晋两大国争夺中原霸权，齐国为了在对晋国的斗争中取得胜利，必须把尽可能多的周边国家拉到自己一边，最起码使它们保持中立，以达到孤立和削弱晋国的目的。从这一战略出发，齐国不会对鲁国为之过甚。当然，它既想占鲁国的便宜，又想把鲁国从晋国的盟友中拉过来。不过，在二者不可兼得的情况下，它宁可不占便宜也要搞好与鲁国的关系。这是形势对鲁国有利的一面。但是，对鲁国不利的因素也是十分明显的：齐大鲁小，齐强鲁弱，齐鲁间的几次战争鲁国都处于失败的一方，而鲁国的盟国晋国正处于衰落之中，根本不可能对鲁国提供保护。总之，从总体上看，齐鲁会盟，鲁国的劣势地位是不言而喻的。而孔子恰恰是在形势对鲁国很不有利的条件下使会盟取得了对鲁国有利的结果，从而充分表现了他过人的机智和谋略，展示了他处变不惊、应付欲如的大将风度和有理有利有节的斗争艺术。

　　夹谷之会的胜利无疑大大提高了孔子的威望。大约在第二年,孔子担任代理执政,暂时代替任执政的季桓子处理鲁国的日常政务。他的弟子子路也被季氏任命为自己家族的总管,孔子的从政生涯由此达到巅峰。据《史记·孔子世家》记载,孔子"行摄相事"的政时间尽管短暂,却取得了极其显著的成就:"与闻国政三月,粥羔豚者弗饰贾;男女行者别于途;途不拾遗;四方之客至乎邑者不求有司,皆予之以归。"① 这或许是一种过誉之词。在此期间,孔子还诛杀了"鲁大夫乱政者少正卯",留下令后世史学界聚讼纷纭的一桩悬案。《论衡·讲瑞》记载,少正卯与孔子一样聚徒讲学,是孔子有力的竞争者,搞得"孔子之门三盈三虚"。"文革"期间搞所谓"评法批儒",少正卯又被推尊为法家代表人物加以褒奖。因为《论语》没有少正卯的任何消息,所以也有学者认定此事属子虚乌有。最大的可能是,少正卯实有其人,与孔子政见对立,孔子抓住他的违法事件,借机将其清除了。《孔子家语》对此事有一个较详细的记载,或许可以从中推度一些接近真实的信息:

　　　　孔子为鲁司寇,摄行相事,有喜色。仲由问曰:"由闻君子,祸至不惧,福至不喜。今夫子得位而喜,何也?"孔子曰:"然,有是言也。不曰'乐以贵下人乎'?"于是为政七日而诛乱政大夫少正卯,戮之于两观之下,尸于朝三日。子贡进曰:"夫少正卯,鲁之闻人。今夫子为政而始诛之,或者为失乎?"孔子曰:"居,吾语汝以其故。天下有大恶者五,而窃盗不与焉。一曰心逆而险,二曰行僻而坚,三曰言伪而辩,四曰记丑而博,五曰顺非而泽。此五者有一于人,则不免君子之诛,而少正卯皆兼有之。其居处足以撮徒成党,其谈说足以饰衰荧众,其强御足以返是独立,此乃人之奸雄,有不可以不除。夫殷汤诛尹谐,文王诛潘正,周公诛管蔡,太公诛华士,管仲诛付乙,子产诛史何,凡此七子皆异世而同诛者,以七子异世

① 　司马迁:《史记》卷四十七《孔子世家》,中华书局 1959 年版,第 1917 页。

而同恶，故不可赦也。"①

这个记载，只是孔子对少正卯"五大罪状""三大奸行"的义正词严的声讨，内容都比较笼统、抽象，从中看不出少正卯具体的政治主张。但有一点似乎可以肯定，就是少正卯是一个强势、善辩，具有极大煽惑力的人物，是孔子在思想学说方面遇到的最具杀伤力的对手。孔子尽管不断讲仁说义，把德治作为自己行政的目标，然而，面对政治和思想上的具有威慑力的反对派，他又是决不手软的。这不只表现在他毫不留情地诛杀少正卯，更表现在他发起的以武力对付三桓的"堕三都"。显然，参与创造历史的人，在关键时刻是不惮以鲜血弄脏自己的双手的。

既然夹谷之会使鲁国暂时获得了一个比较和平的外部环境，孔子也及时地把注意力转向鲁国国内，先是以诛杀少正卯显示自己的强势地位，接着就从平毁三座三桓家臣盘踞的城邑入手，准备对鲁国内政进行一次大刀阔斧的整顿，以实现"强公室，抑私门"的目标。

① 王肃：《孔子家语》卷一《始诛》，电子版文渊阁四库全书。

第十三章　功亏一篑"堕三都"

夹谷之会以后，孔子利用当时国内外的各种有利因素，毅然策划了他在鲁国从政期间最重要的一项政治举措：平毁三桓的三个私家采邑的城堡，史称"堕三都"。从西周开始，中国奴隶制的王朝就采用分封制作为奴隶主贵族内部进行财产和权力再分配的制度。周王把自己的兄弟子侄和功勋卓著的异姓贵族分封到全国各地，建立大小不等的诸侯国，以统治那里的土地和人民。齐、鲁、晋、燕、秦、卫、郑等国就是这么建立起来的。在诸侯国内部，国君又把大小不等的土地和多少不等的百姓分封给自己的兄弟子侄和立下功劳的异姓贵族，让他们建立采邑。三桓孟孙氏、季孙氏和叔孙氏就是鲁桓公的三个儿子受封后传袭下来的贵族之家。这些受封的大夫一般都在自己的采邑中修建城堡，设置防卫设施，作为采邑的中心。本来，这些措施都是为了巩固奴隶制的国家政权服务的，但是，后来随着历史的发展，各诸侯国逐渐成为独立的政治势力，削弱了周王室的统治，不少大夫力量膨胀后也威胁到诸侯国君的权力。

鲁国三桓是实力最大的三家大夫，他们通过"三分公室""四分公室"，一方面占有了大量土地和为之服役的百姓，一方面全面掌控了鲁国政权。三家大夫轮流担任鲁国执政，鲁国国君实际上成了有名无实的傀儡。不过，这些大夫的后院也越来越不平静。因为大夫大都担任公职，住在国都，采邑一般都委任家臣进行管理和经营。这些家臣们就利用手中的权力全力经营采邑，违制建筑坚固的城堡，扩大私家武装力量。一旦他们野心膨胀，谋划得手，就可能或者控制大夫，专断国政；或者据城谋反，发动叛乱。他们实力的膨胀，不仅形成对大夫的威胁，而且也构成对整个诸侯国的危害。季氏家臣阳货之乱和公山弗扰据费邑发动的叛乱，就是两起典型的事件。

面对鲁国大夫专权、"陪臣执国命"的实际，孔子认定这正是"礼崩乐坏"的表现。他认为，根据周礼，制定礼乐，决定征伐，应该是周天子的权力。现在，周天子大权旁落，不少诸侯的权力也被大夫甚至家臣窃夺，这正是社会不安定和战乱频仍的根本原因。因此，要想恢复秩序，实现国内和平，关键是必须在天下恢复周天子的权威，在各诸侯国恢复国君的权威，削弱大夫及陪臣们日益增长的权力。

孔子清醒地意识到，在鲁国实现这一目标的第一步，是与三家大夫合作，完成对季孙氏费邑、孟孙氏成邑和叔孙氏郈邑的平毁。这时候，曾经同阳货勾结在一起的公山弗扰和叔孙辄仍旧盘踞费邑（今山东费县西北），对季氏和鲁君摆出一副咄咄逼人的架势，气焰十分嚣张。侯犯盘踞叔孙氏的郈邑（今山东东平东）所发动的叛乱虽已平息，但那里的不稳定因素仍然令叔孙氏担忧。孟孙氏的成邑（今山东宁阳北）由成邑宰公孙敛父管理，他自恃平定阳货之乱有功，独断专行，对孟孙氏和鲁君也并非事事顺从。

孔子思谋，平毁三城既可消灭尾大不掉的陪臣，又能在一定程度上削弱三家大夫的实力，为鲁君夺回全部权力创造条件。定公十二年（前498年）夏天，孔子经过周密的考虑，并与担任季氏家臣的子路通盘谋议后，向鲁定公提出了平毁三座城邑的建议。他说："臣无藏甲。大夫毋百雉之城。"[①] 意思是，按照周礼，臣子之家不得保存家兵，大夫的采邑不能超过三百丈。现在，三家大夫的采邑都违反了规定，应该用武力平毁。平毁三座城邑最符合鲁定公的利益，他当然全力支持。对阳货叛乱心有余悸、被公山弗扰叛乱搞得心神难安的季桓子当然巴不得以鲁君的名义彻底

---

① 司马迁：《史记》卷四十七《孔子世家》，中华书局 1959 年版，第 1916 页。

讨平叛臣，因而毫不犹豫地表示赞成。两年前，叔孙氏的郈邑宰侯犯曾在那里发动了一场叛乱，尽管得以平息，但仍然使叔孙氏惊魂难定。为了使侯犯事件不再重演，叔孙氏也同意平毁自己的郈邑。孟孙氏的当家人孟懿子是孔子的学生，这时候他虽然对平毁自己家臣管理的郕邑没有季、叔两家的紧迫感，但碍于老师的面子，特别是在季、叔两家和鲁君都赞同的情况下，他也不便出来公开反对。所以，尽管他对平毁费邑和郈邑能否成功持怀疑态度，但表面上还是表示了赞同之意。不过，他骨子里并不积极，而是采取等着瞧的立场。

这样，平毁三城的计划终于获得通过。孔子十分兴奋，就将军事行动方面的谋划和指挥交给自己最有军事才干的弟子子路去协调执行。首先平毁的是叔孙氏的郈邑。由于侯犯的叛乱已经平息，此时叔孙氏的郈邑宰感到无力对抗这次军事行动，就乖乖地表示服从。当年夏秋之交，叔孙武亲率一支武装力量来到郈邑，兵不血刃，就平毁了这里坚固的防御设施。但平毁费邑的军事行动却没有那么顺利，而是经过一场恶战。《左传》和《史记·孔子世家》都对这次军事行动作了较详细的记载：

> 仲由为季氏宰，将堕三都，于是叔孙氏堕郈。季氏将堕费，公山不狃、叔孙辄帅费人以袭鲁。公与三子入于季氏之宫，登武子之台。费人攻入，弗克。入及公侧，仲尼命申句须、乐颀下，伐之，费人北。国人追之，败诸姑蔑。二子奔齐，遂堕费。[1]
>
> 定公十三年夏……使仲由为季氏宰，将堕三都。于是叔孙氏先堕郈。季氏将堕费，公山不狃、叔孙辄帅费人袭鲁。公与三子入于季氏之宫，登武子之台。费人攻入，弗克。入及公侧，孔子命申句须、乐颀下伐之，费人北。国人追之，败诸姑蔑。二子奔齐，遂堕费。[2]

---

① 杨伯峻：《春秋左传注》，中华书局 2009 年版，第 1586—1587 页。

② 司马迁：《史记》卷四十七《孔子世家》，中华书局 1959 年版，第 1916 页。

两书记载，除了时间上稍有差异外，其余基本相同，《史记》显然抄自《左传》。这场战斗，险象环生。顺利平毁郈邑之后，季桓子立即筹划平毁费邑，军事行动尚在准备中，因得知郈邑被平毁而惊恐不安的公山弗扰和叔孙辄先发制人，率领费邑的叛军奇袭鲁都。由于鲁都事前缺乏防备，叛军迅速攻入城内，连鲁定公居住的宫殿也被攻陷。鲁定公与自己的三个儿子匆匆逃到季桓子的府第，登上名叫武子的一个高台，同季氏家兵一起抵抗叛军的进攻。很快，季氏的府第被攻破，叛军大呼小叫地攻到台下，双方用弓箭对射，台上矢下如雨，鲁定公身边也落下不少箭头，形势十分危险。在这千钧一发之际，孔子命鲁国大夫申句须、乐颀率援军赶来，经过一场激战，叛军向东南溃逃，鲁国军队和平民穷追不舍，在姑蔑（今山东平邑、泗水之间）又经过一场激战，叛军被彻底打垮，公山弗扰和叔孙辄逃往齐国。鲁军和季氏家兵乘胜攻入费邑，平毁了这座城堡。费邑是三城中最难对付的一座堡垒，叛军力量又比较强大，所以平毁费邑是一次决定性的胜利。

然而，当孔子期望乘胜前进，直捣孟孙氏的郕邑的时候，却遇到了意想不到的挫折。孟懿子与他的郕邑宰关系较好，他没有经历季孙氏、叔孙氏两家被家臣叛变的切肤之痛，本来就对平毁郕邑一事持保留态度。现在，季、叔两家的城邑已被平毁，他看到孔子又与鲁定公积极谋划平毁自己的郕邑，隐约觉察到孔子平毁三城背后的深意：不仅要消灭叛臣，而且更要通过此举削弱三家权重位尊大夫的实力。正当鲁君和孔子、子路加紧准备进攻郕邑的时候，郕邑宰公敛处父对孟懿子说："堕成，齐人必至于北门。且成，孟氏之保障，无成是无孟氏也。我将弗堕。"[1] 意思是，郕邑是鲁国北部的堡垒和门户，可以阻挡齐人南下。如果郕邑被毁，鲁国北方就失去屏障，齐人就可以直抵国门。更重要的是，郕邑是您家族的根据地，失去郕邑，孟氏家族也就危险了，所以我不允许堕城。公敛处父建议孟懿子对平毁郕邑采取不置可否的暧昧态度，由他据守郕邑，坚决抵抗。

---

[1]　司马迁：《史记》卷四十七《孔子世家》，中华书局 1959 年版，第 1916 页。

一席话让孟懿子明白了利害关系，他不仅不参与平毁郈邑的战斗，而且暗地里做了季孙氏和叔孙氏两家的工作，秘密建立了对抗鲁君和孔子的统一战线，三家于是不派一兵一卒参加对郈邑的军事行动。这样一来，仅靠鲁君那点力量，对付坚固设防的郈邑就没有必胜的把握。三家大夫的态度一下子把鲁君和孔子置于十分尴尬的境地：不继续斗争，功亏一篑；继续干下去，又力不从心。鲁君与孔子反复研究，最后做出了不惜冒失败危险而孤注一掷的抉择。十二月，鲁定公单独率兵围攻郈邑，遇到公敛处父的拼死抵抗，未能奏效。至此，平毁三城的计划只能半途而废，未能取得最后的胜利。

孔子在鲁国从政，从中都宰到司寇，如果没有三桓的认可、默许与合作，他是很难办成一件事的。在平毁三城的计划实施前，孔子与三桓的合作是比较顺利的，正是在三桓的支持下，孔子在内政和外交方面都取得了显著成绩。但是，孔子与三桓的政治理想又是背道而驰的。三桓想的是继续巩固和扩大自己的权力和财富，既挟持鲁君又抑制家臣。孔子却致力于通过削弱大夫和家臣势力以提高鲁君的地位和权力。这就注定了孔子与三桓之间的"蜜月"不会持续太久。

三桓在鲁国有着左右一切的权力，他们既可以使孔子官运亨通，又可以置他于左右支绌的困境。所以，当他们发现孔子不能为自己所用，不能成为自己利益的代理人时，就不再支持孔子，并进而故意冷落他。此后，孔子虽然仍在官位上，但已经坐上冷板凳，再也难以发挥自己积极主动的作用了。恰在此时，子路也因公伯寮在季氏面前进谗言而被解除了总管的职务，这使孔子处于更加艰难的境地。公伯寮也是孔子的学生，他在关键时刻背叛了自己的老师，孔子的悲愤是可以想象的。这也是可以理解的。孔子的学生众多，成分复杂，其中的大多数固然都是忠于孔子的理想，维护孔子的尊严，对孔子言听计从，甘愿与孔子同进同退的耿直之士。但在孔子声誉日隆、官位日高的情况下，有些人出于各种各样的原因甚至攀龙附凤的目的投到孔子门下也是十分正常的。后来，有的学者认为公伯寮太给孔子丢脸，孔子名下不应该有这样的学生，索性将他从孔门弟子中驱逐出去。这也实在大可不必。孟懿子也是孔子的弟子，可是，三桓中最早起来破坏孔子平毁三城计划的就是这个孟懿子。他的行动是受他的切身利益制约的，在老师同自己家族利益发生冲突时，他只能向自己的家族利益倾斜，师生之情是可以弃之不顾的。公伯寮的具体情况史料缺乏记载，有人推测他是鲁国人，此人显然是一个投机分子，估计是在孔子从政生涯达到巅峰的时候投到孔子门下的，与孔子的师生情谊非常一般。他既可以在孔子最发达的时候拜师入门，也可以在孔子要倒霉的时候选择离开。他看到孔子马上要失势，就想借对子路进谗言而获取季氏的青睐，由此受赏得个一官半职。他进谗言的目的的确达到了，子路由此而丢掉了季氏家总管的职位。当时，公伯寮的无耻行径使孔子弟子和同情孔子的人义愤填膺。孔子的学生，其时也在鲁国政府中任职的子服景伯把公伯寮出卖子路的事情告诉了孔子，师生之间就如何处置公伯寮有如下的对话：

> 公伯寮诉子路于季孙。子服景伯以告，曰："夫子固有惑志于公伯寮，吾力犹能肆诸市朝。"子曰："道之将也与，命也；道之将废也与，命也。公伯寮其如命何？"①

这里显示，子服景伯要求以最激烈的手段对付公伯寮，说自己有能力使他陈尸街头。但孔子对此事显得比较冷静，只是淡淡地说："我的主张会实现吗？那是命运决定的。我的主张不能实现吗？那也是命运决定的。公伯寮对命运赋予我的使命能起什么作用呢？"这说明，孔子对公伯寮事件如何处理是经过深思熟虑的。他清楚地知道自己与三桓的"蜜月"已经结束，公伯寮告密与否都无法改变这个结局。再说，公伯寮并不是自己的得意门生，而仅仅是一个趋炎附势的小人，这种人的真面目是迟早要暴露的，所以既无必要也不值得与他计较。应该说，孔子对公伯寮的态度是大度的，也是明智的。不过，公伯寮的告密也并未给他本人带来什么好处。

---

① 《论语·宪问》，《十三经注疏》，中华书局 1982 年版，第 2513 页。

此后，这个人就在鲁国的政坛上彻底销声匿迹了。

平毁三城的行动半途而废，三桓不再支持孔子，这预示着孔子在鲁国的从政生涯已经接近尾声。这时候的孔子，对自己的窘境一清二楚，但并没有立即辞去官职。因为他知道，司寇这个职务对于实现自己的理想实在太重要了。机遇并不常有，不到万不得已，决不能放弃已经取得的官位和权力。所以，尽管受到三桓及其影响下的一些朝臣的冷落，孔子却不动声色，装得若无其事。他在镇定自若中期望奇迹出现，期望自己的命运有一个新的转机。

第十四章　离鲁入卫

平毁三城的失败，也将鲁定公置于非常尴尬的境地，使他与三桓的关系进一步恶化。三桓虽然不至于立即废掉他的君位，但却能进一步削弱他的权力。定公深知孔子内心向着他，可是他却没有办法使孔子摆脱困境。况且，鲁定公也不是什么雄才大略的国君，当他看到自己处于无所作为的境地而又无力自拔的时候，就对三桓采取妥协的态度，将头缩了回去，在宫内过他奢靡享乐的日子去了。恰在此时，齐国的一项看似对鲁国交好的举措加速了孔子命运的转折。

齐景公君臣在夹谷会盟的时候领教了孔子的政治谋略和外交才干，深感孔子这个人继续在鲁国做高官对齐国不利。其中有两个臣子提出自己的看法和建议：

> 齐人闻而惧，曰："孔子为政必霸，霸则吾地近焉，我之为先并矣。盍致地焉？"黎鉏曰："请先尝沮之；沮之而不可则致地，庸迟乎！"①

这里记述的是，一个臣子对景公说："如果孔子长期在鲁国执政，鲁国就有希望成就霸业。齐国紧靠鲁国，受害的首先是齐国。可不可先送一块

---

① 司马迁：《史记》卷四十七《孔子世家》，中华书局 1959 年版，第 1918 页。

地给鲁国，进一步缓和两国之间的关系呢？"黎锄则向景公建议："先想办法阻止孔子继续执政，这个办法行不通，再采取送地的办法也不迟。"景公批准了黎锄的建议。齐国于是先在国中挑选了 80 个体态轻盈美丽无比的妙龄女子，给她们制作了很多华贵飘逸的服装，训练她们演练"康乐"舞，继而又挑选了色泽斑斓、膘肥体壮的 120 匹骏马，将美女和骏马作为礼物，堂而皇之地送到鲁国。开始，可能碍于舆论，三桓没有马上举行接收仪式，而是先将美女和骏马在鲁都城南的高门安顿下来，让美女表演乐舞，吸引鲁都各色人等前去观赏。

然而，美女的诱惑力对鲁国贵族来说是难以抗拒的。季桓子为了避人耳目，化了妆，打扮成普通百姓，几乎天天窜到高门观赏齐国美女的乐舞表演。那漂亮的身段，婀娜多姿的舞步，还有那美妙动人的音乐，使季桓子如醉如痴，简直难以相信人间还有如此美妙的乐舞。受命前来赠送美女和骏马的齐国使臣看在眼里，喜在心头。他对季桓子说："大夫觉得这些礼物如何？可以举行赠交仪式了吧？"季桓子连声称赞："美极了！美极了！"接着压低声音，诡秘地说："等我将国君拉来观赏一番，再举行仪式也不迟呀！"第二天，季桓子入宫见鲁定公，请他出城在周围地区进行一年一度的例行视察。定公自从因平毁三城之事与三桓闹僵以后，一直闷在宫中。现在季桓子亲自入宫来请，他也想借机缓和一下与三桓的关系，顺便出来散散心。况且，这时齐国赠送美女骏马之事已经在鲁都闹得沸沸扬扬，自己尽管很想前去观赏一番，可又难于开口，何不借此机会去看个究竟呢。因而季桓子一请，定公就痛快地答应下来。稍事准备，定公就与季桓子一起乘车直奔高门。已经做好准备的齐国舞女在悠扬悦耳的音乐伴奏下，使出浑身解数，款款起舞。一曲又一曲，舞姿不断花样翻新，变换无穷，与鲁国的传统乐舞绝然不同。鲁定公目不转睛地痴迷地观赏，忘记了自己的身份，忘记了时间的早晚，忘记了傀儡地位的忧愁，眼里只看见舞女的倩影，耳中只听到美妙的旋律。一连数天，鲁定公都在季桓子陪伴下光临高门，宫中再也见不到他的身影，连一些例行公事的政务也一概推掉，一门心思就是观赏女乐。正应得一句俗语：好事不出门，坏事传千里。鲁定公与季桓子一起观赏女乐之事引得朝野议论纷纷，鲁国大小臣僚几次上朝也没有见到鲁定公和季桓子，正常的国家政务几乎难以运行了。

对此，孔子和他的弟子看在眼里，急在心头。已经卸下季氏总管职务的子路明白，孔子继续留在官位上实在难以有所作为了，就对孔子说："事情到了这种地步，您就应该辞去官职，离开鲁国了。"孔子尽管也知道事已不可为，但仍不愿意马上离开：鲁国毕竟是自己的父母之邦，这里有自己的妻子儿女，有几代祖先的庐墓，刚刚开始的从政生涯也留下事业的辉煌，只要还有一线希望，就应该以百分之百的努力去争取。听了子路的建议和催促，孔子固执地说："鲁国马上就要举行郊祭的大典了，如果把祭肉分送大夫，并且也有我的一份，这就表明我还可以继续干下去。让我们再耐心等待几天吧！"

然而，接连发生的事情，对孔子都不是什么好兆头：季桓子终于不顾人言，将齐国赠送的舞女和骏马接收下来。一连几天，把国家大事放在一边，沉湎于舞女的轻歌曼舞中，连必须隆重举行的郊祭大典也只是草草应付了一下，并且也没有按惯例将祭肉分送给大夫。这表明，季氏已经不准备让孔子继续司寇的职务了。至此，孔子认定他留在鲁国的最后一点希望已经破灭，于是决定离开鲁国。

在此之前，孔子与弟子们就商量离开鲁国后落脚的地方。子路建议到卫国去，因为他的妻兄颜仇由正在卫国做官，可以通过颜仇由结识卫国的权要，进而晋见卫国国君，或许在那里能得到发展。孔子也认为卫国是一个可以去的地方，卫国与鲁国相邻，同为姬姓，算是兄弟之邦，平常两国的交往也比较频繁，而孔子的声名也早为卫国朝野所知晓。到卫国去显然可以被接受。

孔子经过一番准备，安排好家事，安顿好留下的弟子，然后带着自愿随行的弟子子路、子贡、颜回、冉求、宰我、高柴等10多人走上了通向卫国国都帝丘（今河南濮阳南）的大道。孔子离开鲁国的决心虽然十分坚定，但在感情上却难以割舍。因为这里有父母的庐墓，有童年的美好回忆，有家庭和妻子儿女的温馨，有创办私学的艰辛和安慰，有名腾列国的政绩，还有那熟悉的田园，沐浴过的沂水与泗水，与弟子们春游的舞雩台等等。……

马车离开鲁都，在穿越田野的道路上朝西南方向行进，孔子双手扶轼，贪婪地瞭望着周围的景色，脸上一派严肃的表情，他几次要驾车的子路放慢速度，仿佛要把故乡的一切都牢牢地记忆在脑海里。走了一段路之后，孔子让子路将马车停下来，他下车后，慢慢地绕车踱步，时而对旷野出神，时而在野花杂草前伫立，似乎在寻找过去的足迹。有的弟子觉得，既然决心离开鲁国，何必这么慢腾腾地走走停停呢？于是问孔子，孔子神色严肃地说："我怎么忍心走呢，这是离开自己的父母之邦啊！"

两天以后，孔子一行来到鲁国边境一个叫屯的地方，刚停下来，远远地看到一辆马车急急地从东方赶来，车上坐的是鲁国的名叫师己的乐官。孔子看到他，内心一阵激动，以为是季桓子回心转意，派他来挽留自己，于是赶忙向前施礼相见。师己表情木然地对孔子说："季孙大夫知道您出国远行，特派我来给您送行。"孔子听了，心中凉了半截，反倒平静了许多，淡淡地回答说："多谢了，何必多此一举？"师己凑近一步，同情地说："我知道您老人家没有过错啊！"孔子没有作答，慢慢地走向马车，取出琴，调试了一下，说："难得您来送我一程，就让我唱支临时编撰的歌儿给您听吧！"说罢，一边弹琴，一边以苍老的声音唱道：

> 彼妇之口，可以出走；彼妇之谒，可以死败。盖优哉游哉，维以卒岁！①

这段歌词可以翻译成这样的一段现代汉语：

> 那女人的口呀，可以把人逼走；那女人的话呀，可以败坏国家。
> 我何不自宽自慰优游四海哟，在快乐中打发那流逝的岁月。

---

① 司马迁：《史记》卷四十七《孔子世家》，中华书局 1959 年版，第 1918 页。

唱完，孔子没有再同师己说话，就毅然登车，头也不回地向西驰去。因为在孔子看来，自己的千言万语，都凝结在这简短的歌词中了。

师己目送孔子一行越过边境进入卫国，就返回鲁都向季桓子复命。他向季桓子详细叙述了会见孔子的情况，特别讲了孔子吟唱的歌词。季桓子明白孔子反对他接受齐国的舞女，内心也有点儿愧意。不过，季桓子觉得孔子的思想实在不合自己的口味，所以无法重用他。可是，孔子毕竟是一个不可多得的人才，放走孔子会让别人耻笑自己无容人之量，实在难于处理啊！想到这里，他不禁长叹了一声。

孔子乘坐的马车在弟子们的簇拥下进入卫国，一望无际的大平原映入眼帘，孔子精神为之一振。眉宇舒展，不时向四周瞭望。卫国是西周建立后第一批分封的诸侯国，地处今之华北大平原的腹地，横跨今之冀、鲁、豫三省的结合部，滚滚黄河自西南奔腾而至，横穿卫国全境，向东北流去。还有淇水、洹水和濮水也流经卫国全境，给卫国的农业生产带来得天独厚的有利条件。由于土壤肥沃，气候良好，卫国一直是比较富庶的诸侯国。

这时，正值夏历二月，悄然而至的春风已经使田野披上了绿装，杨柳轻扬，百鸟鸣唱，大地荡漾着醉人的芳香。渡过濮水，进入卫国国都的郊区，只见农田整齐，小麦生长茂密，星罗棋布的村庄点缀其间，展现出一派美丽的田园风光。孔子一扫心头的郁闷，不由自主地赞叹：“这里的人口真稠密呀！”驾车的冉有回过头来问：“既然人口已经多了，还应该做些什么事呢？”孔子说：“使人民富裕起来。”冉有又问：“富裕以后再做些什么事呢？”孔子说：“教育他们。”[①]“富而后教”的思想是孔子社会政治思想的重要内容，是他在鲁国从政四年后推出的一个新观点。在此之前，孔子的德、礼相结合的思想比较重视对百姓的礼乐教化，着眼点在于提高他们的道德修养。数年的从政生涯大概使他看到了经济生活对社会安定的意义，因而才有先富后教的新观念的提出，其中蕴含着深刻而朴素的真理。

---

① 《论语·子路》，《十三经注疏》，中华书局 1982 年版，第 2507 页。

孔子到达卫国后，先住在子路妻兄颜仇由的家里。不久，子路、颜仇由又与卫灵公的宠臣弥子瑕取得联系，希望由他引荐孔子拜会卫灵公。很快，卫灵公召见孔子，问他在鲁国做官时的俸禄是多少？孔子说是六万斛。灵公十分痛快地说："我也给你六万斛。"六万斛相当于今日的一万多公升，这么多粮食足可使孔子及其弟子衣食无忧，孔子就在卫国安顿下来。由于卫灵公没给孔子安排具体职务，所以孔子入卫后除了教学活动之外就是会会朋友了。

卫国已故大夫公叔文子是一个贤人，孔子来卫国前就知道他的名声。这次来到卫国，在与人交谈时自然不免提及他，同时还有意识地寻访他的嘉言懿行。谁知孔子的活动触犯了卫国的大忌。原来，公叔文子虽然以贤智有名于时，但继承他大夫之位的儿子公叔戍却不是一个安分守己的人物，他与卫灵公的夫人南子对立，密谋诛除南子党羽，事未发就被驱逐出国都。他逃到自己的采邑蒲（今河南长垣）准备发动叛乱。这事发生在孔子到卫国后不久。然而，孔子到卫国后，不仅未对公叔戍的活动表示鲜明的反对立场，反而对他的父亲不断发出赞美之辞，而孔子的弟子们还与公叔戍有所接触。孔子及其弟子的活动显然引起了南子党羽的怀疑，于是密报卫灵公。卫灵公立即派公孙余假到孔子住所监视他们师徒的行动。公孙余假蹑手蹑脚的进进出出的行动，还有他那阴冷的贼溜溜的目光，使孔子难以忍受，就于鲁定公十三年（前497年）年底或第二年初带着弟子们离开了卫国国都。

这时，陈国的青年贵族公良孺拜孔子为师，带着5辆车子与孔子一同离开卫都。他劝孔子到他们国家暂时安身。此时的孔子四顾茫茫，陷入困境，只得听从公良孺的安排，决定赶赴陈国碰碰运气。

第十五章 "子见南子"

　　孔子一行出了卫国国都帝丘，急急向西南方向的陈国行进。不料走到匡邑（今河南长垣境）时，因孔子的学生无意之中说了一句话，惹起了一场突如其来的风波。原来，匡邑开始是卫国的领地，后来被郑国占领。鲁定公六年（前504年），鲁、郑两国交战，阳货随定公率军进攻郑国，攻克匡邑。当时颜刻是鲁军的一名士兵，也参加了攻克匡邑的战斗。这次颜刻随孔子出游，与子路轮流为孔子驾车。到匡邑时，他看到熟悉的城垣，又忆起当年的战斗，于是用马鞭子指着一处城墙，大声对孔子及其他随行弟子说："我们当年进攻匡邑时，就是从这里打开缺口的！"说者无心，听者有意。旁边一个匡人听了，猛然一惊，仔细观察坐在车上扶轼向匡邑张望的孔子，更加吃惊："这不是当年率鲁军攻破匡邑的阳货么！这次可不能让他跑了！"边想边跑到匡邑主匡简子那里报告。

　　匡简子和匡人对当年鲁军的暴行记忆犹新，听说仇人送上门来，立即带领甲士追捕。孔子一行被气势汹汹的甲士惊得目瞪口呆，慌不择路，四散奔逃。孔子和部分弟子被匡人拘捕，押到城内监禁起来。这是孔子第一次如同囚犯一样受到侮辱，他内心既痛苦又紧张。但是，由于孔子已过"知天命"之年，阅历丰富，面对无端飞来的横祸，表面上仍然十分镇定。这时，他特别担心的是那些冲散的学生，他们到哪里去了呢？生命有危险吗？与此同时，那些冲散的学生也在打听老师的下落。当他们得知孔子已经被匡人拘押时，谁也没有独自逃命，而是义无反顾地来到老师身边，与孔子同生死，共患难，表现了师生之间难以割舍的殷殷纯情，展示了孔子所主持的教育团体强大的向心力和凝聚力。

看到弟子们相继回到自己的身边，孔子那颗悬着的心放了下来，感到十分欣慰。他对最后到来的颜回说："颜回呀，我还以为你死了呢！"颜回严肃而不失幽默地说："您老人家健在，我怎么敢死呢！"

孔子与弟子们处于匡人的严密监视之下，一点活动的自由也没有。孔子一再对他们说明自己的真实身份，匡人虽然没有绝对把握确定孔子就是阳货，但宁信其是，不信其非，坚决不肯放人，而且更加严密地监视，唯恐失掉报仇的机会。面对生死一发的险恶形势，孔子的学生都为老师捏着一把汗，一个个惴惴不安。

孔子为了稳定学生的情绪，决定照常进行教学活动。有时讲论礼乐，有时弹琴诵诗，全然不顾匡人敌视的目光。有时他们师生共同大声诵诗，声震屋瓦，匡邑全城几乎都能听到。孔子意味深长、信心十足地对弟子们说："文王既没，文不在兹乎！天之将丧斯文也，后死者不得与斯文也；天之未丧斯文也，匡人其如予何？"[①] 意思是，周文王去世以后，古代文化不是都保存在我这里了吗？如果上天要毁灭这些文化，那我就不能传授这些文化了；如果上天不想毁灭这些文化，那匡人又能把我怎么样呢？

孔子及其弟子们在被监禁中所表现的沉着、冷静、坦然、乐观，特别是他们日日不辍的兴趣盎然的教学活动，使匡人心中的疑团逐渐冰释，再通过其他渠道进一步了解，知道眼前的这些人与阳货毫无关系，就把他们释放了。

经过几天的折腾，孔子师徒们的身心都受到很大伤害，他们决定到卫国边境休整一下再确定以后的去处。谁知他们经过蒲邑时，师徒们又陷入另一场风波。原来这时被卫灵公驱逐到蒲邑的公叔戌发动了叛乱。为了壮大声势，派人拦截孔子一行，强迫他们参加叛乱队伍。孔子尽管对公孙戌的父亲十分尊仰，但对公孙戌犯上作乱的行为却深恶痛绝，所以断然拒

---

① 《论语·子罕》，《十三经注疏》，中华书局1982年版，第2490页。

绝他们的无理要求。但公孙戌不依不饶，继续进行纠缠。这时，跟随孔子的公良孺气愤不过，率领自己的五车之众同蒲人开战，子路和其他弟子也立即上阵助战，双方在蒲邑近郊展开了一场激烈的战斗。由于公良孺和子路骁勇善战，其他人也合力拼杀，公孙戌一伙知道孔子等人难以制服，就要求谈判讲和，条件是只要孔子承诺不回帝丘，就放他们一行离开蒲地。孔子爽快地答应了他们的条件，双方盟誓后，蒲人如约将他们放行。

孔子一行离开蒲邑。走了一段路，在避开蒲人的视线后，孔子立即命令弟子们调转车头，向着帝丘疾驰。弟子们不由一怔，因为孔子与蒲人的盟誓言犹在耳，孔子就背盟毁约了。子贡不解地问："刚才与蒲人的盟誓难道可以违反吗？"孔子斩钉截铁地说："那是强迫盟誓，不反映我们的真心实意，神灵是不会听信计较的！"孔子的言行，突出反映了他的权变意识和策略思想：对一些恶势力可以虚与委蛇，以达到保护自己的目的。所以后来孟子非常赞赏孔子这种权变意识和策略思想，他说："大人者，言不必信，行不必果，惟义所在！"[1]

孔子离开卫国不过月余，为什么又要返回来呢？原来孔子被困于匡邑时，他的一个弟子通过卫国大夫宁武子的疏通返回卫国。大概他在卫国为孔子的返回进行了不少公关活动，消除了卫灵公及其夫人南子的怀疑，他们欢迎孔子一行重返卫国。特别是孔子师徒在蒲邑同公孙戌叛乱分子战斗的消息进一步打消了他们的怀疑。因此，当孔子一行回到帝丘的时候，卫灵公亲自到城外迎接。

公孙戌据蒲邑反叛之事一直使卫灵公君臣忧虑不安，由于孔子刚从蒲邑回来，卫灵公自然想听听他的意见。他问孔子可否出兵讨伐叛乱？孔子立即给予肯定的回答，并告诉卫灵公，在蒲邑真正同国君作对的，只不过是公孙戌和他的几个亲信，其他人都是被裹挟的百姓，内心都向着卫灵公，所以讨伐很快可以取得胜利。卫灵公告诉孔子，他的多数臣子都不主张讨伐，因为蒲邑地处卫国西南边陲，是抵御晋、楚等国进犯的屏障。卫

---

[1] 《孟子·离娄上》，《十三经注疏》，中华书局1982年版，第2726页。

军前去讨伐，一场战斗势必将这座城堡夷为平地，既消耗国力，又失去屏障，徒然对他国有利。因此，尽管卫灵公认为孔子的意见不无道理，但也一直没有讨伐，只是将蒲邑监视起来，静观其变。由于公孙戌的叛乱显然不得人心，他们在当地百姓中日益陷于孤立。鲁定公十四年（前496年）春天，公孙戌一伙在蒲邑再也待不下去了，就匆匆逃到鲁国，这次事件就此平息。

孔子重回卫国后，认为误会既已消除，卫灵公又表示了热诚欢迎的态度，在卫国还是可以有所作为的。他于是住进卫国贤大夫遽伯玉家，以便通过他进一步增加与卫灵公的接触，期望得到卫灵公的重用。同时，孔子又与卫灵公夫人南子的亲信弥子瑕建立了较密切的联系，希望通过他与南子见面。因为南子作为国君宠信的夫人，对卫国的政治有着举足轻重的影响。南子原是宋国王室之女，天生丽质，声名远播。由于她出嫁前同宋公子朝有私情，后来又偷偷摸摸地来往，受到宋国人的讥讽。所以，南子就以风流国君夫人闻名列国之间。孔子当时并非不知南子声名不佳，却仍然千方百计地谋划与她见面，目的完全是为了自己能在卫国得到重用。恰在此时，南子也产生了会见孔子的念头。她派人邀请孔子说："四面八方来到卫国的君子们，凡是看得起我们国君要同他结交为兄弟的人们，都一定来看看我，我自然也乐于同他们见上一面。"南子所以乐于见到孔子，是因为孔子是一位蜚声列国的大学问家，一位知书达礼的仁人君子，在当时享有崇高的声誉。现在他来到卫国，如不见上一面，交谈一番，就会留下终生遗憾。何况，会见这位名人，一瞻他的风采，就一些问题向他请教，也可以提高自己的威望。孔子与南子，各有所求，一拍即合，于是一次不寻常的会见就实现了。

这一天，南子经过一番精心梳洗打扮，佩环戴玉，珠光宝气，穿着华丽的服饰，端坐在薄帐内，等待孔子的到来。孔子如约进宫，向帐内的南子行礼。南子隔着薄纱还礼，双方客客气气地交谈了一阵。孔子早就知道南子有着倾城倾国的美貌，但由于隔着纱幕，他看到的只是一个模糊的倩影，听到的只是她身上佩戴的金银玉器叮当作响的声音。其实，孔子与

南子的会面，不过是一次礼节性的拜会，谈话的内容已不可考究。孔子会
见南子以后，立即将有关情况向弟子们作了介绍，他说："我以前不想见
她，这次会见，她在礼节上还是相当得体的。"然而，孔子主动要求会见
南子一事，在弟子们中还是引起不小的震动。因为南子的风流韵事传播得
很广，素以仁人君子自居的孔子居然主动前去会见她，归来后又居然眉飞
色舞地向弟子们讲述会见的情景，自然使弟子们困惑不解。其他弟子尚能
掩饰内心的情感，不动声色地听孔子侃侃而谈，但性格直率粗鲁的子路
却把满腹的狐疑和不满表露在脸上。孔子看着子路的表情，感到自己的
行为被弟子们曲解了，十分着急地对天发誓："予所否者，天厌之，天厌
之！"① 意思是，我假如做了什么不当的事情，让上天厌弃我吧！让上天厌
弃我吧！

　　不过，由于孔子见了南子，进一步拉近了同卫灵公的关系，再加上
孔子与卫国上层人士的广泛交往，彼此增进了理解和信任，使他的不少弟
子在卫国做了官。如高柴任士师，子路任公孙戍叛乱平息后的蒲邑宰。但
是，孔子本人希望在卫国做官的愿望却一直没有实现。这大概是因为，孔
子的名气很大，并且在鲁国做过司寇和代理执政的高官，如果让他在卫国
做官，就必须给他一个相当的职务，这在卫国的宗室贵族中恐怕难以通
过。所以，尽管卫灵公有时召见孔子，就一些治国理政的问题向他请教，
却始终没有给他一个具体职务。孔子寂寞难耐，就故意对别人说："如果
有人用我管理政事，一年可以初见成效，三年便会有显著成绩了。"求仕
之情溢于言表。这些话肯定能够传到卫灵公那里，但卫灵公仍然没有让孔
子做官的表示，这自然使孔子十分失望。恰在此时，发生了卫灵公邀请他
出游之事。

　　这一天，卫灵公与南子同乘一车，由宦官雍渠做驭手。让孔子乘坐
第二辆车，在卫都帝丘的大街上驰骋，引得满城百姓驻足观看。卫灵公与
南子在车上肆意逗乐，故意招摇，使紧随其后的孔子很难为情。归来后，

---

① 《论语·雍也》，《十三经注疏》，中华书局 1982 年版，第 2476 页。

孔子很不高兴，愤愤地对弟子们说："今天的事情使我明白，很少有人能像追求美色那样追求美德呀！"① 卫国的空气越来越使孔子感到窒息，他于是下定决心离开这个地方。但离开卫国后到哪里去呢？孔子也很费思量。

就在这一年的十一月，晋国颇有权势的卿大夫之间发生激烈斗争。掌权的赵鞅率兵进攻朝歌（今河南淇县），讨伐范氏和中行氏两家大夫。战争激烈进行中，范氏和中行氏一边却祸起萧墙，他们的中牟（今河南鹤壁市西）宰佛肸发动叛乱，归顺了卫国。佛肸很快向孔子发出了邀请，希望孔子到中牟协助他治理这块地方。苦闷中的孔子仿佛看到展现在前面的一片亮光，立即打算应邀前往。子路觉得不太妥当，就劝孔子说："从前我听老师说过：'亲自做坏事的人那里，君子不去。'现在佛肸在中牟发动叛乱，您却准备前往，这怎么说得过去呢？"孔子说："是的，我是说过这样的话。不是说坚硬的东西磨也磨不薄吗？不是说洁白的东西染也染不黑吗？难道我是个瓠瓜吗？怎么能只挂着而不给人吃呢？"② 这话表明，此时的孔子为了能够获得从政的机会，简直有点慌不择路，什么地方也愿意试一试了。

不过，孔子终究没有到中牟去。或许他答应前往就是一时的愤激之词，或许子路的话发生了作用，更大的可能是孔子经过冷静的思考以后，觉得与反叛者为伍实在不值得，而地处晋、卫交界处的中牟也不是大有可为的地方。特别是，一旦应邀前往中牟，孔子与晋国权势家族的关系就会蒙上一层抹不掉的阴影，他去晋国的路也就彻底堵塞了。

中牟没有去成，孔子到晋国去的愿望却越来越强烈。晋国是举足轻重的中原大国，与齐桓公齐名的晋文公曾创造过辉煌的霸业。孔子一直非常关心晋国的政局。现在，眼看晋国国君的大权旁落，韩、赵、魏、智伯、范氏、中行氏等权势最大的六卿争斗不已，心中十分焦急。孔子希望到那里去，以自己的声望，特别是那套"君君，臣臣，父父，子子"的

---

① 《论语·卫灵公》；司马迁：《史记》卷四十七《孔子世家》，中华书局1959年版，第1921页。

② 司马迁：《史记》卷四十七《孔子世家》，中华书局1959年版，第1924页。

"正名"理论，调和晋君与六卿的关系，缓和六卿之间的矛盾，使晋国重新恢复秩序与稳定。凭着晋国作为中原大国的地位，孔子或许可以大作大为一番。

经过简单的准备，孔子于鲁哀公元年（前494年）底或第二年初带领子贡等人踏上了赴晋国的旅程。早晨从帝丘出发，不到一天就到达黄河东岸。当孔子登上黄河大堤，俯视自西南流向东北的黄河，他的心情犹如眼前奔腾的河水，激扬澎湃，难以平静。他感慨万千地自言自语："啊！逝去的一切就像这浩浩荡荡的河水呀，不舍昼夜地奔流到海不复回！"他想，渡过黄河，很快将踏上晋国的土地，自己的生命之舟，将驶入一个新的海洋吧！

这时，从河的西岸渡过一船人，登岸时，人群中一片喧哗，不少人义愤填膺，骂声不绝，打破了孔子的思绪。孔子赶忙上前打探消息，才知道是晋国执政赵鞅杀害了晋国两位德高望重的贤人鸣犊和窦犨。听到这一消息，孔子几乎惊呆了。他面对滔滔河水，木雕泥塑一般站立着，两行老泪顺着面颊流下来。良久，他长叹一声，像对别人，也像对自己说："我们怎么能到杀害贤人的国家去呢？唉，偏偏在这要过河的时候传来这样的消息，看来我只得中断晋国之行了，这大概就是命运吧？"子贡向前靠近孔子，轻声问："请问您这话怎么讲呢？"孔子沉痛地说："鸣犊和窦犨是晋国有名的贤大夫，赵简子未得志之前，需要这两个人的帮助才能执掌大权；等到他得志的时候，却把他们杀掉了。我听说，杀害胎兽和幼兽，麒麟就不会在郊野出现；竭泽而渔，蛟龙就不会调和阴阳而降雨；捣毁鸟巢毁坏鸟蛋，凤凰就不会飞来栖息。为什么呢？君子最忌讳的就是物伤其类啊！鸟兽对于不义尚且知道躲避，何况是我呢！"[1]孔子最后看了一眼滚滚东流的黄河水，毅然调转车头，沿着来路返回。

走到一个叫陬乡的地方，孔子停了下来。他一边弹着琴，一边用低沉苍凉的声音吟唱自己所作的《陬操》歌，以抒发对鸣犊和窦犨深沉的哀

---

[1] 司马迁：《史记》卷四十七《孔子世家》，中华书局1959年版，第1926页。

悼之情，可惜原词已经失传了。

由于孔子到晋国去的行动事先未征得卫灵公的同意，引起卫灵公的恼怒和不满。因为卫国已经参与了晋国六卿之间的斗争，而它支持的是范氏与中行氏，可是孔子却倾向于他们的对立面赵氏。正因为如此，所以对孔子返回帝丘，卫灵公表现得十分冷淡，不仅没有前去郊迎，而且在见面时故意向孔子请教战争问题，以暗示卫国即将与晋国兵戎相见。孔子对卫灵公的态度也很不满意，就故意说："礼仪方面的事情，我曾经听说过，军队作战方面的事情，我却没有学过。"双方话不投机，感情上的距离越来越大。

第二天，卫灵公又懒洋洋地与孔子谈话。这时，突然看见天空一群大雁，排成人字形，鸣叫着自南向北飞去。卫灵公立即中断与孔子的谈话，目不转睛地仰视大雁，直到大雁消失在天际，仿佛孔子根本不存在一样。孔子看着老态龙钟的卫灵公，明白继续在卫国待下去实在没有必要了，就决心离开卫国。但是，因为对离开卫国后的去处一时不易确定，孔子只得在蘧伯玉家暂时住下去，以便与弟子们计议离卫后的行程，并做好离卫的准备工作。

转眼间，悄然而至的春风又吹绿了黄河两岸广袤的原野。然而，生机盎然的春天并未给卫国带来好运。这一年（卫灵公四十二年，鲁哀公二年，公元前 493 年）四月，卫灵公离开人世，他的孙子姬辄承袭了君位，他就是卫出公。与此同时，卫出公的父亲蒯聩在晋国的支持下带兵进入距帝丘仅 40 里的戚邑（今河南濮阳北），扬言攻入帝丘与儿子争夺君位，眼看一场父子相残的悲剧犹如箭在弦上。孔子对这种违背礼制的行动深恶痛绝，为了不使自己卷入这场恶斗，他带上弟子，急忙离开卫国，径直向南方的陈国走去。

第十六章　宋、郑遇险

　　孔子一行离开卫国后，径直南行，经过曹国（今山东定陶为中心的地区），不久到达以今之河南商丘为中心，地跨鲁、豫、皖三省交界处的宋国。由于这里是孔子祖先生活过的地方，他青年时代又曾到这里考察过殷礼，再加上他夫人亓官氏的娘家也在这里，因而孔子对宋国有着特殊的亲近的感情。

　　来到宋国的都城商丘（今属河南），孔子不由得停下来，希望受到热情的接待，在这里住上一段时间。然而，与孔子的愿望相反，当国的宋景公对孔子这位与自己有着血缘亲情的名人却相当冷淡，连当时一般国君都愿意展现的礼贤下士的样子都没装出来。孔子尽管对宋景公的冷漠态度很不满意，但是，一种对血亲关系的认同感还是使他主动前去拜见。不料，乍一见面，宋景公就向孔子请教如何使自己的欲望得到满足：

　　　　孔子见宋君，君问孔子曰："吾欲使长有国而列都得之，吾欲使民无惑，吾欲使士竭力，吾欲使日月当时，吾欲使圣人自来，吾欲使官府治理。为之奈何？"孔子对曰："千乘之君，问丘者多矣，而未有若主君之问，问之悉也。然主君所欲者尽可得也。丘闻之，邻国相亲，则长有国；君惠臣忠，则列都得之；不杀无辜，无释罪人，则民不惑；士益之禄，则皆竭力；尊天敬鬼，则日月当时；崇道贵德，则圣人自来；任能黜否，则官府治理。"宋君曰："善哉！岂不然乎？

寡人不佞，不足以致之也。"孔子曰："此事非难，唯欲行之云耳。"①

这一记载中，宋景公说："我想使国家长久存在，我想得到众多都邑城镇，我想使百姓对我绝对信任，我想让士人忠心耿耿、竭尽全力为我服务，我想让圣人自动上门报效，我还想使官府得到治理，官员都清正廉洁。要想实现这些愿望，应该怎么办呢？"尽管宋景公的这些愿望都是围绕着国君利益这个中心旋转，但因事关国家治理的大政方针，孔子还是非常乐意并且认真地作了回答，他说："邻国互相亲善，和睦相处，国家自然会长存不衰；国君施惠百姓，臣民忠于国君，就会多得都邑城镇；不滥杀无辜，不姑息罪人，秉公执法，百姓就会对国君绝对信任；礼贤敬士，俸禄优厚，士人都会竭忠尽力；尊敬上天，善事鬼神，就会季节适宜，风调雨顺；崇尚道德，讲求礼仪，圣人就会自动上门报效；任贤使能，罢黜庸劣，官府就会得到治理，官员就会清正廉洁。"孔子的这些回答，实际上是他一贯的政治思想的综合表述。然而，此时的宋景公及其治下的宋国已经失去了积极进取的蓬勃朝气，听了孔子的一番议论，他无精打采地说："你说得真好呀，可是，我却做不到。"听了宋景公的回答，孔子只有摇头叹息。他终于明白：他的祖先曾经生活过的这个古老的国度，已经丧失了复兴的希望。

在宋国，孔子几天来耳闻目睹的都是一派没落衰败的景象。最令他气愤的是司马桓魋的劳民伤财之举。此人是因倡导"弭兵"运动而蜚声列国的名人向戌之孙，是宋桓公的后裔。他当上宋国的司马之后，骄横凶残，奢侈享乐，人莫予毒，不可一世。他不顾宋国国小民贫的现实，征调大批工匠，开山凿石，为自己制作巨型石椁（棺材的套棺）。由于工程艰巨，三年还没有完成，但工匠们却大都累病了。孔子来到施工现场，耳听叮叮当当的凿石声，目睹工匠们疲惫不堪的样子，十分难过，气愤地说："与其让这样的人生前死后奢侈，还不如叫他死后早早烂掉！"这话自然很

---

① 王肃：《孔子家语》卷三《贤君》，电子版文渊阁四库全书。

快被人传到桓魋那里。桓魋认为孔子在这里是多管闲事，对自己的声誉和地位不利，决定将他们尽快赶出宋国。

孔子和弟子们居住的院子里有一棵大树，枝繁叶茂，即使夏日酷暑，树荫下也凉风习习，令人流连忘返。孔子的教学活动就在树下进行。他时而给学生讲论《诗》《书》，时而指导学生演习礼仪。每当乐声洋洋，孔子的学生们翩翩起舞的时候，总是引来周围许多人驻足围观。桓魋为了赶走孔子，就派一帮子人时常到孔子住的地方捣乱，伺机寻衅。有一天，正当孔子指导弟子们在树下习礼时，桓魋指使的一伙人突然闯进院子里，凶神恶煞般地把孔子师徒赶到一边，然后挥动镢头铁铲，轮番上阵，把大树连根刨掉，并扬言要杀掉孔子。弟子们看到来者不善，都为老师的安全担忧，劝孔子及早离开这个凶险之地。孔子内心虽然也有点紧张，可为了宽慰弟子，仍然自信地说："天生德于予，桓魋其如予何!"[1] 意思是，上天赋予我圣德，桓魋还能把我怎么样! 不过，孔子还是与弟子们共同分析了形势，认为桓魋是一个不讲信义、凶横残暴的家伙，他什么坏事都可能干出来。为了自身的安全，必须迅速离开这里。

孔子师徒们拟定了行动方案：为了防止桓魋发现他们的意图和行踪，师徒们一律化妆，换上宋国百姓的服装，分成几个小组，分头秘密潜出宋国国都商丘。因为孔子一行准备去陈国的意向已经传播出去，估计桓魋会派人在南路追击和堵截，所以他们互相约定：从南门出城以后，立即折而向西，各自赶往郑国，在郑国国都新郑（今属河南）郊外会合。计议已定，师徒们分头行动，神不知鬼不觉地离开了宋国都城。

桓魋的党徒们很快侦知孔子一行秘密离去，立刻向他报告。气急败坏的桓魋下令分路追截堵杀，但因为估计孔子等人向陈国逃遁，全都追错方向，几路人马一齐扑空。孔子师徒侥幸逃离了虎口。

郑国都城距商丘 300 多里，经过数日的艰苦跋涉，孔子师徒全部按时到达新郑城郊。由于他们都是初次到达这里，对地理环境不熟悉，事先又

---

① 《论语·述而》，《十三经注疏》，中华书局 1982 年版，第 2485 页。

没有定下一个确切的会面地点，所以弟子们到达后三三五五地围着城池转悠，一面互相寻找，一面寻找孔子。

孔子独自一人到达新郑东门外，站在那里四下张望，为找不到弟子们而焦虑。正当逐渐聚拢起来的弟子们为找不到老师而着急上火的时候，一个郑国人对子贡说："东门外有一个人，好像在等什么人。他的相貌很奇特：前额宽阔，有点像尧，长长的脖子，有点像皋陶，双肩耸起，有点像子产，只是腰下不如禹长大。他的精神有点失魂落魄，像丧家狗一样无精打采。"子贡等人立刻明白，这个人就是他们的老师，于是迅速赶往东门，果然见到了孔子。孔子看到弟子们都安全到达，露出了宽慰的笑容。子贡如实地将郑人对孔子的描绘告诉了他本人。孔子听后，非但没有生气，反而微微一笑，说："长相像谁，这并不重要，但说我像丧家之狗，实在有点像，实在有点像呀！"[①]孔子的达观、开朗、风趣、幽默，一扫弟子们几天来罩在心头的阴霾，大家又都恢复了往日的乐观，相互簇拥着孔子从东门进入郑国的都城。

郑国是春秋初期建立的诸侯国，在武公、庄公时期曾盛极一时，使中原的诸侯大国都对它侧目而视。后来，国势逐渐衰落。由于处于四战之地，在五霸争雄的岁月里处境十分困难，只能在朝秦暮楚的依违中艰难维持着日日惊悸不安的国运。

与孔子差不多同时，郑国出了一个著名政治家子产（？—前522年），他的行政措施和个人品格一直受到孔子的赞扬。听到子产去世的消息，孔子曾难过地流下热泪。孔子对子产保护乡校的事迹尤为赞赏。乡校是当时国人聚会的场所，国人不时在那里议论朝政，对国君和执政的活动评头论足。这显然是国人从原始社会那里承袭下来的民主权利遗存。子产上台执政后，实行了不少改革措施，由于国人对子产的改革一时不能理解，因而在乡校中出现了一些不利于子产的议论。如何对待乡校及其对执政的议论，郑国高层有不同的意见，《左传》对此尤其是子产的态度作了详细而

---

① 司马迁：《史记》卷四十七《孔子世家》，中华书局1959年版，第1921—1922页。

生动的记述：

> 郑人游于乡校，以论执政。然明谓子产曰："毁乡校如何？"子产曰："何为？夫人朝夕退而游焉，以议执政之善否。其所善者，吾则行之；其所恶者，吾则改之，是吾师也。若之何毁之？我闻忠善以损怨，不闻作威以防怨。岂不遽止？然犹防川。大决所犯，伤人必多，吾不克救也。不如小决使道，不如吾闻而药之也。"然明曰："蔑也今而后知吾子之信可事也。小人实不才，若果行此，其郑国实赖之，岂唯二三臣？"仲尼闻是语也，曰："以是观之，人谓子产不仁，吾不信也。"①

这段记述的是，郑国大夫然明因为乡校有非议子产的言论，建议把乡校毁掉，以杜绝国人的议论，但子产坚决不同意。他的理由是："国人早晚到那里游玩，评论执政的好坏得失。他们认为好的，我就接受实行；他们认为不好的，我就加以改正；他们都是我的老师啊，为什么要毁掉乡校呢？我只听说忠诚为善可以减少怨恨，没听说用压制手段可以防止怨恨。用压制手段岂不能立即制止？然而，防止国人议论，就好像防止大河决口一样，堵塞尽管可能奏效一时，但是，一旦大河决堤，伤人一定很多，想救都不可能。还不如开一个小口子让水流出来，就如我经常听到议论，把它作为药石，使我经常改进工作。"然明听了子产的意见以后，赞扬子产的英明，并肯定他是郑国可以依赖的人物。子产没有毁掉乡校，而是虚心听取国人的议论，不断改进执政的工作。经过一段实践，国人对子产的改革完全理解，上下一片颂声。保存乡校，实际上是保留古老的民主议政形式。子产的高明、大度和作为执政者的虚怀若谷的品格，使孔子由衷地敬佩和景仰，赞扬他是一个达到"仁"这一级别最高的政治家。

此次孔子来到子产的祖国，不由得感慨万千。他带着弟子们四处寻

---

① 杨伯峻：《春秋左传注》，中华书局 2009 年版，第 1191—1192 页。

访子产的遗迹，收集他流风善政的资料，反复向弟子们讲述子产的事迹，一再说明子产就是他心目中的仁人君子，使弟子们受到一次深刻的教育。

　　孔子在郑国停留的时间不太长，从现有资料看，好像也没有同当政者接触。他们师徒似乎只是作为一般游历者在郑国的土地上留下了自己的足迹。

第十七章　陈、蔡绝粮

鲁哀公三年（前492年）五月左右，孔子及其弟子们结束了在郑国的游历，由新郑直下东南，经过数天的跋涉，来到陈国的国都宛丘（今河南淮阳）。他们先投奔陈国贵族司城贞子，通过他会见了当国的陈闵公。陈国是当时位于宋、楚之间的一个古老的小国，相传是虞舜后裔的封国。此时的陈国已经相当衰弱，经常受到邻国的袭扰、征伐。陈闵公欢迎孔子一行的到来，迫切希望孔子能够帮助他改变国势日趋衰落的局面。

孔子到达陈国不久，传来鲁国宗庙失火的消息。孔子预测说："这场大火烧的大概是桓公与僖公的祀庙吧？"几天以后传来的消息证实了孔子的预测。桓公是鲁国的15世祖，僖公是鲁国的18世祖。按当时"五世亲尽"的礼制，他们的祀庙早该毁掉。但由于鲁国掌权的三桓是桓公的后代，而他们执掌鲁国国政是从僖公之时开始的，出于私心，他们违礼保留了这两座祀庙。这场大火恰恰烧毁了这两座祀庙，孔子于是理直气壮地把此事说成是上天对三桓违礼的一次惩罚。实际上这完全是一种偶然的巧合。孔子的解释在今天看来毫无道理，不过在当时却使陈闵公对孔子的预见感佩莫名。

有一天，一只带箭伤的鹰坠落到陈闵公的宫廷院子里死去，宫中办事人员把带箭的鹰送给陈闵公。闵公看到射中鹰的箭，长一尺八寸，用石镞、楛木杆做成，箭杆上刻着依稀可辨的文字。他感到十分奇怪，因为他从来没有见过这样的箭，于是派人送给孔子，希望这位大学问家能够给出一个满意的解释。孔子接过箭，稍加辨识，即刻指明此箭为肃慎族所造，并详细讲述了它的来历。孔子说："隼来远矣，此肃慎之矢也。昔武王克商，通道九夷百蛮，使各以其方贿来贡，使无忘职业。于是肃慎贡楛矢石砮，长尺有咫。先王欲昭其令德，以肃慎矢分大姬，配虞胡公而封诸臣。分同姓以珍玉，展规；分异姓以远方职，使无忘服。故分陈以肃慎矢。"[①]这里孔子解释说，这支箭是肃慎族制造的，当年周武王灭商以后，打通了边远九夷百蛮的交通，命令他们各以自己的特产作为贡物献给周王室，以表示不忘自己的职责。肃慎族贡来用楛木杆、石镞做的箭，长一尺八寸。武王为了表彰肃慎族的美德，就把这种箭分给自己的长女，后来把长女嫁给虞胡公，封虞胡公到陈地做诸侯。武王当时分给同姓贵族珍宝珠玉以表示对亲族的重视；分给异姓诸侯远方的贡物，使他们不忘服从周王室的统治。所以分给陈国肃慎之箭。陈闵公听了孔子的解释，立即派人到旧仓库寻找，果然找到了同样的箭。这件事同样使陈闵公对孔子的博学多闻惊叹不已。他佩服孔子的学问和品格，给予他很高的礼遇，让孔子住最好的馆舍，聘请他做政府的文化顾问。

　　孔子经受过卫灵公的冷遇和宋国的险境以后，对在陈国的境遇比较满意，就安顿下来，从事文化教育活动。陈国的陈亢、子张、巫马期，吴国的子游，晋国的子夏等人，就是这期间成为孔门弟子的。孔子在陈国的生活相对安定、闲适，除了进行教学活动外，他更多地与弟子们一起到陈国名胜之地或郊野游览。他们曾在宛丘观赏陈国充满巫文化气息的歌舞，多次到郊外欣赏大自然秀美的风光。然而，陈国毕竟是一个日趋衰落的小国，孔子一行在这里虽然生活还算安适，但在政治上却难以有什么作为。时间稍长，孔子产生了浓烈的思乡之情。是呀，屈指算来，离家已经10多年了，老妻身体安适吗？儿子和其他亲友都好吗？

　　这时，从鲁国传来令人兴奋的消息：鲁国的执政季桓子病死。临终前，他乘车绕鲁国都城转了一圈，想到自己将不久于人世，鲁国也处于衰

① 　司马迁：《史记》卷四十七《孔子世家》，中华书局1959年版，第1922页。

颓之中，突然悲从中来，叹息说："从前鲁国数次振兴，使邻国侧目。后来我得罪了孔子，使他离职出走，这就是鲁国难以振兴的原因啊！"他又转向自己的儿子、即将承袭爵位的季康子，郑重其事地嘱咐说："我很快就要死了，我死之后，你必然执掌鲁国的大权，一旦如此，你一定要召回孔子，给以重用。"几天后，季桓子死去。季康子承袭爵位并成为鲁国的执政。他办完季桓子的丧事以后，准备依照父亲的遗嘱召回孔子。大夫公之鱼不同意，他的理由是："以前，我们先君对孔子未能重用到底，为列国诸侯们耻笑。今天又起用孔子，如再不能重用到底，必然更被诸侯们耻笑。所以，此事还是三思而后行为好。"季康子问："那么，就在孔子弟子中任用一个人吧！召谁为好呢？"公之鱼建议任用冉求。

季康子于是派出使者来到陈国，向孔子师徒传达了召回冉求给予重用的意向。孔子尽管不在征召之列，但看到鲁国形势的变化，他与弟子们依然兴高采烈。冉求离开陈国返回鲁国的那一天，孔子对弟子们说："这次鲁国召冉求回去，看来不是小用，而是要大加重用啊！"又充满感慨地说："回去吧！故乡的学子们志大才疏，尽管有灿烂篇章，却不知如何利用。"孔子的意思很明白，故乡的学子们需要我回去指导。子贡听出了孔子话中透出的强烈的思乡之情，在送别冉求时对他说："你知道老师对故乡有着多么强烈的思念之情，你这次回去后，一旦受到重用，一定要想办法让夫子尽快回国。"冉求点头答应，与子贡挥泪道别，表示一定尽全力促成老师早日返回故国。

冉求返回鲁国后，做了季氏的家臣。他虽然一再向季康子进言，希望召回孔子，但因为公之鱼的话还左右着季康子，也就没有很快发出召回孔子的命令。孔子在陈国翘首祈盼，但迟迟得不到召他回国的消息。就在这时候，传来楚昭王要征聘孔子去楚国，并打算以书社之地700里封赏他的消息，使孔子一时又进入新的亢奋状态。

楚国是一个古老的南方大国，横跨长江中游，地域辽阔，土地肥沃，人口众多，国力强大。楚庄王曾北上争霸，饮马黄河，一度取得盟主的资格，成为著名的春秋五霸之一。此后楚国虽然时强时弱，不够稳定，但终不失为举足轻重的大国。能到楚国去，见识一下万里长江的壮美和云梦大泽的辽阔，是孔子多年的夙愿。更重要的是，一旦得到重用，楚国就是一个大有作为的地方。

正当孔子兴冲冲地准备去楚国的时候，楚昭王在城父（今何南平顶山市北）生病。他率领的援陈抗吴的军队也停止了军事行动，准备后撤。这样一来，与楚国结盟的陈国立刻面临吴国更大的军事压力。国都宛丘已经风声鹤唳，气氛极其紧张。孔子师生也意识到面临的危险，于是匆忙向陈闵公辞行，仓皇离开陈国，径直往南，朝楚国方向奔去。

孔子师徒离开陈国，向南急行一天后，一下子陷入困境。原来陈国的南面紧邻蔡国故地，蔡国原是春秋时期一个古老的诸侯国，建都于蔡（今河南上蔡），后迁都新蔡（今属河南）。再后由于受楚国的压迫，投靠吴国，迁都州来，改名下蔡（今安徽凤台）。因为楚国与吴国、北方的晋国和郑国连年打仗，原蔡国故地屡屡成为战场，致使居民逃逸，土地荒芜，城镇村落变成一片片废墟，造成方圆近千里的广漠大地，人烟稀少，满目荒凉。

这时，楚国已经收缩兵力至新蔡一线，由此向北直至陈国的广大地区皆为吴军占据。孔子一行为躲避吴军的袭扰，辗转迂回，浪费了不少时间，而仓促离开陈国时带的那点粮食很快用去大半，待他们发现离楚国还有相当远路程的时候，已经陷入饥饿的困境。此时，蔡国人也得到孔子师徒要去楚国的消息。他们认定，孔子师徒一旦到达楚国并全力帮助它，肯定对自己的国家不利。于是派出士卒对孔子一行进行拦截，这自然使孔子师徒的处境雪上加霜。由于断绝了粮食，孔子的许多弟子都饿病了，不能行走，孔子只得找了个临时栖身之所停下来。一面让子路和子贡去找粮食，一面照常给弟子们讲诵功课，弹琴唱歌，希图借此稳定弟子们的情绪。可是，因为饥饿难耐，弟子们再也没有往日的专注和兴致了，一个个东倒西歪，愁眉苦脸。

子路和子贡找了半天粮食，一无所获，只得拖着疲惫的身躯赶回来，还未走近住地，远远就听到孔子弹奏的那悠扬的琴声。子路心想，今天到了这步田地，您老人家不想办法解决当务之急的粮食问题，居然还有雅兴弹琴吟唱，实在让人感到不可理解。子路越想越生气，就三步并作两步，急匆匆走到孔子面前，以不满的口气问："君子也有穷困的时候吗？"孔子瞥了子路一眼，停止弹琴，平静地回答："当然有。不过君子能安守贫穷，小人贫穷可就无所不为了。"① 孔子知道弟子们有不满情绪，就找子路来交谈。师徒俩有以下一段对话：

> 孔子知弟子有愠心，乃召子路而问曰："《诗》云'匪兕匪虎，率彼旷野'，吾道非邪？吾何为于此？"子路曰："意者吾未仁邪？人之不我信也，意者吾未知邪人之不我行也。"孔子曰："有是乎！由，譬使仁而必信，安有伯夷、叔齐？使智者而必行，安有王子比干？"②

这段对话的意思是：孔子问："《诗》中说：'不是犀牛，不是老虎，徘徊在旷野里，是什么缘故？'我的主张难道错了吗？为什么困在这里？"子路想了一想，回答说："是不是因为我们还未达到仁的境界，所以人家对我们不相信？是不是因为我们的思虑不够周密，所以人家不放我们通行？"孔子对子路的回答很不满意，大声说："是这样么！仲由，假如仁人君子必定得到信任，哪里还会有伯夷、叔齐饿死首阳山的事情发生呢？假如智慧之人虑事必能行得通，哪里还会有王子比干剖心的悲剧？"

子路离开，子贡又来见孔子。孔子以问子路的话问子贡。子贡回答说："我认为老师的理想已经达到顶峰了，所以天下不能接受这种理想。您是不是可以将您的理想稍稍降低一点，以适应人们的水平呢？"孔子对子贡的回答也不满意。他说："赐呀，你听我说。一个优秀的农夫能够种出长势良好的庄稼，但却未必能收获到它。一个娴熟的工匠能够造出性能优良的器具，但却难以使每一件都尽随人意。同样的道理，仁人君子能够

① 《论语·卫灵公》，《十三经注疏》，中华书局 1982 年版，第 2516 页。
② 司马迁：《史记》卷四十七《孔子世家》，中华书局 1959 年版，第 1931 页。

提出他宏远的理想，严密而整齐的纪纲，系统而可行的方案，但却不能保证一定为社会所接受。今天你不把自己的行动基点放在培养自己的理想上，反而要降低理想以求得社会的容纳和接受，我说赐呀，你的志向也实在不够远大哟！"子贡退下后，颜回又来见孔子。孔子再拿问子路的同样问题问颜回。颜回回答说："夫子的理想宏远伟大到极点，所以天下难以容纳和接受。虽然如此，夫子还是极力推广实行，即使不被社会容纳和接受，又有什么关系？不被容纳和接受才能显出君子的风格！理想不完善，不培养，是我们的耻辱。理想已经完善，而不被容纳和接受，就是各国当权者的耻辱了。正确的主张不被采纳又有什么关系？不被采纳而仍然能够坚持，才能显出君子的风格！"颜回的回答使孔子十分满意，认定只有他才能最准确地理解自己。想到这里，孔子高兴地笑着说："真有你的，颜家的好小子！如果你将来发了大财，我愿意给你当管家。"①

这里，孔子与子路、子贡和颜回这三个个性鲜明、才华出众的学生反复地不厌其烦地讨论同一个问题，实际上是对学生进行理想、气节和意志的教育。他一再向学生说明，理想和现实是一对矛盾，正确的理想和主张不一定为社会容纳和接受，仁人君子也不一定会得到国家和社会的承认，更不一定能够得到与他们的智慧、能力、品格相应的礼遇和封赏。正因为理想与现实充满矛盾，坚持理想的仁人君子不仅时常遭受磨难，而且有时需要牺牲生命，因而一贯坚持理想才能显示出品格的光辉。

孔子的教育收到了预期的效果，弟子们都被他的乐观、执着、坚韧和顽强所感动。大家一面公推有外交才能的子贡出使楚国，要求楚国予以接应；一面共同动手，挖野菜，拾柴火，顽强地坚持下去。虽然生活艰苦，但人人热情饱满，照常讲诵诗书，弹琴吟咏。那朗朗的读书声伴随着悠扬的琴声，给荒凉的旷野增添了无限生机，给陷于困境的孔子师徒增添了战胜困难的极大勇气。

---

① 司马迁：《史记》卷四十七《孔子世家》，中华书局 1959 年版，第 1931—1932 页。

第十八章　漫游汉北

　　孔子师徒在断绝了粮食的情况下，在陈、蔡之间的旷野上艰苦支撑了七个昼夜。第八天上午，终于看到子贡带着满载粮食和其他生活日用品的楚国车队前来接济他们。孔子和弟子们欣喜若狂，驻地一片欢腾。大家在饱餐一顿之后，乘车向楚国进发，不久就到达楚国北部边防重镇负函（今河南新蔡附近），受到驻扎此地的楚国地方长官叶公沈诸梁的款待。因为这时楚昭王正在城父（今河南平顶山市北），孔子一行大概也没有接到楚王召见的命令，所以就在负函住了下来。

　　据《史记·孔子世家》记载，楚昭王在城父得到孔子师徒到达楚国的信息后，十分高兴，就打算以书社之地700里作为采邑对孔子进行封赏。这时，楚国的令尹子西提出不同意见。君臣之间有如下一段对话：

　　　　楚令尹子西曰："王之使使诸侯有如子贡者乎?"曰："无有。""王之辅相有如颜回者乎?"曰："无有。""王之将率有如子路者乎?"曰："无有。""王之官尹有如宰予者乎?"曰："无有。""且楚之祖封于周，号为子男五十里。今孔丘述三五之法，明周召之业，王若用之，则楚安得世世堂堂方数千里乎? 夫文王在丰，武王在镐，百里之君卒王天下。今孔丘得据土壤，贤弟子为佐，非楚之福也。"昭工乃止。①

---

① 司马迁：《史记》卷四十七《孔子世家》，中华书局1959年版，第1932页。

这段对话译成现代汉语，大体应该是这样的：令尹子西一连问楚王几个问题：大王麾下充当出使诸侯使者的人才中有比得了子贡的吗？大王的辅相中才能有比得了颜回的吗？大王的将帅中有比子路更勇武的吗？大王的事务官中有比宰予更精明强干的吗？楚王的回答都是"没有"。于是子西意味深长地说："当年楚国的始祖被周王分封的时候，仅给予男爵的封号和五十里的土地，我们后来就发展成今天方圆数千里的泱泱大国。今天孔丘祖述三皇五帝之法，深明周公、召公之业，是当今蜚声列国的仁人君子，大王若对他大加重用，他的势力就会很快发展起来。我们楚国还能世世代代拥有如此幅员辽阔的土地吗？再看看历史，当年周文王在丰邑，周武王在镐京，都不过是据地百里的诸侯，但后来竟发展成王天下的局面。今天，孔丘如果占据七百里的封地，又有贤弟子们作为辅佐，恐怕非楚国之福吧？"楚昭王被子西的一番话说服了，决定不再封赏孔子，也不对他加以重用。这年（鲁哀公六年，公元前4年）秋天，楚昭王死于城父。楚国君臣忙于安葬昭王，再也无暇顾及孔子师徒了。这段记述的子西的说辞，显然是故意夸大了孔子师徒的影响力。子西之所以如此渲染孔子师徒的能力，背后潜藏着自己的私心，他怕孔子师徒得到楚王信任影响自己的权位利禄。但有一个事实却是清楚的：不管出于什么原因，孔子及其弟子们在楚国没有受到重用。

孔子一行虽然满怀着热望来到楚国，但却被最高当权者们冷落在一边，连国都也去不成，只好在边城滞留了约三年之久。三年之中，他们不仅无法到郢都与新继位的楚惠王一晤，连观赏浩荡的大江和游览谜一般的云梦泽的愿望都化为泡影。这期间，孔子曾派子贡等人到郢都与楚国政府联系，希望能允准他们师徒到郢都去活动，更希望楚惠王能够召见他们。或许是因为楚昭王对孔子不予封赏的处置和令尹子西的态度继续左右着这位新王，也许由于文化背景的差异使楚国君臣对孔子及其学说不感兴趣，反正他们到郢都会见楚王的一切努力都没有成功。孔子逐渐明白，在楚国有一番作为的愿望是注定落空了。

孔子在负函期间，一直受到叶公的款待，生活比较安定闲适。他或许担任叶公的顾问，或许是作为一般食客优游岁月。由于文化背景上存在较大的差异，楚国官民对孔子师徒似乎没有表现出特别的热情与重视。

孔子与叶公有着较多的接触。有一次，叶公问孔子如何管理政事，孔子回答说："近者悦，远者来。"① 意思是，使境内的人乐于接受你的治理，使境外的人前来投奔你。孔子的回答可能是针对叶公所处的官位和实际情况而发的。因为叶公镇守边防重镇，这里经常发生战争，百姓逃逸现象严重，处理本国和其他国家百姓的去留问题是时常碰的事情，所以才说出上面那些话。又一次，孔子与叶公谈起诉讼问题。"叶公语孔子曰：'吾党有直躬者，其父攘羊，而子证之。'孔子曰：'吾党之直者异于是，父为子隐，子为父隐，直在其中矣。'"②

这里叶公告诉孔子说，他家乡一个正直的人，父亲偷了别人的羊，他便亲自去告发。而孔子回答说，我家乡正直的人与此不同，而是父亲为儿子隐瞒，儿子为父亲隐瞒，正直就体现在其中。叶公显然对楚国百姓"大义灭亲"的社会风气感到骄傲，这实际上是在春秋末期"礼崩乐坏"的形势下氏族血缘纽带逐渐断裂的反映，而封建的成文法就是在此背景下产生出来的。孔子对维护反映奴隶制宗法社会关系的礼制一直倾注着浓烈的感情，希望维护君臣父子之间温情脉脉的和谐亲情，所以才宣扬与封建法制格格不入的人伦道德。这里，孔子意识的落后性是显而易见的。孔子与叶公观点的差异，也显示了当时以孔子代表的中原文化与楚国代表的南方文化的撞击。因为这两种地域文化虽然已经有着广泛的接触和交融，但仍然有较大的差别，相互之间理解的途径还有不少障碍。叶公对孔子始终无法完全理解，孔子对叶公也不能完全沟通。在这种情况下，孔子想在楚国政治上有所作为几乎是不可能的。还有一次，叶公问子路："孔子为人如何？"也许是出于对叶公的不满与不屑吧，子路拒绝回答。孔子知道这件事后，对子路说："女奚不曰'其为人也，发愤忘食，乐以忘忧，不知

---

① 《论语·子路》《十三经注疏》，中华书局1982年版，第2507页。

② 《论语·子路》《十三经注疏》，中华书局1982年版，第2507页。

老之将至'云尔!"① 意思是要子路向叶公说明,孔子是一个"发愤便忘了吃饭,快乐便忘了忧愁,不知道衰老就要到来"的乐天知命的人物。孔子这里不要求子路向叶公宣传自己的政治理想,只要求他把自已说成是淡泊名利、热衷于学术文化的学者,说明他已经放弃了通过叶公达到在楚国从政的期望。

由于放弃了在楚国从政的希望,孔子的闲情逸致油然而起。既然从政无望,何不借此机会在这个陌生之地广泛游历一番,以便深入了解这里的历史文化呢? 在楚地的三年,孔子师徒的足迹遍布北起方城(今属河南),南至汉水,东到新蔡,西届南阳(今属河南)的今之河南、湖北交界处的许多地方。他曾到白公胜的治邑巢(今河南南阳南),与楚平王的孙子白公胜交谈,还曾在沧浪之水滨听一个小伙子唱过一支充满哲理的山歌:

> 沧浪之水清兮,(沧浪之水清又清呵,)
> 可以濯我缨;(可以洗涤我的帽缨;)
> 沧浪之水浊兮,(沧浪之水浊又浊呵,)
> 可以濯我足。(可以洗涤我的双足。)②

这首《沧浪之歌》,在相传为屈原所作的《渔父》中引用过,《孟子》也引用过并且与孔子联系起来。显然,这是广泛流传于汉水流域的一首民歌,所表现的是一种不与社会抗争,不谴是非,随遇而安,甚至同流合污的人生态度。这种人生态度后来对战国庄子一派道家的思想倾向产生了显著影响。

孔子和他的弟子们尽情徜徉在汉北的青山绿水之间,在山林、河边、田间、道路、邑里,在他们经过的一切地方,与社会下层各色劳动者如农

---

① 《论语·述而》《十三经注疏》,中华书局 1982 年版,第 2483 页。
② 《孟子·离娄上》,《十三经注疏》,中华书局 1982 年版,第 2719 页。

夫、渔者、隐士、牧童等有过广泛的接触，充分了解了楚国的风土民情和
根植于民间的楚国文化。其中，给孔子留下最深印象的，是驼背的捕蝉老
人和名叫长沮、桀溺的几位隐者。

有一次，孔子与弟子在赤日炎炎的夏天经过一片树林，碰到一个捕
蝉的驼背老人。他专心致志地手持竹竿捕蝉，竹竿顶端的粘丸只要接触蝉
翼，蝉就被粘住，就像捡东西那么得心应手。那犹如松涛般的蝉声他仿佛
没有听见，对走到身边的孔子师徒的喧闹也仿佛没有丝毫察觉。孔子师徒
们神情专注地看了一会儿，对老人捕蝉的高超技艺敬佩莫名。孔子不由地
走上前，恭敬地发问：“老人家，您捕蝉易如反掌，到底是有技术呢？还
是有道？”老人停止捕蝉，看了一眼孔子和他的弟子们，以十分肯定的语
气说：“因为我有道，并且经过艰苦的严格训练。训练五个月，竿头上的
两个粘丸就掉不下来，粘蝉时失手的时候就比较少了。叠上三个丸掉不下
来，粘蝉时失手的情况就可以减少到十分之一。叠上五个粘丸掉不下来，
粘蝉就会像拾取东西那么得心应手了。特别是我粘蝉的时候，精神异常专
注，身体像个树桩稳稳地立定，拿竿的手臂像根枯树枝那样纹丝不动。上
天下地之大，四周万物之多，我全然不觉，一心只在蝉翼上。由于我专心
一意，不以万物换取蝉翼，还能抓不到吗？”孔子被捕蝉老人一番充满哲
理的讲述深深感动了。他转过身来，严肃地对弟子们说：“专心致志，聚
精会神，说的就是这位老人呀。”①

楚国人大概因为饱受原始的楚文化和道家思想的影响与熏陶，崇尚
自然，追求不受礼法约束的自由自在的生活，所以隐士特别多。这些人隐
居山野、河畔、湖滨，种田、打猎、捕鱼，自食其力，自得其乐，与孔子
积极奋发的入世精神格格不入。孔子与他们相遇，必然发生观念上的冲
突。有一位姓陆名通字接舆的隐者，为了避世，就假装疯癫。一次，他远
远看见孔子乘车过来，就故意唱着歌儿迎上去。走到孔子的车旁，他放
慢脚步，款款地唱道：“凤兮，凤兮！何德之衰也？往者不可谏也，来者

---

① 陈鼓应：《庄子今注今译·外篇·达生》，中华书局 2009 年版，第 507 页。

犹可追也。已而已而，今之从政者殆而。"①歌词的意思是，凤鸟呀，凤鸟呀！为什么德行这样衰微了呢？过去的已经不能挽回，未来的还来得及追寻。算了吧，算了吧！现在的从政者太危险了。他所表述的观点，孔子当然不同意，就下车准备与他交谈。接舆却迅速走开，有意避开孔子，拒绝交谈。他大概只想向孔子表明自己的观点，无意与孔子进行辩论。又一次，两位化名长沮和桀溺的隐士在一起耕田，正巧孔子一行经过那里。一条大河挡住去路，孔子让子路去问两人渡口在什么地方。于是发生了下面一段子路与长沮和桀溺的对话以及孔子的评论：

> 长沮、桀溺耦而耕，孔子过之，使子路问津焉 . 长沮曰："夫执舆者为谁？"子路曰："为孔丘。"曰："是鲁孔丘与？"曰："是也。"曰："是知津矣。"问于桀溺。桀溺曰："子为谁？"曰："为仲由。"曰："是鲁孔丘之徒与？"对曰："然。"曰："滔滔者天下皆是也。而谁以易之？且而与其从辟人之士也，岂若从辟世之士哉。"耰而不辍。子路行以告。夫子怃然曰："鸟兽不可与同群，吾非斯人之徒与而谁与？天下有道，丘不与易也。"②

在这个故事中，长沮、桀溺似乎故意刁难孔子师徒。他们不仅不指明渡口的位置，反而大发议论。桀溺说，现在天下大乱，就好像洪水滔滔，你们同谁一起去改变它呢？我看，你们与其跟随逃避坏人的人，还不如跟随逃避乱世的人呢！子路知道同他们已是无话可说，就回到孔子身边，把两人的话复述一遍。孔子听罢，长叹一声，失望地说："我们是正常人，总不能同鸟兽一起生活吧！我们不同世人在一起又同谁在一起呢？正因为天下大乱，我们才积极参与改革。如果天下有道，我就不用参与社会改革了。"这里，尽管孔子感到桀溺的话并非全无道理，但他认为那种态度是

---

① 《论语·微子》，《十三经注疏》，中华书局1982年版，第2529页。
② 《论语·微子》，《十三经注疏》，中华书局1982年版，第2529页。

消极的，他自己决不放弃"知其不可而为之"的积极进取的人生态度。又有一次，子路在随孔子漫游时落在了后面，途中遇到一位迎面走来的老人，用拐杖挑着蓧（古代锄草用的农具）来到田头。子路问老人："您看到我的老师了吗？"老人说："四体不勤，五谷不分，怎么能算是老师呢？"说完就将拐杖插在一边，自顾去锄草了。子路拱手站在那里，同老人拉家常。老人锄完地，就同子路一起回家，留子路住宿，并且杀鸡、做黄米饭给他吃，还让两个儿子拜见了子路。第二天，子路赶上孔子并告诉孔子他这一经历。孔子说："这是一位隐士呀。"孔子认为这位隐士没有讲述自己的观点很可惜，就让子路第二天再回去看看，顺便同老人交谈，询问他的观点。可是待子路再次赶到老人家里时，老人却已经走开了，似乎知道子路还会找他，故意避开的。子路大发感慨说："不出来做官是不义的行为。长幼之间的礼节不可废弃，君臣之间的关系怎么能废弃呢？隐者都想使自身洁净，结果却乱了君臣关系。君子做官，就是要践行君臣之义呀。但我们的主张行不通，自己是早就知道的。"① 孔子与子路的思想是一致的。他们面对颇有道家之风的隐逸之人，都鲜明地坚持儒家的观点，不放弃对于国家、社会和百姓的责任，积极入仕，"尽人力而听天命"，甚至"知其不可而为之"，尽上自己最大的主观努力。尽管他们对自己的主观努力能否澄清乱世没有把握，但却坚定地认为只有尽上自己最大的主观努力才不会留下遗憾。应该说，这种人生态度较之隐者逃避现实、放弃对国家社会的责任更有积极意义。

孔子师徒在楚国北部地区依靠叶公的资助，度过了三年悠游岁月的平静生活。虽然没有颠沛流离之苦，然而，由于希求在楚国做官从政、有所作为的期望落了空，更由于楚国的当权者对他们越来越冷淡，孔子感到继续留在这里已经没有什么意义了，返回故国的愿望日益强烈。恰巧应鲁君之命出使吴国的子贡回到孔子身边，带来了故乡和亲人的许多消息。孔子再也坐不住了，他多么想身生双翼，一夜之间飞回昼思夜想的故国！可

---

① 《论语·微子》，《十三经注疏》，中华书局1982年版，第2529页。

是，因为得不到鲁国执政季康子召他回去的命令，他还不便自行返国。孔子辗转反侧，最后决定先回到卫国，等到时机成熟再就近返回鲁国。

大约在鲁哀公九年（前486年），孔子与弟子们一起毅然离开了他曾经寄予厚望的楚国，带着落寞的心情踏上了北返的道路。

第十九章 二度入卫

　　鲁哀公九年（前486年）夏秋之交，炎热还没有完全退去，孔子一行离开楚国，开始了返回卫国的旅程。他们先来到陈国的国都宛丘（今河南淮阳），看到的是经过楚国征伐后的一片残破景象。孔子和弟子们心情都很沉重。本打算稍事休息就离开这里继续北上，不料因旅途劳顿，加上年事已高，孔子竟生了一场大病。数日昏迷不醒，几乎死去。病情危机时，子路把弟子们当作家臣组织起来，准备筹办丧事。然而，孔子的生命力实在顽强，他终于脱离险境，转危为安。弟子们松了一口气，都为老师的重生欢欣鼓舞。然而，当孔子知道子路在自己病重期间曾让弟子充当家臣准备办丧事时，十分气愤。他疾言厉色地对弟子们说："久矣哉，由之行诈也！无臣而为有臣。我谁欺？欺天乎？且予与其死于臣之手也，无宁死于二三子之手乎！且予纵不得大葬，予死于道路乎！"[1]意思是，仲由干这种欺骗人的事很久了吧？我没有家臣却装作有家臣，我欺骗谁呢？欺骗上天吗？而且，我与其在家臣的侍候下死去，还不如在你们这些学生的侍候下死去呢！我即使不能以大夫之礼来安葬，难道会死在路上没人埋吗？在孔子厉声谴责子路的时候，弟子们都洗耳恭听，都为孔子那种实事求是、不慕虚荣的精神所感动。

　　转眼到了鲁哀公十年（前485年），温馨的春风挟着淅淅沥沥的春雨，

---

① 《论语·子罕》，《十三经注疏》，中华书局1982年版，第2490页。

一夜之间又使中原大地披上了绿装。各种各样的鸟儿都从巢中钻出来，迎着春风一展歌喉。孔子的身体逐渐恢复了，他的心情也如春天般地充满快乐。在弟子们的簇拥下，孔子离开陈国这个多灾多难的小邦，经过宋国北部一个名叫仪的边邑，向卫国进发。仪地的边界长官听说孔子师徒一行经过自己的辖区，急忙赶来请见孔子。他热情地说："凡君子来到这里，我没有不相见的。"弟子带他来见孔子，双方愉快地交谈了一番。离开孔子时，这位边界长官意味深长地对孔子的学生说："二三子何患于丧乎？天下之无道也久矣，天将以夫子为木铎。"① 意思是，诸位何愁没有官做？天下无道已经很久了，上天将把孔子当作木铎，来号令天下啊！木铎是一种木舌铜铃，古代官府发布政令时用它摇响来召集听众。这位宋国的边防长官把孔子比喻为号令天下的木铎，可算孔子弟子之外第一个对孔子及其思想给予崇高评价的人，是一个难得的知音。他的话给了孔子弟子们很大的安慰。与楚国那些对孔子讽刺挖苦的隐者相比，真是不可同日而语啊！

离开仪地，孔子一行经过卫国的蒲邑到达卫国都城帝丘。此时的卫国，虽然卫出公与他的父亲蒯聩争夺君位的矛盾仍未解决，但是，由于晋国无法全力支持蒯聩恢复君位，这场父子之间的斗争也就暂时和缓下来。再加上几位得力的贤大夫孔文子、祝鮀和王孙贾等精心辅佐出公励精图治，就使卫国一时呈现和平、安定和繁荣的景象，与六年前孔子匆匆离开时的情况迥然不同了。看到卫国一派繁荣的景象，孔子不由回想起逝去的卫灵公，更加激起对故去的好友蘧伯玉的深沉怀念。会见南子的风波，随卫灵公驰骋帝丘通衢的尴尬，一幕又一幕的场景，恍如昨日。然而，"物是人非事事休"，使孔子心中充满无限感慨。孔子带着学生驾车行进在帝丘街头，仔细寻觅过去的足迹，仿佛要找回那逝去的岁月。

他们来到过去住过的馆舍，想进去看看昔日朝夕相处的馆舍主人，可是，他们看到的却是馆舍主人的丧礼。孔子赶忙郑重其事地进去吊唁，当他看到那熟悉的主人如今静静地安卧在灵床上，不由得悲从中来，痛哭

---

① 《论语·八佾》，《十三经注疏》，中华书局1982年版，第2468页。

失声。走出馆舍，孔子让子贡解下拉车的一匹骖马，作为丧礼送给馆舍之家。子贡对孔子的做法很不理解，迟疑地说："我们同馆舍主人萍水相逢，并无很深的交情，还用得着送如此贵重的丧礼吗？"孔子瞪了子贡一眼，认真地说："我刚刚进去悼念死者，难过得流下眼泪。不能只流泪而没有别的表示，你就照我的话办吧！"

孔子重返卫国，受到当政的卫出公和孔文子的礼遇，以国家养贤之礼以示尊崇，生活自然是没有问题的。不过，由于卫出公、孔文子等卫国君臣始终对孔子的理想持一种怀疑态度，认为孔子的理念和施政方略无法迅速解决卫国面临的一系列问题，因而对孔子采取一种尊而不用、礼而不重的态度。而经过多年颠沛流离的孔子，此时尽管还没有完全消除从政的热望，却也不对卫国当权者抱有太多不切实际的幻想，他的注意力已经转到别的方面。

在卫国期间，孔子与弟子们一起深入民间，考察各种礼仪，甚至不顾年老体弱亲自担任相礼，为死去的贵族办丧事，有意识地积累有关礼的各种资料，以便为日后整理古代文献作准备。同时，他更强烈地思念着自己的故乡和亲人，盼望早日返回鲁国。

第二年，鲁哀公十一年（前484年），不断从鲁国传来振奋人心的好消息。这年春天，已经做了季氏总管的冉求代表季康子统帅左师，在对齐国入侵军的战斗中取得胜利，受到季康子的嘉奖。冉求乘机向季康子提出迎聘孔子返国的要求，季康子痛快地答应了。不久，子贡也回到鲁国。他施展自己出众的外交才能，为鲁国同吴国结盟做出卓越贡献。五月，吴鲁联军在艾陵（今山东莱芜东）大败齐军，冉求、樊迟等都立下战功。孔子弟子们的不凡表现使季康子感到有必要迎回他们的老师，于是派出公华、公宾、公林等作为使臣，携带厚礼前来卫国，迎接孔子返回故国。孔子朝思暮想的这一天，终于来到了。

孔子从54岁离开鲁国，到68岁返回，在故国之外整整周游了14年，历经卫、宋、曹、郑、陈、蔡、楚等许多诸侯国。虽然做官从政、大展宏图的理想未能实现，但他却通过大量接触各国政要，广泛结交各类人士，深入了解各诸侯国的政情民风，极大地丰富了自己的阅历，进一步增长了知识，完善和深化了自己的理论学说。更重要的是，通过自己的言论行动，通过自己留在各国做官从政的学生，扩大了自己的影响，为日后儒家学说的进一步传播和发展创造了条件。

正是在这一时期，孔子根据自己的从政经验和对政治以及社会生活的深入观察，提出了"中庸""正名"等著名理论，完善了对"君子人格"的阐发，标志了孔子学说的成熟。"中庸"是孔子的重要理论之一。他说："中庸之为德也，其至矣乎！民鲜久矣。"①意思是，中庸作为一种道德，是至高无上的啊！老百姓缺乏这种道德已经很久了。"中庸"究竟是什么意思？其内涵如何界定？孔子为什么对它如此推崇？对此，历代学者的解释歧义纷纭。宋代理学家程颐的代表性解释是："不偏之谓中，不易之谓庸。中者天下之正道，庸者天下之定理。"②基本意思是，不偏到任何一边就是中，不变到否定自己就是庸，不偏不变就是至高无上的道德。这种解释可能接近孔子的本意。实际上，从哲学上讲，中庸的意思就是使事物矛盾对立的双方都在一定的限度内发展，从而使事物保持自己质的稳定性，永远处于一种统一和谐的境界。孔子通过长期对社会政治生活和各种事物的观察发现，任何事物都包含着互相对立的一对矛盾，它们虽然共处一个统一体中，但斗争却是经常的、绝对的。一旦斗争超过限度，统一体就遭到破坏，事物的性质也就改变了，旧事物的消灭和新事物的产生就是在这种斗争中实现的。"中庸"已经接触到后世哲学家提出的"度"的问题。孔子看到，在国家和社会生活中，君臣、臣民、官民、列国、父子、夫妻、兄弟等等，都是对立统一的一对矛盾，为了保持他们之间统一和谐的关系，彼此的行动都有一个"度"，超过或不足都会破坏这种统一协和的关系。孔子意识到保持事物质的稳定性的重要性。从一定意义上讲，孔子的"中庸"就是保持事物质的稳定性的理论和方法。"中庸"理论的积

---

① 《论语·雍也》，《十三经注疏》，中华书局1982年版，第2479页。
② 《二程遗书》卷七，电子版文渊阁四库全书本。

极意义在于，如何使事物在其内部矛盾发展到改变其性质之前保持其统一和稳定，正确地把握和运用事物统一稳定的理论和方法就有积极意义。比如，在封建社会里，地主和农民作为两大对立的阶级既互相对立又互相依存。在封建社会内部的资本主义因素未充分发展的时候，这两个阶级的斗争无论多么激烈和残酷，都不会同归于尽，迎来一个新的社会。因此，协调二者的关系，使地主阶级进行剥削但不过量，使农民阶级接受可以忍受的剥削而不反抗，就是社会稳定的重要条件。不过，孔子的"中庸"理论过分强调维持事物稳定性的重要意义，不承认事物发展过程中有质的飞跃，即旧事物的消灭和新事物的诞生，显示了其狭隘和保守的一面。

孔子提出和重视"中庸"理论，希图以"中庸"的理论和方法解决当时一切政治的社会的矛盾。在君臣关系上，他一方面强调"礼乐征伐自天子出"，要求维护和加强君权；另一方面又反对君主专断，要求尊重臣权，使臣子有独立的人格和匡正君主过失、革除积弊的权力。在官民关系上，他一方面要求统治者对百姓实行宽猛相济的统治术，既考虑百姓的要求，为他们创造必要的过得去的生产和生活条件，又要求对百姓反抗剥削压迫的斗争进行强力镇压，决不手软，决不姑息成患。他赞扬子产的行政方针，说"善哉！政宽则民慢，慢则纠之以猛。猛则民残，残则施之以宽。宽以猛济，猛以济宽，政是以和。"① 意思是，政治太宽百姓就怠慢非礼，怠慢非礼就应该以苛酷的刑罚加以纠正；刑罚苛酷必然使百姓受到残害，这时就应该实行宽厚的统治方法。以宽厚缓和苛酷，以苛酷纠正宽舒，这就可以达到政通人和了。在诸侯国之间的关系上，孔子针对当时王室衰微、诸侯争霸、夷狄交侵的现实，要求在"尊王攘夷"的旗号下以会盟的方式维持列国之间的平衡。他所以对齐桓公和管仲由衷地赞扬，就是因为他们在实现齐国霸业的同时也维护了周王室的地位和列国的稳定。在处理人伦关系上，孔子把"中庸"与礼联系起来，实际上是把礼作为"中庸"的内涵。在孔子看来，礼既讲等级尊卑，要求每个人充分意识到自己

---

① 杨伯峻：《春秋左传注》，中华书局 2009 年版，第 1421 页。

在社会上的地位，不僭越，不凌下，同时又调和、节制对立双方的矛盾，使不同等级的人互敬互让，和睦相处，使整个社会和谐有序地运行。有若的话颇得孔子"中庸"说和礼论的真谛。他说："礼之用，和为贵。先王之道，斯为美，小大由之。有所不行，知知而和，不以礼节之，亦不可行也。"① 意思是，礼的应用，以和为贵，古代君王治国，好就好在这里，无论大事小事都按这一原则去做。但是，如有行不通的地方，只为和谐而和谐，不以礼加以节制，也是不可行的。在个人道德修养上，孔子要求人们，特别是君子，应该把看起来互相矛盾的品格恰到好处地结合在一起，使之处于一种完美的标准状态：

> 子贡曰："贫而无谄，富而无骄，何如?"子曰："可也，未若贫而乐，富而好礼者也。"②

在子贡看来，一个人能够做到贫穷而不去巴结人，富有而不骄傲自大，也就是很高尚的品格了。但孔子认为应该更进一步，做到贫穷仍然快乐，富有而尚好礼节。孔子又说："君子矜而不争，群而不党。"③ 要求君子矜持而不争执，合群而不结派。讲到读书和思考的关系，他说："学而不思则罔，思而不学则殆。"④ 意思是只读书而不思考，就会迷惘而无所得；只思考而不读书，就会疑惑不决。在谈到奢侈和节俭的关系时，他说："礼，与其奢也，宁俭；丧，与其易也，宁戚。"⑤ 意思是，奢侈就会不恭顺，节俭就会寒碜。与其不恭顺，宁可寒碜。弟子们赞扬孔子的话很多，其中讲他"温而厉，威尔不猛，恭而安"⑥，就是说他温和而又严厉，威严但不凶狠，谦逊并且安详。所有这一切，说明孔子在个人道德修养方

---

① 《论语·学而》，《十三经注疏》，中华书局 1982 年版，第 2458 页。
② 《论语·学而》，《十三经注疏》，中华书局 1982 年版，第 2458 页。
③ 《论语·卫灵公》，《十三经注疏》，中华书局 1982 年版，第 2518 页。
④ 《论语·为政》，《十三经注疏》，中华书局 1982 年版，第 2462 页。
⑤ 《论语·八佾》，《十三经注疏》，中华书局 1982 年版，第 2466 页。
⑥ 《论语·述而》，《十三经注疏》，中华书局 1982 年版，第 2484 页。

面要求每一种品格都把握到一个恰到好处的"度"，做到这一些，也可以说达到了君子的高度。而在弟子们眼里，孔子就是君子人格的典型。

总起来看，孔子的"中庸"论是一种治国的艺术、处世的艺术和自我修养的艺术。"中庸"说推进了礼论的深化，并使孔子的"正名"说向前发展了一步。其中心目的不外乎要求人们正视自己的等级名分，一切都在礼制的框架内活动，以求得上下关系的协和与社会的安宁。与此同时，孔子还进一步完善了对君子人格的塑造。在经历了一系列的磨难和不断地探索之后，孔子自己已经成为君子人格的典范了。一次，他谦逊地对子贡说："君子道者三，我无能焉：仁者不忧，知者不惑，勇者不惧。"子贡曰："夫子自道也。"[①] 意思是君子之道的三个方面，我都未能做到：仁德的人不忧愁，智慧的人不迷惑，勇敢的人不畏惧。子贡说，这正是老师您的行为啊！

---

① 《论语·宪问》，《十三经注疏》，中华书局 1982 年版，第 2512 页。

第二十章　重返故园

孔子当年出于对鲁国国君和执政季武子沉湎淫乐、不理国政等荒唐行径的愤怒，同时更出于对自己美好理想的追求，毅然离开鲁国，进行了长达14年的周游列国的活动。14年中，孔子虽然身在异国他乡，但对故乡和亲人始终怀着强烈的思念。

6年前，冉有应召返鲁，在季氏家中服务，很快展现出卓越的行政才干；特别是担任总管以后，在对齐国的战争中展示了超众出群的军事才能，得到季康子的赏识和重用。当季康子问他打仗的本事是从哪里学来的时，他乘机对自己的老师大大赞扬了一番，使季康子终于决定派出使者迎接孔子返国。

在鲁国使者到达卫国前夕，卫国执政孔文子与自己的女婿太叔疾发生家庭纠纷。孔文子一气之下决定诉诸武力。在征求孔子的意见时，孔子对他的做法委婉地提出了批评。由于不愿看到卫国再起干戈，决定尽早离开这个是非之地。大概孔子的劝告起了作用，孔文子放弃了用武力对付太叔疾的方案，并挽留孔子继续在卫国住下去。但是，当孔子见到鲁国派来的使者时，再也难以平静，恨不得马上返回故国，见到自己朝思暮想的亲人。

鲁哀公十一年（前484年）九月，孔子同他的弟子们一起，在鲁国使者公华、公宾、公林等人的陪同下，乘车返鲁。此时已是初冬，微风吹拂到脸上已颇有凉意，但坐在车上的孔子似乎全然不觉，整个身心都处于亢奋状态。他一会儿站起来，向秋后的原野眺望，只见大片小片的树林，沐浴在金色的阳光中，静穆而神秘。落叶不时飘下，随风起舞，宛如春天的蝴蝶。秋后的农田有的种上了小麦，褐中透青，犹如薄薄的绿毡。休闲的土地被枯黄的野草覆盖着，临时充作牧场。黄绿相间的大地，好似妇女爱穿的花格布衣衫，在冷风的吹拂下也不失生机。孔子看得如醉如痴，脸上洋溢着无限喜悦之情。他一会儿又坐下来，向使者探问旧时朋友的生死近况。大到鲁国的政治，小到故园的一草一木，孔子都倾注了自己的感情。他们谈得那么投入，那么深情。谈到高兴处，孔子放声大笑，手舞足蹈，好像一个天真的孩子。谈到悲伤处，他又涕泪交流，嘘唏不已，显出垂暮之年的老态。孔子的感情变化感染着他的弟子们和使者，他们与孔子一起欢笑，一起悲恸。

车过泗水，马车进入鲁国的土地。孔子不由得又站起来四处张望，映入眼帘的，是自己多么熟悉的风光呀：那蜿蜒流淌的小河，那静谧清凉的片片丛林，还有那散发着清香的土地，在孔子眼里，都像久别的亲人，一齐向自己展开欢迎的双臂。孔子深情地看着这一切，眼里充满泪水。使者和弟子们都不说话，只有车轮的滚动声和马蹄的踏踏声交织在一起。车过洙水，鲁国都城巍峨的城楼展现在视野中。孔子命令驭手加快速度，马儿也似乎理解主人的心愿，奋蹄疾驰，马车如同飞起一样，很快跑完了最后的行程。

马车到城门，孔子看到鲁国国君的代表、季孙氏、孟孙氏、叔孙氏三家大夫以及自己的儿子孔鲤、弟子子贡、冉有等一大群人正迎候在城门口。孔子下车，与众人一一施礼相见。最后轮到儿子，孔鲤趋前一步，喊了一声"父亲"，即长跪不起，哽咽着再也说不出话来。孔子看着接近天命之年的儿子，看着他鬓角长出的白发，特别是那一身孝服，心里难过得几乎要昏过去。他让自己平静了一下，嘱咐儿子先回家，待他见过鲁君后再回家团聚。

孔子拜会过鲁国国君和季氏、孟氏、叔孙氏三家大夫之后，回到家中与亲人团聚。儿子、女儿和儿媳一同迎接孔子，长跪请安。孔鲤流泪向父亲讲述了一年前母亲亓官氏病逝的情景，孔子听着，老泪纵横，深感对不住与自己相依为命、含辛茹苦抚育儿女成长的妻子，对自己在妻子临终前未能见上一面深表遗憾。不过，看到经过鲁国政府和学生们重新修缮、扩建过的住宅和庭院，看到自己手植的桧树已经高过屋顶、枝叶婆娑，特别是想到在有生之年能够返回故国，还能够与家人团聚，孔子最后破涕为笑，心中的悲哀有所减轻。

孔子回到家中，面对熟悉的一切，他思绪万千，难以平静。由于自己一直忙于国事，潜心教育，把大部分精力和时间都送给了弟子，忽略了对儿子的培养教育，致使儿子学业无所成，从政无门，只能平淡地度过一生。不过，当孔子看到儿媳那凸起的腹部，心中顿时又喜出望外。自己年近70岁，儿子也年近50岁，他们家还没有男婴出世。他默默祝告上苍，让我们孔家降生一个第三代的麟儿吧！

孔子返国后，接连几天都处在亢奋之中。朝中官员、在野名流以及众多的故旧亲朋、昔日弟子，都络绎不绝地前来拜望。由于鲁国在最近的一次对齐国的战争中取得了胜利，战争自然成为重要话题。鲁国的君臣百姓都欢欣鼓舞，面带笑容。这种气氛也感染了孔子，使他多日不能平静。

因为孔子年事已高，不宜担任具体官职，鲁国政府就给予他退休大夫的待遇，并尊之为"国老"，受到崇高的礼遇。他不仅可以与闻国政，而且对在鲁国政府中担任官职的弟子们随时给予指导。作为积极用世的儒家学派的创始人，孔子始终保持着饱满的政治热情，既关心着鲁国政治的方方面面，又密切关注着列国政治的动向，不时发表评论，表述自己独特的政治见解。不过，晚年的孔子还是将主要精力放在文化教育方面，除了继续教育学生之外，更是全力投入对中国古代文献的整理和研究，这使他生命的最后旅程虽然淡泊却充实而辉煌。

第二十一章　整理六艺

孔子返回鲁国以后，所从事的最主要的工作，除教学活动外，就是潜心于六艺的整理。这是他对中国古代文化遗产的一次总结，也是他对中华民族文化的巨大贡献。

六艺有两种含义：一是指孔子的教学内容，指的是礼、乐、射、御、书、数；一是指六经，指的是《诗》《书》《礼》《易》《乐》《春秋》六部古代典籍。这六部书，既是学校教育的主要教材，又是中国古代文化的丰厚宝库，在当时广为流传。但是，由于当时还没有纸张和印刷术，这些典籍全凭在竹木简牍和绢帛上抄录流传，时间一久，错讹之处就越来越多。孔子在长期使用中对六经存在的问题进行了全面深入的研究和探索，深知对这些典籍进行整理的重要性，因而几乎投入了晚年的全部精力。

《诗》，汉以后又称《诗经》，是我国古代从西周至春秋时期约 500 年间的诗歌总集，分《风》《雅》《颂》三个部分。"风诗"绝大部分是民间歌谣。因为中国古代有王室采风的制度，不少民间诗歌通过种种渠道收集上来以后，经过王室乐官的整理，在不同场合进行演唱。"风诗"按地域分为 12 国风，是《诗》中思想性和艺术性最高的诗篇。如《豳风·七月》是西周的农事诗，描述了庶民一年的劳动情景以及他们与主人的阶级对立。《魏风·伐檀》描绘了伐木奴隶辛勤劳动却一无所获，而不耕不猎的"君子"却生活优裕，吃用不尽，反映了劳动者对于剥削制度和贫富不均的不满和抗议。《魏风·硕鼠》把剥削者比喻为不劳而获的大老鼠，对它们进行愤怒的鞭挞，发誓要离开他们去寻找没有剥削和压迫的"乐土"。这些诗篇揭示了当时的社会矛盾和阶级对立，对于认识周代的社会性质具有很高的史料价值。《国风》中更多的诗篇是描写当时人们的爱情和婚姻。如《召南·野有死麋》叙述一位狩猎的青年巧遇美丽的姑娘并获得了她的爱情。《邶风·静女》描写一对青年男女在城隅幽会的情景，写得真实动人。而《郑风·溱洧》则描写三月三日食巳节郑国青年男女在溱水和洧水两岸自由愉快来往以及他们谈情说爱的情景，表明当时的青年男女在爱情生活上享有相当的自由。当然，不少诗篇也写了自由婚姻的种种障碍，如《鄘风·柏舟》写母亲对女儿婚姻的干涉，《卫风·氓》写负心男子给痴心女子造成的伤害和痛苦，都具有深刻的社会意义。

"风诗"中的不少篇章还歌颂劳动，描绘美丽的田园风光，抒发劳动者在劳动中的激动喜悦之情。如《周南·芣苢》描写妇女们采集车前子的欢快场面；《魏风·十亩之家》表现了劳动后轻松愉快的心情，都自然、清新、传神，仿佛如见其人，如闻其声。

"风诗"中也有不少反映贵族生活的篇章，如《鄘风·载驰》歌颂了许穆夫人为拯救自己的祖国奔走呼号、勇于斗争的爱国主义精神和勇毅品格；《卫风·硕人》描绘了卫庄公夫人庄姜的仪容神态，使一个美丽动人的贵夫人形象鲜明生动地站立在人们面前，被后人誉为那个时代的美人赋。

《诗经》中的《颂》是赞美诗，是祭祀上帝和祖先的乐歌。《周颂》大部分为西周时期的作品；《商颂》是宋国人对祖宗的追忆；《鲁颂》是鲁国的庙堂之歌。

《雅》分《大雅》《小雅》，是根据音乐的分类。《雅》诗大部分产生于西周王畿，其中以《大雅》的价值最高，是西周的史诗。如《大雅·大明》记载了从周始祖的后稷到武王灭商的许多传说和史迹；《大雅·生民》歌咏了后稷遇难不死、艰苦创业的非凡经历。《大雅·公刘》记述了周的远祖公刘自邰迁豳后领导周人披荆斩棘的奋斗事迹；《大雅·绵》则用写实的手法歌颂周文王的祖父古公亶父自豳迁岐后，领导周人改变陶穴陶居的生活，建立宗庙，组织军队，打败敌人，进入文明时代的功绩。

西周后期，阶级和社会矛盾激化，奴隶主贵族的统治走向没落的社会现实在《大雅》和《小雅》的部分篇章中得到反映。如《小雅·北山》反映了贵贱之间的劳逸不均，《小雅·鸿雁》反映了下层劳动者的愤怒与不平。周宣王号称中兴，但长期对猃狁的征战却给从军的战士带来难以言喻的痛苦，《小雅·采薇》就表达了他们的心声。

总之，《诗经》在广阔的社会背景上全面反映了西周到春秋时期的历史，具有史诗的性质；又描绘了劳动、爱情等社会生活的方方面面，具有很高的思想性和艺术性，是中国古典诗歌的源头。

孔子一直把《诗》作为教材教育自己的学生，甚至说"不学诗无以言"①，即不学诗就不会说话。这表明《诗》中的不少篇章是在人际交往中经常被引用的。但是，《诗》在流传过程中产生了很多问题，主要是王官失守后导致古乐大量散失，许多诗篇只有辞而无曲调，已经无法演唱；还有些篇章辞曲相配错乱，雅乐与颂乐混淆，等等。孔子运用自己渊博的学识和深厚的音乐修养，在整理乐的同时，也对诗的词语进行整理，恢复了诗、乐相配的本来面貌，改正了雅、颂混淆的状况。

孔子对自己所从事的这项工作很是自豪。他说："吾自卫反于鲁，然后乐正，《雅》《颂》各得其所。"②意思是，我从卫国回到鲁国后，才对乐曲进行整理，使《雅》乐和《颂》乐各得其所。同时，孔子还可能对《诗》的文字进行了精心加工。因为《诗》的大部分都是民歌，时间跨度很长，句式长短不一，方言土语也不少。流传至今的300多首诗却都句式整齐，方言土语很少，其中显然有着孔子付出的艰辛。经过孔子整理的《诗》到汉代成为《五经》之一，尽管与之相连的乐谱已经遗失，但文字却完整地流传下来，成为文学史、思想史和社会史的重要资料，至今仍不失其史料价值和美学价值。

---

① 《论语·季氏》，《十三经注疏》，中华书局 1982 年版，第 2522 页。
② 《论语·子罕》，《十三经注疏》，中华书局 1982 年版，第 2491 页。

《书》指《尚书》，汉以后称《书经》，是一部从传说中的唐尧、虞舜至春秋时期的政治历史文献汇编。文体分谟、训、誓、诰，其中绝大部分是当时政治活动的记录，也有些是后代人对前代历史的追忆。根据司马迁的《史记》和班固《汉书》的记载，《尚书》是由孔子编订的。司马迁说："孔子之时，周室微而礼乐废，《诗》《书》缺。追迹三代之礼，序《书传》，上纪唐虞之际，下至秦缪，编次其事。"① 意思是，孔子的时候，周王室衰微，礼乐废弃，《诗》《书》也缺失。孔子追述三代的礼制，为《书传》作序，上自唐尧、虞舜，下至秦穆公，加以编订，记述当时的历史。班固也说："故《书》之所起远矣，至孔子纂焉，上断于尧，下讫于秦，凡百篇，而为之作序，言其作意。"② 意思是，《书》所记述的事情十分久远了，到孔子才加以编纂。上起于尧，下至于秦，共百余篇。孔子为它写了一个序言，说明编纂这部书的宗旨。显然，孔子把当时可以见到的唐尧、虞舜和三代遗书上百篇汇集起来，加以整理、编次，使其成为研究唐尧、虞舜和三代历史的重要资料，也是孔子进行教学的政治教科书。后来，经过秦始皇焚书和秦末的战乱，《尚书》散亡严重。到西汉初年，仅剩 28 篇，由伏生传下来。因为这些篇章都是用秦以后的隶书写成，故称《今文尚书》。以后，鲁恭王从孔子故宅的墙壁中发现由秦以前的文字写成的《尚书》45 篇，称《古文尚书》。后来《古文尚书》亡佚，现在流传的《古文尚书》，其中有些篇章是东晋梅赜伪造的。不过他虽伪造而毕竟有所本，所以还是具有一定的文献价值。自西汉末年至近代，尽管关于今古文《尚书》的争论不绝于史，但孔子整理《尚书》、保存古代史料的功劳却为绝大多数学者所肯定。

《春秋》是鲁国的一部编年史，是鲁国史官对该国重要史实的记录。不少学者估计，该书应该上起于周公封于鲁，下至鲁国被楚国灭亡。孔子对这部书进行整理，从中挑出鲁隐公元年至哀公十四年，共 242 年的史实

---

① 司马迁：《史记》卷四十七《孔子世家》，中华书局 1959 年版，第 1935—1936 页。

② 班固：《汉书》卷三十，中华书局 1962 年版，第 1706 页。

加以编纂、论列，成为我国流传至今最早的一部编年史。自本书流传以后，原鲁国的那部《春秋》就散佚了。也有学者对孔子作《春秋》提出异议，但多数学者持肯定的态度。因为孟子和董仲舒较早提出孔子整理《春秋》，司马迁也加以肯定，当时也无人提出反对意见，所以孔子的《春秋》著作权大概不会有什么问题。孟子说："世衰道微，邪说暴行有作。臣弑其君者有之，子弑其父者有之。孔子惧，作《春秋》。"① 意思是，社会衰败，大道隐微，异端邪说猖獗，暴行时有发生。有的臣子杀死君主，有的儿子杀死父亲，孔子不寒而栗，于是作《春秋》。孟子又说："孔子成《春秋》而乱臣贼子惧。"② 司马迁在回答上大夫壶遂之问"昔孔子何为而作《春秋》哉"时说："余闻董生曰：'周道衰废，孔子为鲁司寇，诸侯害之，大夫壅之。孔子知言之不用，道之不行也，是非二百四十二年之中，以为天下仪表，贬天子，退诸侯，讨大夫，以达王事而已矣。'子曰：'我欲载之空言，不如见之于行事之深切著明也。'夫《春秋》，上明三王之道，下辨人事之纪，别嫌疑，明是非，定犹豫，善善恶恶，贤贤贱不肖，存亡国，继绝世，补敝起废，王道之大者也。"③ 这里，司马迁借用董仲舒的话说明孔子作《春秋》的目的，是评判春秋 242 年的是非，以便褒扬天子，退抑诸侯，声讨大夫，以达到张扬王事的目标。显然，在孟子、董仲舒、司马迁等人看来，孔子编纂《春秋》一书有着明确的目的，通过褒贬人物，以所谓《春秋》笔法宣传自己的政治观点。

细读《春秋》，可以发现，孔子在该书中特别注重"正名分"，把"尊王攘夷""君君，臣臣，父父，子子"的等级观念贯彻始终。如在隐公"元年春"之下特别标明"王正月"，即要求以周王室的历法统一纪年，以表明周天子作为"天下共主"的独尊地位。尽管在春秋时期吴、楚等国的国君都已经自行称王了，但在孔子看来，这是一种僭越行为，因为"王"只能是周天子专用的称谓。所以在《春秋》中，吴、楚二国国君的称谓也

---

① 《孟子·滕文公下》，《十三经注疏》，中华书局 1982 年版，第 2714 页。

② 《孟子·滕文公下》，《十三经注疏》，中华书局 1982 年版，第 2715 页。

③ 司马迁：《史记》卷一百三十《太史公自序》，中华书局 1959 年版，第 3297 页。

就变成"子"了。鲁僖公二十八年（前632年），当时的霸主晋文公在践土（今河南原阳西南）大会诸侯，周襄王被召去赴会。孔子认为"以臣召君，不可为训"，因而对此事的记载就成了"天子狩于河阳"。本来是一件使周天子丢脸的事情，在孔子笔下，竟成为堂堂正正的"巡狩"了。显然，为了维护等级名分，孔子是不惜改变事实的。

在写作体例上，孔子首创用不同笔法以示褒贬的史学方法。如晋国赵穿杀死了晋灵公，《春秋》却写上"晋赵盾弑其君"。因为在孔子看来，作为晋国当时的执政，赵盾尽管没有亲自杀死灵公，可是他事先不能阻止，事后又不讨伐赵穿，他就理所当然地应该承担弑君的责任。当然，因为春秋笔法关系到对每个历史人物的评价，所以孔子十分谨慎，下笔时反复斟酌，而且总是自己动手，不让弟子代笔。因此司马迁说："至于为《春秋》，笔则笔，削则削，子夏之徒不能赞一辞。"[1] 意思是，孔子编撰《春秋》的时候，直笔则直笔，改削则改削，子夏等弟子们不能参加任何意见。孔子整理《春秋》时，还对原作的体例加以统一，在文字上进行认真的修改，使全书的文字更加简洁、准确和严谨。同时，对原作遗漏的重大史实加以补阙，从而使《春秋》一书成为该时期整个中国的编年史。后来，其他诸侯国的史书大部分亡佚，全赖《春秋》一书保存了各国的史料。

不过，孔子虽然通过《春秋》一书对春秋时期的君臣言行做出是非判断，伸张了他心目中的正义原则，然而，他同时也陷入了使自己难以解脱的矛盾之中。因为依照他的理论，评判君臣是非属于周天子的权力，他自己代周天子执行这种权力同样也是一种僭越，所以他才感慨万千地说："知我者《春秋》，罪我者亦《春秋》。"[2]，意思是，同情我的是因为《春秋》，怨恨我的也是因为《春秋》啊！显然，孔子在《春秋》一书中坚持的观点不见得正确，"春秋笔法"作为一种史学方法也有不少值得非议的

地方，但他创造的史书体例和"借事明义"的史学方法却产生了深远的影响。他强化了史学的功能，增强了史学的社会责任感，将中国史学提高到一个新的层次。

战国时期，产生了三部解释《春秋》的书，即《春秋左氏传》《春秋公羊传》和《春秋谷梁传》。《左氏传》在史实方面大大丰富了《春秋》的内容，《公羊传》和《谷梁传》则从义理方面开拓了新的内容。两汉和近代的公羊学派在中国思想史上曾产生过巨大而深远的影响，而《春秋左氏传》则一直深深影响着中国的历史学。

孔子还对《易》进行了整理。《易》，汉以后又称《周易》，是研究先秦哲学思想的重要著作。尽管它是一部卜筮之书，但其中蕴涵的丰富的辩证法思想对中国思维的发展产生了相当大的影响。后人对它的研究历久不衰，直至今天仍然是国际上的显学。

《周易》由两部分组成，一部分是《经》，由卦、卦辞和爻辞组成；一部分是《传》，又称《易传》，是对《经》所作的各种诠释，共有 10 篇组成，又称《十翼》。《十翼》包括《彖》上下、《象》上下、《系辞》上下以及《文言》《说卦》《序卦》和《杂卦》。其中，《经》产生很早，据说伏羲作八卦。大概演进至商周之际基本定型。《传》产生较晚，可能是战国时代。孔子晚年对《易》产生了浓烈的兴趣，投入很大精力对它进行研究和整理，"孔子晚而喜《易》，序《彖》《系》《象》《说卦》《文言》。读《易》，韦编三绝"[1]。是说孔子读《易》时因为翻的次数太多，以致穿简的皮绳都断了三次。在精心研究的基础上，孔子把《易》作为一门重要课程向弟子们传授。他对《易经》的系统而精辟的讲解，成为后来《易传》内容的主要来源。流传至今的《易传》展示的对仁、礼的重视和对中庸之道的推崇，彰显了它同孔子思想的不可分割的联系。

在孔子的时代，礼和乐还没有成书。在周王室，礼和乐分别由史官和乐官掌握。春秋以来，随着周王室的衰落，史官和乐官流散民间，礼和

---

[1]　司马迁：《史记》卷四十七《孔子世家》，中华书局 1959 年版，第 1937 页。

乐也就流散于民间了。孔子年轻时充当丧祝，对丧礼逐渐熟悉，同时又注意搜集其他散佚的礼，还不时向他人请教礼的问题。青年时远赴洛邑，主要目的也是"问礼于老子"，系统地就周礼问题向老子请教。

在孔子长期的教学活动中，礼是一门重要的功课。及至晚年，孔子已经成为在礼制方面最渊博的学者。他把长年收集的有关礼的资料加以认真的鉴别、整理，以周礼为主，参考夏、商两代的古礼，整理出一个比较完整的礼的体系。其内容包括丧礼、祭礼、射礼、乡礼、冠礼、昏礼、朝礼和聘礼等8种。丧礼是殡葬父母之礼，祭礼是祭祀祖先和天地神祇之礼，乡礼是乡大夫在乡里举行的尊贤养老的酒礼，射礼是在乡饮酒和国宴后举行的礼仪，冠礼是男子成年时举行的加冠之礼，昏礼即男女婚配时的全套礼仪，朝礼是臣子朝见君主的礼仪，聘礼是诸侯国之间交往所用的礼仪。这8种礼仪构成了当时社交礼节和行为规范的主体。

孔子整理过的礼书在秦始皇焚书和秦末战乱中遭到毁坏，汉朝人把遗留下来的残经加以整理，称为《礼经》，是后来的三礼之一。孔子整理过的《仪礼》是研究夏、商、周三代各种制度的重要史料。孔子在整理《诗》和《礼》的同时，也对乐进行了整理。因为三百篇诗歌中的每一首诗原来都是配曲演唱的，孔子在整理诗的时候，也使三百篇重新配曲演唱。礼和乐也是互相联系、不可分割的，因为每一种礼在进行的时候，往往伴有相应的音乐舞蹈。孔子对与礼相联系的乐进行整理，使之完整配套，从而进一步丰富了礼的内容。

孔子从小就对音乐有着特殊的感悟能力，又特别谦虚好学，因而具备了很高的音乐素养，既具有丰富的音乐知识，又有高超的演奏和鉴赏水平。孔子晚年回到鲁国后，有一次与鲁国的太师（即乐师）讨论音乐，他说："乐是可知的：开始演奏协调一致；展开来，悠扬悦耳，音节分明，连续不断，然后结束。"这说明他对音乐的理解是比较准确和深入的，这就使他有条件完成正乐的任务。不过，由于乐曲的更新比较迅速，加上当时缺乏乐谱的记录手段，再加上战乱的破坏，孔子整理过的乐谱没有保存和流传下来。

　　孔子整理过的《诗》《书》《礼》《易》《乐》《春秋》，除了《乐》之外，其余基本上都保留下来，成为战国时期儒家学派传授学习的主要经典。西汉武帝接受董仲舒的建议，实行"罢黜百家，独尊儒术"的思想文化政策，设立太学，立五经博士，在太学和地方各级各类学校传授儒家经典。由此，五经成为中国历代王朝官方规定的教科书，代代相传。直到清朝末年，始终没有动摇它们的地位。作为中国传统文化的重要元典和核心组成部分，五经对中国历史和文化产生的影响，对中华民族思想和生活产生的影响，都是不可估量的。

第二十二章 "昔仲尼，师项橐"

　　孔子一生都保持着谦虚好学的态度，无论是在青少年汲取知识的岁月里，还是到晚年成为蜚声列国大学问家的时期，都始终保持着"学而不厌，诲人不倦"的积极进取精神。他经常告诫弟子们说："知之为知之，不知之为不知，是知也。"[①] 要求弟子们在学习上必须有一个老老实实的态度，知道就是知道，不知道就是不知道，千万不要不懂装懂。对待学问和任何问题，都要采取客观求实的态度，坚决杜绝四种毛病："子绝四：毋意，毋必，毋固，毋我。"[②] 就是不要固执己见，不要绝对肯定，不要凭空臆猜，不要唯我是从。直到老年时，他仍然自豪地评价自己的状态："发愤忘食，乐以忘忧，不知老之将至也。"[③] 认为自己是发愤时忘记了吃饭，快乐时忘记了忧愁，根本不觉得老年即将到来。

　　历史上有一个项橐"生七岁而为孔子师"的故事，颇能表现孔子的谦虚好学。最早记载这个故事的是《战国策·秦策》，记述少年甘罗与文信侯吕不韦的对话，甘罗说："夫项橐，生七岁而为孔子师。"[④] 后来，《淮南子·修务训》《史记·樗里子甘茂列传》《新序》《论衡·实知篇》都提及此事。《列子·汤问》记载了两个童子诘难孔子的故事：

---

① 《论语·为政》，《十三经注疏》，中华书局 1982 年版，第 2462 页。
② 《论语·子罕》，《十三经注疏》，中华书局 1982 年版，第 2490 页。
③ 《论语·述而》，《十三经注疏》，中华书局 1982 年版，第 2483 页。
④ 刘向：《战国策·秦策五》，上海古籍出版社 1985 年版，第 282 页。

孔子东游，见两小儿辩斗，问其故，一儿曰："我以日始出时去人近，而日中时远也。"一儿以日初出远，而日中时近也。一儿曰："日初出大如车盖，及日中则如盘盂，此不为远者小而近者大乎？"一儿曰："日初出沧沧凉凉，及其日中如探汤，此不为近者热而远者凉乎？"孔子不能决也。两小儿笑曰："孰为汝多知乎？"①

这段记载，稍加演义，就变成这样一个故事：有一次，孔子乘车东游，与弟子们在春天的田野上游览。走着，走着，发现路旁有两个10多岁的少年正在激烈地争论。孔子立即下车，走上前，询问他们辩论什么问题。一个少年说："我说太阳早晨离我们最近，因为这时候我们看到的太阳最大。实物距离越近，看起来就显得越大越清楚。"孔子觉得有道理，就微微点头。另一少年说："他说的不对。我认为中午的太阳离我们最近，因为这时候太阳最热。就像火一样，离火越近，就越热。"孔子听了，也觉得有道理，又微微点头。这时，其中一个孩子突然睁大眼睛，拍着手说："您不是孔夫子吗？您可是最有学问的人了，您就来评论一下我们两人谁说的最正确吧！"孔子将着花白的胡子，沉吟着笑了笑，诚恳地说："我实话告诉你们，你们的问题我也答不上来。不过，我相信，这个问题将来一定可以有一个满意的解释，或者由你们，或者由以后的其他人。我怕是等不到这一天了。"孔子说完，就与弟子登车而去。两个少年目送孔子乘坐的马车消失在辽远的天际，脸上满是疑惑的神色。其中一个对另一个说："人人都说孔子最有学问了，难道他也有不懂的事情么？"孔子坐在车上，对同行的弟子说："知识的海洋是没有边际的，我们只有不断地奋发努力呀！"《列子》记述的这则故事，显然出于道家的编造，他们杜撰这个故事的目的无非是给孔子出丑。不过，这里的两个童子，还没有同项橐连在一起。后来到宋朝人注释《列子》的时候，才将其中一人说成是项橐。再后来，由于王应麟所作童蒙读物《三字经》中有"昔仲尼，师

① 张湛：《列子·汤问》，上海书店1986年影印《诸子集成》（三），第58页。

项橐，古圣贤，尚勤学"的字句，项橐作为孔子的老师逐渐家喻户晓，由此又衍生出许多活灵活现的故事。如流传民间的还有这样一个故事：一次孔子与弟子们在春天出游。时近中午，阳光洒满大地，和煦的春风吹得人们醉意朦胧。孔子一行驱车转回鲁城。驾车的马儿对这条道路十分熟悉，知道是回家去，特别来了精神，撒着欢地跑起来。突然，一个10多岁的孩子站在路中间，举着两只小手将马车拦住。赶车的弟子跳下车，对孩子大声说："小孩子真无理，为什么不让我们的马车通过？"小孩理直气壮地说："不让你们走就有不让你们走的道理！"赶车的弟子不耐烦地说："少啰唆！你知道车上坐的是谁吗？他就是孔夫子！快放我们过去！"但小孩毫不示弱，大声说："孔夫子是个最讲道理的人，他也不能通过。"孔子听到这里，赶忙下车，问小孩："你说说看，你有什么不让我们通过的道理？"小孩回身用手一指，说："你们看，前面是一座城，难道有从城上走车的道理吗？"顺着小孩的手势，孔子发现在大路的中央，的确有小孩用泥巴堆起来的一座"城"。虽然很小，但有四门耸立，城墙围得严严实实，城内布满整齐的街道和房屋，显示了孩子的"匠心"。看着孩子认真的样子，孔子会心地笑了。转头对驾车的弟子说："这孩子讲得有道理。我们的马车就绕'城'而过吧！"驭手于是小心翼翼地赶着马车绕"城"过去。孔子问小孩："你叫什么名字？住在哪里？"孩子回答："我叫项橐，就住城西关。"孔子拉着项橐的手说："你真聪明，跟我们一起乘车回家吧！"项橐顺从地上了车，与孔子并排而坐，马车继续向鲁城西门驰去。途中，项橐问孔子："全鲁国都知道您最有学问，我能向您请教个问题吗？"孔子说："说我有学问，实不敢当。不过，你问什么问题我都乐于回答。"项橐问："松柏为什么常青，冬天也不落叶子？"孔子想了想，说："我想大概是因为这种树木内部特别充实的缘故吧！"项橐反问："如果说松柏常青是因为内部特别充实，那么竹子内部是空的，为什么也能冬夏常青呢？"孔子一时语塞，只好说："我讲不清楚，你能讲讲你的想法吗？"项橐于是滔滔不绝地讲了一通，孔子边听边点头。听完，孔子认真地说："我说过，三个人一起走路，其中必定有可以做我老师的人。你年纪虽小，也可以做我的老师啦。后生小子真是不可轻视啊！"后来，孔子经常将项橐请到家里来，一起谈天说地，切磋学问，相处十分融洽，两人成了忘年交，留下孔子师事项橐的佳话。

但是，由于在《论语》《左传》、先秦诸子、《史记》和《孔子家语》等记述孔子事迹的著作中都没有项橐的影子，所以不少学者认定《战国策》"项橐生七岁而为孔子师"的记载可能是随意编造，孔子师事项橐的故事只是民间传说而已，决不能当信史对待。不过，因为孔子经常出游，他偶尔碰上一两个聪明的孩子，随便谈论一些有趣的问题，倒是完全可能的。恰恰有一个叫项橐的孩子与他有一次邂逅，因而生发出与之有关的故事，这也是可能的。不管其事的真实性如何，其中蕴涵的还是后人对孔子谦虚好学精神的赞誉。

孔子一生热爱大自然，喜欢到春光明媚的田野郊游，也喜欢到夏天阳光照耀的沂水中沐浴。到了晚年，在整理古代文献和教学之余，更喜欢到郊外，到大自然的怀抱中徜徉。他经常去的地方还有舞雩台。这个地方在鲁城南郊，是一个方圆 500 多米，高 10 多米的土台子。这台子南临沂水，北望鲁城，四周杨柳依依，田畴展布。登台远眺，鲁城四野景色尽收眼底。它是鲁国政府祭天祈雨的地方。每逢天旱之时，鲁国政府就在台上举行祈雨仪式。届时香烟缭绕，鼓乐悠悠，身着漂亮服装的女巫翩翩起舞，引来鲁城和四乡百姓驻足观赏。孔子年轻的时候，每逢举行祈雨仪式，他都尽量前来观赏，希望从中了解古代礼乐的一些问题。到了晚年，他也经常到台上游览，目的是领略自然风光，活动活动筋骨，疏散心头的郁闷之气。舞雩台周围，沂水之畔，经常可以看到孔子同弟子们的身影。他们或海阔天空，谈笑风生；或引吭高歌，雀跃欢腾。他们与大自然融为一体，春天的和风，夏日的骄阳，秋季的彩云，严冬的白雪，都成了他们的朋友。每逢郊游，孔子的心情都是特别愉快，仿佛又回到少年的时光。孔子有时也到离鲁城较远的地方游览。这大多是应朋友或弟子之邀，出游的目的并非单是领略异地风光，更多地倒是为了考察民俗政情。一次，他的弟子子游邀请他到武城去观光。武城位于今山东费县西南 70 里，平邑向南约百里，是一座山间小城，地势险要，为鲁国的南部门户。因为经历战事较多，这里百姓尚武，民风剽悍。孔子弟子子游做了这里的行政长官以后，一方面继续倡导百姓习武，增强军事力量；另一方面又特别重视加强文治，兴办教育事业，开展礼乐活动。一时效果显著，武城被治理得井井有条。子游邀请孔子和师兄弟们前来观光，显然也有向老师夸耀自己政绩的念头。

孔子一行走近武城，子游早在城郊迎接。孔子下车，同子游和其他弟子一起边谈边向城中走去。孔子看到，武城虽小，但街道清洁，屋宇整齐，市场上货物充足，行人熙来攘往，十分高兴。继续朝前走，迎面传来阵阵弹琴唱歌的声音，心中更是高兴。不过继而又想，治理如此一个边鄙小城，还用得着大兴礼乐吗？于是笑着对子游说："杀鸡何必用宰牛的刀子呢？"子游满望得到老师的赞赏，听到这话，先是一怔，接着说："从前我听先生说过：'做官的人学习礼乐的道理就会爱人，老百姓学习了礼乐的道理就容易驱使。'"言下之意，我做的一切，都是在实践老师的理论呀！孔子自知失言，赶忙改口说："弟子们，言偃说得对。我刚才那句话只是同他开玩笑罢了。"①

孔子一行在武城住了几天，到小城周围游览了一番。极目所至，只见群山巍峨，森林郁郁葱葱，农舍星罗棋布，散布于山坡河边的农田长满茂盛的庄稼，社会秩序井然，老百姓安居乐业，孔子心中充满欢乐。返回鲁城后，他对弟子们说："目标明确，办事认真，是事业成功的关键，子游治理武城就是一个典型例子呀！"

---

① 《论语·阳货》，《十三经注疏》，中华书局 1982 年版，第 2524 页。

第二十三章　坚守信念

孔子返回鲁国以后，虽然以主要精力从事教学和整理古代文献，但他并未放弃对政治的关心，仍以极大的热情注视着列国发生的事件。

孔子返国不久，就发生季康子策划的攻伐颛臾的事件。颛臾是一个附属于鲁国的小国，位于今之山东平邑东面。季康子攻伐它的目的很明确，就是扩大地盘，进一步增强自己的实力。《论语》对这一事件作了较详细的记述：

> 季氏将伐颛臾。冉有、季路见于孔子曰："季氏将有事于颛臾。"孔子曰："求！无乃尔是过与？夫颛臾，昔者先王以为东蒙主，且在邦域之中矣，是社稷之臣也。何以为伐？"冉有曰："夫子欲之，吾二臣者不欲也。"孔子曰："求！周任有言曰：'陈力就列，不能者止。'危而不持，颠而不扶，则将焉用彼相矣？且尔言过矣。虎兕出于柙，龟玉毁于椟中，是谁之过欤？"冉有曰："今夫颛臾，固近于费。今不取，后世必为子孙忧。"孔子曰："求！君子疾夫舍曰欲之而必更为之辞。丘也闻有国有家者，不患寡而患不均，不患贫而患不安。盖均无贫，和无寡，安无倾。夫如是，故远人不服，则修文德以来之，既来之，则安之。今由与求也，相夫子，远人不服，而不能来也；邦分崩离析，而不能守也；而谋动干戈于邦内。吾恐季孙之忧，不在颛

　　臾，而在萧墙之内也。"①

　　这段生动传神的记述，讲的是孔子知悉季氏准备攻伐颛臾后与弟子冉有的对话。此时担任季氏家臣的冉有和季路，在得知季氏准备攻伐颛臾的信息后，立即来见孔子，向他透露这一信息，并征求他的意见。孔子听后，严肃地说："冉求！这事恐怕要责备你吧？颛臾是个古老的小国，过去周天子让它主持祭祀东蒙山神，今天它还在鲁国的疆域之内，是鲁国的臣属，并且没有任何过错。为什么还要攻伐它呢？"冉有期期艾艾地回答说："这是季大夫的想法，我们两人都不同意。可是，我们仅仅是他的家臣，无力阻止这件事情。"孔子听了，白了两人一眼，生气地说："冉求！此前的史官周任曾经说过：'要量力任职，如不胜任就辞职。'你们想，如果季孙大夫站不稳而你不去扶持他，他摔了跤又不去搀他起来，那么，用你们这些辅佐之臣又有什么用呢？并且，你的话也是错的。试想，老虎、犀牛跑出笼子，龟板、玉器毁在匣中，这究竟是谁的过错呢？"冉有辩解说："现在颛臾城墙坚固，并且靠近费邑，如果最近不把它打下来，将来必定会给子孙留下祸患呀！"孔子听了，明白其实冉有也是同意攻伐颛臾的，更是气不过，大声说："冉求！君子厌恶那种想干却又千方百计寻找托词的人。我听说过，像诸侯、大夫这样的统治者，不担心贫穷而担心分配不均，不担心人口少而担心社会不安定。财富分配合理就没有贫穷，上下和睦就不会人口稀少；国家安定，自然就没有倾覆的危险。这样做了，远方的还不归服，就修礼教招徕他们。他们已经来了，就让他们安心住下去。现在，你们二人辅佐季孙大夫，远方的不归服，而不能招徕他们；国家四分五裂，而不能保全；反而谋划在国内打仗。我担心季氏的忧患不在颛臾，而在自己内部呀！"

　　孔子历来对鲁国三桓日益强大而公室不断衰弱的政治局面忧心忡忡，所以一直把"强公室，抑大夫"作为自己追求的政治目标之一。正因为如

────────────

① 《论语·季氏》，《十三经注疏》，中华书局 1982 年版，第 2520 页。

此，季氏准备攻伐颛臾的消息才引得他老人家大动肝火。他希望弟子们忠于自己的政治理想，而冉有和季路却要帮助季氏扩张势力，这当然是孔子难以容忍的。在这次对话中，孔子第一次提出了"均富"和社会安定的主张。他认为贫富不均是社会动乱不已的重要原因之一，对百姓因遭受过量剥削而导致的贫困寄予深深的同情，因而提出"均富"的主张。这一主张在阶级社会里有着抑制过分剥削的意义，但却是无法实现的空想。因为从一定意义上讲，没有贫富分化也就没有生产的发展。孔子看到了贫富分化特别是贫富过分悬殊必然危及社会的稳定，他不知道建立在普遍贫穷基础上的安定也是不能长久的。不过，孔子"均富"的主张后来成为中国古代社会相当一部分政治家和思想家治理国家的理想目标。而经过农民领袖加工改造的"均贫富"的口号，曾经成为千百万农民阶级反抗封建统治的旗帜，在历史上起过很大的积极作用。

孔子时刻关心着鲁国的政局，随时向鲁国国君和执政大夫陈述自己的政治主张。孔子返国以后，目睹了由于季氏等执政者过重剥削和旱、蝗等自然灾害袭扰，导致鲁国百姓贫困，盗风蔓延滋长，因而忧心如焚。恰在此时，季康子向孔子请教如何"防盗"的问题。孔子弦外有音地说："如果你不贪财，即使奖励偷盗，也不会有人偷盗呀！"[1] 这里孔子隐含的意思是：鲁国出现的问题首先从执政者自身找原因。

孔子的弟子有若谨遵老师的教导，不时宣传减轻百姓负担的好处。有一次，鲁哀公问他："年成不好，国家财用不足，怎么办呢？"有若答道："您何不实行十取其一的'彻法'呢？"哀公一怔，说："实行十分抽二的税率，我还不够用，怎么能实行更加轻税的'彻法'呢？"有若意味深长地说："如果百姓的用度够了，您怎么会不够呢？如果百姓的用度不够，您又怎么会够呢？"[2] 有若的话体现的是孔子的思想：民富是国富的基础。

---

[1] 《论语·颜渊》，《十三经注疏》，中华书局 1982 年版，第 2504 页。

[2] 《论语·颜渊》，《十三经注疏》，中华书局 1982 年版，第 2503 页。

孔子要求统治者自觉地抑制自己的贪欲，关心普通百姓的疾苦，实行轻徭薄赋的政策，以维持社会的稳定。他特别提醒最高统治者在道德和行政方面做全社会的表率，以促进整个社会风气的好转。有一次，季康子问孔子如何处理政事，孔子回答说："政者正也，子帅而正，孰敢不正？"①意思是，所谓政也就是正的意思，如果您带头走正道，谁还敢不走正道呢？季康子为了消弭百姓的反抗，首先想到用杀人即残酷镇压的办法。一次他与孔子讨论如何行政和治理社会，二人有如下的对话：

> 季康子问政于孔子曰："如杀无道，以就有道，何如？"孔子对曰："子为政，焉用杀？子欲善而民善矣。君子之德风，小人之德草，草上之风，必偃。"②

这里季康子问孔子：如果杀掉无道的人，亲近有道的人，怎么样呢？他满以为自己的意见会得到孔子的赞赏，可孔子却不以为然地回答说："您管理政事，哪里用得着杀人呢？如果您想做好事，百姓也会跟着做好事。君子的德行好比风，小人的德行好比草，风吹向哪里，草就向哪边倒。"孔子一直认为，统治者只要以身作则，对百姓坚持德教为主的行政原则，是实现上下协和、社会安定的根本途径。一次，季康子问他："要使民众对我尊敬，尽忠而又互相勉励，应该怎么办呢？"孔子回答说："对待他们神态庄重，他们就会恭敬；对父母孝，对百姓慈，他们就会顺；选用好人，教诲愚笨，他们就会互相勉励。"③

特别可贵的是，孔子到晚年的时候，已经认识到百姓的向背是国家安定与否的关键。《荀子·哀公篇》记载孔子同鲁哀公的谈话，他引证古训说："且丘闻之，君者舟也，庶人者水也。水则载舟，水则覆舟。以此

---

① 《论语·颜渊》，《十三经注疏》，中华书局 1982 年版，第 2504 页。
② 《论语·颜渊》，《十三经注疏》，中华书局 1982 年版，第 2504 页。
③ 《论语·为政》，《十三经注疏》，中华书局 1982 年版，第 2463 页。

思危，则危将焉不至矣。"① 由此出发，孔子不止一次地劝谏哀公，希望他关心爱护百姓，他谆谆告诫说："古代贤者当政，都把爱护百姓作为头等大事来抓。"

孔子要求以廉政来取得百姓的信任与拥护，而能否做到这一点，关键在于把一切德才兼备的贤人提拔到关键的岗位上。在回答樊迟提出的问题时，他认为"爱人"和"知人"的标志是把正直人的职位提高到邪恶的人之上，进而使邪恶者也变成正直的人。在回答鲁哀公提出的如何使百姓服从时，他的回答是："选用正直，摈弃邪恶，民众就会服从；选用邪恶，弃置正直，民众就会不服从。"② 对于自己已经做官的弟子们，孔子更是一再要求他们爱护百姓，兴利除弊，举荐贤才。再雍做了季氏宰以后，孔子要他注意举用贤才。另一弟子宓子贱出任单父（今山东单县）宰之后，遵循老师的教导，举荐和任用了五位贤人，尊他们为老师，时常请教为政之道，因而把单父治理得井井有条。孔子对此十分赞赏，并慨叹单父地方太小，如果让宓子贱治理更大的地方，也会收到同样的功效。③

鲁哀公十四年（前 481 年）六月，齐国的陈成子杀死他的政敌子我以后，又杀死了支持子我的国君齐简公。此时已经 71 岁的孔子听到这一消息后，立即沐浴更衣，三次朝见哀公，要求他马上出兵讨伐齐国。《左传》这样记载孔子与鲁哀公的互动：

> 甲午，齐陈恒弑其君于舒州。孔子三日齐（同斋），而请伐齐三。公曰："鲁为齐弱久矣，子之伐之，将若之何？"对曰："陈恒弑其君，民之不与者半。以鲁之众加齐之半，可克也。"公曰："子告季孙。"孔子辞，退而告人曰："吾以从大夫之后也，故不敢不告。"④

---

① 王先谦：《荀子集解》，中华书局 1982 年版，第 642 页。

② 《论语·颜渊》，《十三经注疏》，中华书局 1982 年版，第 2504 页。

③ 司马迁：《史记·仲尼弟子列传》，中华书局 1959 年版，第 2207 页。

④ 杨伯峻：《春秋左传注》，中华书局 2009 年版，第 1689 页。

这里的记载很清楚，哀公无可奈何地告诉孔子，当时的形势是齐强鲁弱，出兵讨伐绝对没有胜算。意思很明白，鲁国没有必要也没有力量去管齐国发生的事情。但孔子却振振有词地说："陈恒杀了齐国国君，齐国国人中不服的可占一半。如果以鲁国全国民众，再加上齐国不服从陈氏的那一半国人，联合起来讨伐陈恒，就完全能够取得胜利。"鲁哀公知道孔子的意见只是他自己的一厢情愿，但也不愿拂逆老人的意愿，就推诿他向三家大夫报告。据《论语·宪问》记载，他又拖着颤巍巍的身体去求告三桓，请求他们同意出兵讨伐陈恒，结果自然是被断然拒绝。这个结果大概早在孔子的意料之中，所以他在事后对别人说："因为我曾做过大夫，所以不敢不去报告。"孔子对哀公和三桓的态度当然是很不满意的。但他也明白，当时鲁国政权操在三桓手里，没有他们的首肯，鲁国不可能有任何行动。孔子对陈恒杀死齐简公事件所持的态度反映了两个问题。第一，孔子政治立场的坚定性。孔子一直主张"强公室，抑私门"，在他看来，无论出于什么原因，作为臣子的陈恒都不应该杀死自己的国君，因为这种行径违背了臣子应有的道德准则。他明明知道鲁国国君和三家大夫不会接受自己出兵讨伐的建议，但仍然郑重其事地禀告鲁君和三家大夫。孔子的行动与其说是为了得到出兵的承诺，不如说是为了表明自己的立场，求得自己心理上的安宁。第二，这也表明孔子政治意识保守的一面。尽管孔子政治思想中有许多值得肯定的精华，如爱人、德治、举贤、帅己正人、轻徭薄赋等等。但是，由于孔子过多地考虑维护既有的等级秩序和传统的君臣上下名分，他对社会变革，特别对新生事物就往往采取否定的态度。实际上，陈恒所代表的正是方兴未艾的新的封建的生产关系，而齐简公及其依附势力所代表的恰恰是日益没落的奴隶制的生产关系。而当时，齐简公所代表的奴隶制的生产关系走向灭亡的趋势已经不可逆转。显然，孔子的一菊同情之泪不应该洒向他们。

第二十四章　桃李芬芳

　　孔子一生从事教育事业，无论是在鲁国专门执教的岁月，还是在做官政务繁忙的时候，抑或是在周游列国颠沛流离的日子里，他都没有中断过教学活动。来自天南海北，不同出身、不同经历、不同年龄层次的弟子们，一批批地出入他的门下。有的走进来，接受陶冶；有的走出去，到社会上从事各种活动，把孔子的理想、学说和学问传遍四面八方。相传在他门下学习过的弟子有 3000 人，身通六艺、成绩卓著者有 70 多人。他晚年即归鲁前后招收的弟子中，史有明载的有子夏、子游、子张、曾参、澹台灭明、公西华、樊迟、孺悲等。晚年的教学内容较前更加丰富，除《诗》《书》《礼》《乐》外，又增设了《易》和《春秋》等。大概他对六艺是一边整理，一边传授的。

　　孔子从教 40 多年，培养出一大批政治、外交和军事方面的优秀人才，以及许多学识渊博、才华出众的学者，他们在继承和发展儒家学说方面发挥了承前启后的重要作用。孔子曾经按品行和业务专长对他的弟子进行分类，举出每一类的佼佼者。其中品行以颜渊、闵子骞、冉伯牛、仲弓为代表；言语以宰我、子贡为代表；擅长政事者以冉有、子路为代表；在学问方面以子游、子夏为代表。孔子的学生大部分都接受他的思想、理论、德行和爱好的熏陶，与孔子的政治倾向基本上保持一致。前中期的孔子，热衷仕途，强烈祈望通过做官从政实践自己的理想。这一时期的学生也大都热衷仕进，涌现出一批行政外交干才。如子路任职卫国，冉有任职季氏宰，子贡任职鲁国外交官，宓子贱任职单父宰，冉雍任职季氏宰等。孔子晚年归鲁以后，对仕途已经比较淡漠，而将主要精力用于整理古代文献。这一时期的学生绝大部分成了学者。如子游虽然曾任单父宰，子夏曾任莒父宰，但他们更重视对孔子学说的研究和阐发。子夏精通乐，后来在西河聚徒讲学，被魏文侯聘为老师，做他的顾问，为传播六艺做出了重要贡献。子游也熟悉文献，对传播孔子"礼"的理论贡献较多。有若对孔子的仁、礼思想有新的阐发。曾参对孔子的"忠恕"和孝观念加以发展，而年龄最小的子张更是后来居上，成为孔子之后儒家八派之一的领袖。相貌丑陋的澹台灭明开始为孔子看不起，后来发现他是一个行为端正、讲究原则、深沉内敛的优秀人才。他南游楚国，讲学江汉，有弟子300多人，为儒学在战国时期向南方的发展传播立下不世之功。

由于孔子注重因材施教，鼓励学生自由地发展，所以孔门弟子中一开始就有不少甘于寂寞、安于贫贱、不慕仕途，一生拒绝从政，专心一意从事文化教育事业的人物，颜渊、漆雕开、闵子骞就是其中的佼佼者。颜渊"一箪食，一瓢饮，在陋巷，人不堪其忧，回不堪其乐"①，被孔子赞誉为"贤"者。以孝闻名的闵子骞后来被誉为中国历史上的24大孝子之一。孔子看到自己的弟子们一个个按照各自的特长成长起来，在各自不同领域中找到了用武之地，特别是有的弟子在阐发自己创立的儒家学说方面有着长足的进步，感到无限欣慰。

孔子作为老师，对教学工作一直精益求精，兢兢业业。即使到年老体衰之时，也没有丝毫懈怠的情绪。他看到在自己创办的学校里，老的弟子不断走出去，新的弟子不断走进来，长江后浪推前浪，人类的知识就在这种新旧相续中得到丰富、发展和更新，心中的喜悦之情油然而生，一种崇高的责任感使他更加认真地向弟子们传授知识和人生经验，同时也从生气勃勃的弟子们身上，从他们卓然不群的见识中受到启发和鼓舞，愈加体会到教学相长是不可移易的真理。有一次，子夏与孔子讲论《诗经·卫

---

① 《论语·雍也》，《十三经注疏》，中华书局1982年版，第2478页。

风·硕人》时，师生有如下一段对话：

> 子夏问曰："'巧笑倩兮，美目盼兮，素以为绚兮'何谓也？"子曰："绘事后素。"曰："礼后乎？"子曰："起予者商也！始可与言《诗》已也。"①

在这段师生对话中，子夏问孔子，《诗》中讲的"甜蜜的笑容清俊可爱，美丽的双目透彻明亮，白皙的面庞再打扮一番更衬托出华丽的姿色"，是指什么呢？孔子想了想，回答说："这说明作画要在打好白底以后。"子夏由此联想到仁与礼的关系，又问："那么礼也在仁之后吗？"因为子夏理解了外表的礼仪与内在的仁德的统一，孔子听了十分高兴，由衷赞扬说："能启发我思想的人就是商（子夏）啊！现在可以和你谈论《诗》了。"看到年轻人的进步，孔子的心也变得年轻了。他相信将来胜过现在，相信年轻人能够超过老年人，期望年轻人在壮年时期就创造出令人瞩目的业绩。他感叹："后生可畏，焉知来者之不如今也？四十、五十而无闻焉，斯亦不足畏也。"② 这并不是说40岁50岁事业无成者就绝对不堪造就，而是鼓励年轻人尽早做出成绩。孔子一方面看到年轻人生气勃勃、勇于进取的优点，及时给予鼓励和表彰；另一方面也不忽视他们幼稚、欠成熟以及想问题、办事情简单草率等缺点，针对每个人的具体情况，不时给予劝诫和指导。有一次，子贡与孔子谈论子张和子夏两人的优缺点，子贡问孔子："颛孙师（子张）和卜商（子夏），哪一个强一些呢？"孔子说："颛孙师有些过分，卜商却有些不够。"子贡又问："那么，是不是颛孙师强一些呢？"孔子说："过分了就像做不到一样。"③ 孔子显然认为当时他们二人都还不够成熟，做事情还不能掌握恰到好处的火候。子夏做了莒父（今山东莒县西）地方的行政长官以后，向孔子请教管理行政的方法。孔子针对子夏急

---

① 《论语·八佾》，《十三经注疏》，中华书局1982年版，第2466页。

② 《论语·子罕》，《十三经注疏》，中华书局1982年版，第2491页。

③ 《论语·先进》，《十三经注疏》，中华书局1982年版，第2499页。

功近利的偏颇，告诫他说："无欲速，无见小利。欲速则不达，见小利则大事不成。"① 要求他不要企图很快成功，不要贪求小利。求快反而达不到目的，贪小利则更难成大事。这些故事说明，循循善诱的孔子，总是像春风化雨那样，以慈母般的情怀，渊博厚重的学识，滋润着弟子们的心田，使他们在潜移默化中增长知识，提高素养，增强才干，很快地成长起来。

孔子的政治理想由于与时代潮流不尽合拍，更由于其陈义高远，充满理想主义色彩，不具备实行的条件，因而不为当时的当权者所接受，留下的基本上都是失败的记录。但是，在教育事业方面，因为孔子顺应了当时文化下移的时代潮流，掌握了教育规律，有一套行之有效的教学方法，更因为他以高度的社会责任感，倾注了自己全部的精力和感情，因而获得了辉煌的成功。3000 弟子，72 贤人，犹如艳丽的桃李花，向孔子绽开了迷人的笑容，成为对他拳拳之心的最好回报。

这里，有必要对孔门弟子中的佼佼者作一简单述论。

孔子一生从事教育，肯定弟子众多，所以留下"弟子三千，贤人七十二"的传统说法。其实《史记·仲尼弟子列传》记述了 77 人，《孔子家语》记述了 78 人，合计（除去重复者）80 人。再加上其他资料记载的疑似弟子 17 人，总数为 97 人。不过，尽管记载孔门弟子的文献多达 30 余种，但真正可信的也只有《论语》《左传》《国语》《墨子》《孟子》《荀子》《史记》《汉书》《后汉书》等不到 10 种。并且，由于这些文献对其中大多数弟子事迹的记载都是语焉不详，真正面貌清晰、事迹较多者亦仅 30 人左右。孔门弟子来自四面八方，据李启谦《孔门弟子研究》一书统计，在有记载的 117 人中，鲁国 61 人，卫国 11 人，齐国 9 人，秦国 4 人，陈国 4 人，宋国 4 人，晋国 3 人，楚国 3 人，吴国 2 人，蔡国 2 人，燕国 1 人，不明国籍者 13 人。显然，这些弟子的地域分布基本上以鲁国、卫国、齐国为主，大体上出自于今之山东、河南、河北为中心的黄河中下游地区。

孔子最中意的弟子是颜回（前 521—前 481 年）。他姓颜名回，字子

① 《论语·子路》，《十三经注疏》，中华书局 1982 年版，第 2507 页。

渊，亦称颜渊，鲁国人。从他"一箪食，一瓢饮"的情况看，显然出自平民之家。他与父亲颜路一起跟从孔子读书，终生没有进入官场。他之所以被孔子赞扬为"不迁怒，不贰过"的最好学的弟子，一是因为他天资聪慧，读书刻苦，不仅能很快理解孔子讲授的内容，而且有所发挥，被子贡赞誉为"闻一知十"的绝顶聪明的学子。二是因为他安于清贫，在读书中寻求生活的乐趣，在学业上不断前进："吾见其进也，未见其止也。"① 三是他德行出众，特别尊敬老师，服膺孔子的思想和学说。即使在少正卯与孔子争夺弟子，搞得孔门"三盈三虚"的年代，他也毫不动摇地追随孔子。如此一来，颜回就成为孔门弟子中的榜样，所以孔子说"自吾有回，门人益亲"②。颜回遵循孔子的教导，刻苦自励，持之以恒地修养自己的品德。他说自己做人的原则是"愿无伐善，无施劳"③，就是不夸耀自己的优点，不表白自己的功劳，不争名不争利，真正做到了"敏于事而慎于言"④。四是不慕官场的荣利，对做官从政淡然处之。对于颜回的这一品性，孔子十分赞赏，曾对他说："用之则行，舍之则藏，惟我与尔有是夫！"⑤ 意思是，用我，干起来；不用我，藏起来。能够这样做的只有我们两个人。正因为如此，孔子才将他认定为弟子中唯一一个能够"三月不违仁"⑥的翘楚之辈。颜回也有自己的政治理想，基本内容是孔子倡导的仁德政治，要求君臣、君民协和，老安少怀，社会稳定，百姓安居乐业。《韩诗外传》记载了这样一个故事：孔子与子路、子贡、颜回一同游景山，途中，孔子要他们各言其志。子路说他愿成为一个将军，率领三军在战场上建功立业。子贡说他想凭借自己的三寸不烂之舌，在列国间进行外交折冲，化干戈为玉帛。颜回则低调回应说，他愿意治理一个小国，使之达到德化仁义的境界：

---

① 《论语·子罕》，《十三经注疏》，中华书局 1982 年版，第 2491 页。

② 司马迁：《史记》卷六十七《仲尼弟子列传》，中华书局 1959 年版，第 2188 页。

③ 《论语·公冶长》，《十三经注疏》，中华书局 1982 年版，第 2475 页。

④ 《论语·学而》，《十三经注疏》，中华书局 1982 年版，第 2458 页。

⑤ 《论语·述而》，《十三经注疏》，中华书局 1982 年版，第 2482 页。

⑥ 《论语·雍也》，《十三经注疏》，中华书局 1982 年版，第 2478 页。

愿得小国而相之。主以道制，臣以德化。君臣同心，外内相应。列国诸侯，莫不从义尚风，壮者趋而勤，老者扶而至。教行乎百姓，德施乎四蛮，莫不释兵，辐辏乎四门，天下咸获永宁。蠉飞蠕动，各乐其性，进贤使能，各任其事。于是君绥于上，臣和于下。垂拱无为，动作中道，从容得礼。言仁义者赏，言战斗者死。则由（子路）何进而救，赐（子贡）何难之解。①

颜回这里所表述的是完全不同于子路、子贡的志向，即建立一个君、臣、民协和，壮有所用、老安少怀，德合仁义，无为而治的儒、道互补的理想社会。他的这一政治理想，既是孔子仁治思想的发展，又吸收了某些道家学派的理论，显示了自己独有的特色。不过，由于颜回一直没有从政的机会，他的政治理想也就只能停留在思想的层面。颜回一直追随孔子，先是做学生，后是协助孔子从事教学和其他事务，在读书和教学中度过了自己平淡静雅的一生。不过，在孔门弟子中，颜回在孔子之后被推尊为儒家八派之一的颜氏之儒的创始人，受到历代王朝的一再追封。明朝将其尊为"复圣"，成为儒家五大圣人之一，也是孔庙大成殿中陪伴孔子的"四配"之一②。颜回的父亲颜路（前545年—?），名无繇，字路，也曾随孔子受业，大概是孔门弟子中年龄最大的学生之一。他的有名是因为"父以子贵"，本人没有太大作为。他被后世朝廷追封为"杞伯""曲阜侯""杞国公"等谥号。

闵子骞（前536年—?），姓闵，名损，字子骞。鲁国人，出身贫寒之家。幼年丧母，父亲续娶，受后母极端虐待，仍然能够使家庭和睦，是个以孝义出名的人物，后以24孝之一载入史册。闵子骞为人低调，少言寡语，动作持重，"闵子侍侧，訚訚如也"③，即恭敬正直，不苟言笑。在

---

① 《韩诗外传》卷七，电子版文渊阁四库全书。
② 其他四圣是至圣孔子、亚圣孟子、述圣子思、宗圣曾子。"四配"是颜回、子思、曾子、孟子。
③ 《论语·先进》，《十三经注疏》，中华书局1982年版，第2499页。

孔门弟子中，他以德行著称，除孝行特别突出外，也重视自己各方面的修养，"不仕大夫，不食污君之禄"①，季氏要他出任费邑宰，他坚决加以拒绝。再多的财富，再大的高官，他也不以仁德之损进行交换，"临财苟得，见利反义，不义而富，无名而贵，仁者不为也。故曾参、闵子不以其仁易晋、楚之富"②。闵子骞与颜回一样安于清贫，努力追求他心目中的"先王之道"，有点保守迂阔，故步自封，所以终生没有进入官场，政治上无所作为。闵子骞被后世朝廷多次追封为"费侯""琅玡公"等谥号，也是孔庙大成殿中陪伴孔子的"十二哲"③之一。

冉伯牛，姓冉，名耕，字伯牛，鲁国人，生卒年不详。"贱族"即社会下层出身。在孔门弟子中，他与颜回、闵子骞、仲弓一样，以德行著称。他虑事周密，善于待人接物，在孔子身旁能够得体地处理一切应对交往的日常事务，所以《尸子》曾记载："仲尼志意不立，子路侍；仪服不修，公西华侍；礼不习，子游侍；辞不辩，宰我侍；亡忽古今，颜回侍；节小物，冉伯牛侍。"冉伯牛为人正派，《白虎通·奉命》记载他"危言危行"，即说他言行都是端正的。冉伯牛因患"恶疾"而早逝，在政治上无所作为。冉伯牛后世也屡被历代朝廷追封为"郓侯""东平公""郓公"等谥号，也是孔庙大成殿中陪伴孔子的"十二哲"之一。

冉雍（前 522 年—?），姓冉，名雍，字仲弓，鲁国人，出身"贱人"即社会下层。在孔门弟子中，他与颜回、闵子骞一样以德行著称。在孔子周游列国返鲁以后，他当过季氏家族的总管，表明他具有相当强的行政工作能力，孔子甚至说"雍也可使南面"④，即认为他可以做一个诸侯国的君主。他一贯注重自己的道德修养，"仁而不佞"⑤，说明他注重内心修养而

① 司马迁：《史记》卷六十七《仲尼弟子列传》，中华书局 1959 年版，第 2189 页。
② 王利器校注：《盐铁论·地广》，中华书局 1992 年版，第 231 页。
③ 其他十一哲是冉雍（仲弓）、端木赐（子贡）、仲由（子路）、卜商（子夏）、有弱（子若）、冉耕（伯牛）、宰予、冉求（子有）、言偃（子游）、颛孙师（子张）、朱熹（元晦）。
④ 《论语·雍也》，《十三经注疏》，中华书局 1982 年版，第 2477 页。
⑤ 《论语·公冶长》，《十三经注疏》，中华书局 1982 年版，第 2473 页。

不愿张扬表露。他为人宽宏大量，当孔子回答他所谓"仁"就是"己所不欲，勿施于人，在邦无怨，在家无怨"后，他立即表示"雍虽不敏，请事斯语"①，所以《孔子家语·弟子行》记述说："在贫如客，使其臣如借，不迁怒，不深怨，不录旧罪，是冉雍之行也。"他为政"居敬而行简"②，即办事干脆利落，效率很高，得到孔子的极度赞赏。冉雍也被历代朝廷追封为"薛侯""天下邳公""薛公"等谥号，也是孔庙大成殿中陪伴孔子的"十二哲"之一。

冉有（前 522 年—?），姓冉名有，字子有，鲁国人，出身微贱。在孔门弟子中，他是列入具有政治才能第一位的人物："求也，千室之邑，百乘之家，可使之为宰也。"③他较长期地担任季氏的家臣，也是季氏与孔子之间联系的重要渠道。冉有性格直率，办事爽快利落。当季氏准备祭祀泰山时，孔子认为违礼，问冉有能不能阻止，他回答"不能"，拒绝了老师的意向。冉有多才多艺，孔子认为这是从政的一个有利条件："求也艺，于从政乎何有！"④他一方面具有极强的理财能力，在其从政生涯中，涉及理财、税收的内容较多，曾参与季氏主持的鲁国收税制度的改革，显然是一个比较重视经济和民生问题的干才。另一方面，他也不乏军事才能，如在鲁哀公十一年（前 484 年），齐国出兵伐鲁，三桓都主张妥协，只有冉有力排众议，坚决主张抵抗，并亲率左军奋勇杀敌。在鲁国右军溃败逃跑的情况下，他硬是指挥鲁军取得了一次战胜齐军的大捷。不过，冉有在孔门弟子中，是与孔子思想拉开一定距离的学生。他比较漠视礼、乐、仁、义、孝的学习和研究，基本没有请教孔子这方面的学问。他很坦诚地说："方六七十，如五六十，求也为之，比及三年，可使足民。如其礼乐，以俟君子。"⑤承认自己在礼乐方面是短板。冉有与孔子在思想和行动上的最

① 《论语·颜渊》，《十三经注疏》，中华书局 1982 年版，2502 页。
② 《论语·雍也》，《十三经注疏》，中华书局 1982 年版，2477 页。
③ 《论语·公冶长》，《十三经注疏》，中华书局 1982 年版，第 2473 页。
④ 《论语·雍也》，《十三经注疏》，中华书局 1982 年版，2478 页。
⑤ 《论语·先进》，《十三经注疏》，中华书局 1982 年版，第 2500 页。

明显差异是对待季氏等新兴势力的态度：孔子主张削弱和限制他们力量的发展，反对他们的违礼之举和革新措施，而冉有则基本上站在季氏一方，在"伐颛臾"和"用田赋"等问题上，他与孔子是尖锐对立的，以致孔子直斥他"非吾徒"，鼓励弟子们"鸣鼓而攻之"。① 尽管孔子与冉有在思想与政治上都有一定的距离，但冉有总体上没有脱离儒家学说的轨道，孔子对冉有许多方面的作为也都是肯定的，师徒之间互相肯定和赞扬的地方也不少。如在哀公十一年，孔子还在滞留卫国的时候，冉有对季康子赞扬孔子的才干："用之有名，播之百姓，质诸鬼神而无憾。求之至于此道，虽累千社，夫子不利也。"② 硬是说服季康子礼聘孔子返回鲁国安度晚年。而孔子也在许多场合赞扬冉有的治国理政的才能，将其置于自己最有才干的学生之列。后来，冉有也被历代朝廷追封为"徐侯""彭城公"等谥号，也是孔庙大成殿中陪伴孔子的"十二哲"之一。

　　子路（前542—前480年），姓仲名由，字子路，鲁国"卞之野人"。家境贫寒，他"常食藜藿之实，而为亲负米百里之外"③。虽然出身下层百姓，性情也有点粗野，但他天资聪颖，自从跟定孔子，即刻苦读书，进步很快，成为孔门弟子中最有政治才干的学生之一。他勇武善战，任季氏家族的总管以后，积极配合孔子进行"堕三都"的斗争。孔子周游列国时，他为孔子驾车，做保镖，事事走在前边。在卫国，他做该国实际执政者孔悝家的蒲邑大夫，为孔子提供了生活与安全方面的许多保证。孔子返回鲁国后，他也一度回到鲁国，参与了一些政治活动。但不久又回到卫国，继续履行蒲邑大夫的职务，最后在公元前480年的卫国内乱中死于非命。子路性格直率坦诚，办事果决爽利。每当孔子提问弟子时，他总是率先回答，快言快语，直抒胸臆。孔子赞赏他果敢的品性，认定他具备"片言可以折狱"④ 的才干。子路尽管对孔子尊敬有加，但对孔子的言行也有不理

---

① 《论语·先进》，《十三经注疏》，中华书局1982年版，第2499页。

② 司马迁：《史记》卷四十七《孔子世家》，中华书局1959年版，第1934页。

③ 刘向：《说苑·建本》，电子版文渊阁四库全书。

④ 《论语·颜渊》，《十三经注疏》，中华书局1982年版，2504页。

解不同意的情况。每当这时，他总是毫不客气地说出来，"子见南子，子路不说"①，逼得孔子在学生面前赌咒发誓。子路的这一性格特点，与出言谨慎、事事顺从孔子的颜回成为鲜明对比。子路的另一重要特点是勇于任事，武艺高强，不惮拼杀。一次孔子问他有何嗜好，他回答"好长剑"②，连孔子也赞扬他"勇人也，丘弗如也"③。子路的性格缺陷也是明显的，这就是鲁莽粗陋，办起事来容易冲动，不计后果。如他最后卷入卫国内乱就不是明智的抉择。因为这场内乱是统治集团内部的一场争权夺利的斗争，根本无是非可言，子路实在没有必要卷入其中。可他还是毫不犹豫地参加进去，无怨无悔地献出了不值得献出的生命。后来，子路被历代朝廷追尊为"卫侯""河内侯""卫公"等谥号，也是孔庙大成殿中陪伴孔子的"十二哲"之一。

宰我，姓宰名予，字子我，亦称宰我。鲁国人，生卒年不详。他一直追随孔子，是孔门弟子中具有语言天赋的杰出人才之一，所以经常被孔子派出去从事对外交往联络的活动。《孔丛子》就记载他出使过齐国和楚国。在孔门弟子中，宰我与冉有一样，在思想上与孔子拉开了一定距离，这突出表现在他要求改革"三年之丧"的问题上。《论语·阳货》详细记载了他们师徒二人的对话：

宰我问："三年之丧，期已久矣。君子三年不为礼，礼必坏；三年不为乐，乐必崩。旧谷既没，新谷既升，钻燧改火，期可已矣。"子曰："食夫稻，衣夫锦，于女安乎？"曰："安。""女安，则为之！夫君子之居丧，食旨不甘，闻乐不乐，居处不安，故不为也。今女安，则为之。"宰我出，子曰："予之不仁也！子生三年，然后免于父母之怀。夫三年之丧，天下之通丧也。予也有三年之爱于其父母乎？"④

---

① 《论语·雍也》，《十三经注疏》，中华书局 1982 年版，2479 页。
② 刘向：《说苑·建本》，电子版文渊阁四库全书。
③ 王符：《潜夫论·巫列》，电子版文渊阁四库全书。
④ 《论语·阳货》，《十三经注疏》，中华书局 1982 年版，2526 页。

这段记载表明，宰我认为周礼规定的"三年之丧"已经不太适合节奏加快的社会生活，要求将丧期改为一年。而孔子却斥责他是"不仁"，理由是孩子三年才"免于父母之怀"，所以为父母守孝三年，既是感情的需要，也是对父母养育之恩的回报。这里孔子对宰我的斥责是没有道理的，因为旧制度总是随着社会的发展不断变得不适应，甚至成为历史前进的障碍，所以社会的发展总是伴随着各种制度的不断变革。他们的争论显示了孔子相对保守的立场，而宰我的思想则是与时俱进的。宰我后来被历代朝廷追尊为"齐侯""齐公"等谥号，是在孔庙大成殿中陪伴孔子的"十二哲"之一。

子贡（前520年—？），姓端木名赐，字子贡，卫国人。出身商人家庭，拜师孔门后，也一直没有中断商贸活动。在孔门弟子中，他与宰我一同列入具有语言天赋的杰出人才。他能言善辩，反应机敏，孔子赞扬他"辩人也，丘弗如也"①。"子贡利口巧辩，孔子常黜其辩。"② 子贡性格活泼爽利，办事明快通达。孔子就肯定"赐也达"③，这大概也是他从事外交活动和商贸事业的有利条件之一。子贡的性格缺陷也很明显，这就是好议论别人的是非善恶、长短优劣，"喜扬人之美，不能匿人之恶"④。他经常问孔子对其他弟子的看法，不时对同门进行评论，也对古人发表自己的看法，如他评论商纣王，显示了不凡的历史眼光：

> 纣之不善，不如是之甚也。是以君子恶居下流，天下之恶皆归焉。⑤

再如他评价管仲：

---

① 王充：《论衡·书解》，电子版文渊阁四库全书。
② 司马迁：《史记》卷六十七《仲尼弟子列传》，中华书局1959年版，第2195页。
③ 《论语·雍也》，《十三经注疏》，中华书局1982年版，第2478页。
④ 司马迁：《史记》卷六十七《仲尼弟子列传》，中华书局1959年版，第2201页。
⑤ 《论语·子张》，《十三经注疏》，中华书局1982年版，2532页。

　　管仲非仁者与？桓公杀公子纠，不能死，又相之。①

完全是从道德的层面上否定管仲，惹得孔子很不以为然。而孔子则从历史
评价出发，肯定管仲达到了"仁"的境界。子贡好议论人的脾性有时趋
向对别人的讥讽，极易得罪人，所以受到孔子的批评。由于极具语言天
赋，子贡自己也愿意发挥这方面的专长，特别钟情于外交谈判事务。一次
孔子与颜回、子路、子贡同游戎山，途中孔子询问他们的志向，子贡的回
答是："得素衣缟冠，使于两国之间，不持尺寸之兵，升斗之粮，使两国
相亲如兄弟。"被孔子赞誉其为"辩士"②。他曾经多次担任孔子和鲁国的
特使，出使许多诸侯国，出色地完成了不少重要的外交任务。如鲁哀公七
年（前488年），他受季康子派遣，出使吴国，会见吴国太宰，完成一项
外交使命，化解了一场迫在眉睫的战争。鲁哀公十五年（前480年），他
奉命出使齐国，进行外交折冲，说服齐国归还了侵占的鲁国"成"地。子
贡还多次奔走于列国之间，进行外交斡旋，成功地化干戈为玉帛，所以司
马迁高度评价他的外交活动："故子贡一出，存鲁，乱齐，破吴，强晋而
霸越。子贡一使，使势相破，十年之中，五国各有变。"③子贡同时还是一
个经营商贸事业的成功人士。在《史记·货殖列传》记述的商贸成功人士
中，他位列第二。孔子夸赞他"亿则屡中"④，认定他是一个经商奇才。他
善于了解和洞悉市场行情，"子贡善居积，意贵贱之期，数得其时，故货
殖多，富比陶朱"⑤。又善于"好废举，与时转货赀"⑥，即买贱卖贵，及时
出手，加快资金流转，所以"家累千金"，成为孔门弟子中"最为饶益"
的头号富豪，也是给予孔子最大财力支持的学生。而他的豪富加上他的外
交官身份，更使他如虎添翼，备受诸侯国君的青睐，"子贡结驷连骑，束

①　《论语·宪问》，《十三经注疏》，中华书局1982年版，第2512页。

②　《韩诗外传》卷九，电子版文渊阁四库全书。

③　司马迁：《史记》卷六十七《仲尼弟子列传》，中华书局1959年版，第2201页。

④　《论语·先进》，《十三经注疏》，中华书局1982年版，第2499页。

⑤　王充：《论衡·知实》，电子版文渊阁四库全书。

⑥　司马迁：《史记》卷六十七《仲尼弟子列传》，中华书局1959年版，第2201页。

帛之币以聘享诸侯，所至，国君无不与之分庭抗礼"。子贡利用其丰沛的财力，利用其外交官来往众多诸侯国的条件，极力宣扬孔子的学说，使之得到更广泛的播扬："夫使孔子名布扬于天下者，子贡先后之也。此所谓得势而益彰者乎！"① 孔子几乎与所有弟子们都建立了密切的关系，他们朝夕相处，患难与共，情同父子，无话不谈，其中与子贡的关系更近一层。子贡对孔子由衷地敬佩、崇拜，在各种场合都对孔子颂扬备至，其中《论语·子张》中有三段文字展现了子贡发自内心的崇敬：

> 叔孙武叔语大夫于朝曰："子贡贤于仲尼。"子服景伯以告子贡。子贡曰："譬之宫墙，赐之墙也及肩，窥见家室之好。夫子之墙数仞，不得其门而入，不见宗庙之美、百官之富。得其门者或寡矣。夫子之云，不亦宜乎！"

> 叔孙武叔毁仲尼。子贡曰："无以为也！仲尼不可毁也。他人之贤者，丘陵也，犹可逾也；仲尼，日月也，无得而逾也。人虽欲自绝，其何伤于日月乎？多见其不自量也。"

> 陈子禽谓子贡曰："子为恭也，仲尼岂贤于子乎？"子贡曰："君子一言以为知，一言以为不知，言不可不慎也。夫子之不可及也，犹天之不可阶而升也。夫子之得家邦者，所谓立之斯立，道之斯行，绥之斯来，动之斯和。其生也荣，其死也哀。如之何其可及也？"

《韩诗外传》卷八记载一段子贡与齐景公的对话。子贡誉孔子为"圣"，景公要他解释何为"圣"：

> 子贡曰："臣终身戴天，不知天之高也；终身践地，不知地之厚也。若臣之事仲尼，譬犹渴操壶杓，就江海而饮之，腹满而去，又安知江海之深乎！"景公曰："先生之誉，得无太甚乎？"子贡曰："臣

---

① 司马迁：《史记》卷一百二十九《货殖列传》，中华书局 1959 年版，第 3258 页。

赐何敢甚言，尚虑不及耳。使臣誉仲尼，譬犹两手捧土而附泰山，其无益亦明矣。使臣不誉仲尼，譬犹两手把泰山，无损亦明矣。"

《孟子·公孙丑上》也记载子贡赞誉孔子的话："自生民以来，未有及夫子也。"显然，在子贡心目中，孔子已经是如日月般不可企及的"圣人"，如江海般不可企及的汪洋，如泰山般不可企及的高峰。孔子对子贡也是由衷地欣赏、信任、依恃。当子贡问孔子自己是一个怎样的人时，孔子说他是一个如同瑚琏的器皿，即祭祀神灵时盛粮食的重器，还肯定他是一个举一反三的聪明人。特别在孔子预感自己不久于人世时，急切盼望见到的人就是子贡。子贡急急赶来，倚门而望的孔子责备他"来何其晚"，在在都说明孔子与子贡超出一般师生关系的深切情谊。而最后只有子贡为孔子庐墓6年，更显示了他们之间特殊的关系。子贡在孔子去世后依然从事商贸活动，最后在齐国寿终。他被后世朝廷追封为"黎侯""黎阳公""黎公"等谥号，也是孔庙大成殿中陪伴孔子的"十二哲"之一。

子游（前506年—?），姓言名偃，字子游，吴国（今江苏常熟）人（一说鲁国人）。他在孔子周游列国返鲁后进入孔门读书，学习刻苦，很快做了武城（今山东费县西南）宰。子游在孔门弟子中以"文学"著称，与他同框的只有子夏，说明他在这方面是相当突出的。他比较熟悉古代文献，连孔子演习古礼遇到困难时也找他协助解决，"礼不习，子游侍。辞不辩，宰我侍"①。子游具有较强的行政工作能力，他任武城宰不久，即依照孔子德治仁政的理念，将该地治理得社会安定，百姓乐业。他请求孔子一行前去参观游历：

子至武城，闻弦歌之声。夫子莞尔而笑，曰："割鸡焉用牛刀？"子游对曰："昔也偃也闻诸夫子曰：'君子学道则爱人，小人学道则易

---

① 《尸子》，电子版文渊阁四库全书。

使也。'"子曰："二三子！偃之言是也。前言戏之耳。"①

孔子耳闻目睹的是子游以教化的内容和手段对蕞尔小城的治理，尽管孔子感到有点小题大作，但还是肯定了他行政的原则。孔子去世后，儒家分化为八派，子游是其中一派的领袖。据郭沫若考证，这一派就是"子思之儒""孟氏之儒"和"乐正氏之儒"的合体，而子游则是这一派的创始者。这一派坚持大同小康的社会理想，"《礼运·礼运》一篇，毫无疑问，便是子游氏之儒的主要经典"②。这一派后来学术界习惯上称其为"思孟学派"，是孔子之后影响最大的儒家学派。子游被后世朝廷追尊为"吴侯""丹阳公""吴公"等谥号，也是孔庙大成殿中陪伴孔子的"十二哲"之一。

子夏（前507年—?），姓卜名商，字子夏，卫国人，是孔子晚年的弟子之一，在孔门弟子中以"文学"著称。他出身微贱，"子夏贫，衣若县鹑"③，经常穿着破衣烂衫。但刻苦好学，才华横溢，性格独异，只与贤者相处，而对他认定的不贤者则不屑一顾。他同时又勇于担当，疾恶如仇。《韩诗外传》卷六记载了子夏的这样一个故事：

卫灵公昼寝而起，志气益衰。使人驰召勇士公孙悁道："遭行人卜商。"卜商曰："何驱之疾也？"对曰："公昼寝而起，使我召勇士公孙悁。"子夏曰："微悁而勇，若悁者可乎？"御者曰："可。"子夏曰："载我而反。"至，君曰："使子召勇士何为？"召儒使者曰："行人。"曰："微悁而勇，若悁者可乎？"臣曰："可。"即载与来。君曰："诺。"延先生上，趣召公孙悁，至入门，杖剑疾呼曰："商下我，存若头。"子夏顾咄之曰："咄！内剑，吾将与若言勇于是。"君令内剑而上。子夏曰："来！吾尝与子从君而西见赵简子，简子披髪杖矛而见我君，我从十三行之后趋而进，曰：'诸侯相见，不宜不朝服。不

① 《论语·阳货》，《十三经注疏》，中华书局1982年版，第2524页。
② 《郭沫若全集·历史编2》，人民出版社1982年版，第133页。
③ 王先谦：《荀子集解·大略》，中华书局2013年版，第606页。

朝服，行人卜商将以颈血溅君之服矣。'使反朝服而见吾君。子耶，我耶？"悁曰："子也。"子夏曰："子之勇，不若我一矣。""又与子从君而东，至阿，遭齐君重鞇而坐，吾君单鞇而坐，我从十三行之后，趋而进曰：'礼，诸侯相见，不宜相临以庶，揄其一鞇而去之者'，子耶？我耶？"悁曰："子也。"子夏曰："子之勇不若我二矣。""又与子从君于圊中，于是两寇肩逐我君，拔矛下格而还，子耶？我耶？"悁曰："子也。"子夏曰："子之勇不若我三矣。所贵为士者，上摄万乘，下不敢敖乎匹夫。外立节矜而敌不侵扰，内禁残害而君不危殆。是士之所长，君子之所致贵也。若夫以长掩短，以众暴寡，凌轹无罪之民，而成威于闾巷之间者，是士之甚毒，而君子之所致恶也，众之所诛锄也。《诗》曰：'人而无仪，不死何为？'夫何以论勇于人主之前哉？"于是灵公避席，抑手曰："寡人虽不敏，请从先生之勇。《诗》曰'不侮矜寡，不畏强'，卜先生也。"①

这个故事，记述子夏曾随侍卫灵公至晋国见执政赵简子，子夏敢于义正词严地纠正不以礼对待灵公的这位强人。又随卫灵公见齐君，子夏斥责齐君慢待卫灵公，使之改正错误。随国君外出遭遇两寇袭击时，子夏拔矛战寇，保护国君安全脱险。最后阐发士君子之勇的真正含义，是"上摄万乘，下不敢敖乎匹夫。外立节矜而敌不侵扰，内禁残害而君不危殆"，而不是"以长掩短，以众暴寡，凌轹无罪之民，而成威于闾巷之间者"的恶人之勇。《尸子》也记载子夏说的话："君子渐于饥寒，而志不僻；侉于五兵，而辞不慑。临大事，不忘昔席之言。"充分显示了子夏贫贱不移、威武不屈、富贵不淫的高贵品格。

子夏的聪明好学深得孔子的喜爱，于是认真向他传授《诗》《易》《春秋》等典籍，师徒之间经常讨论有关问题。由于子夏所处的时代已经接近战国，各诸侯国的变法运动开始萌生，新兴的地主阶级更是逐渐显示他们

---

① 《韩诗外传》卷六，电子版文渊阁四库全书。

的优势。受时代条件感应，子夏对改革的大势是顺应和赞同的，对法家思想也在一定程度上持肯定态度。他曾在讲述《春秋》时说："善持势者，蚤绝其奸萌。"① 这显然是与法家同调了。子夏在孔子在世时曾担任过短期的莒父（今山东高密境）宰。孔子去世后，他去了魏国，"孔子既没，子夏居西河教授，为魏文侯师"②。他对孔子的教育思想有极深的理解，曾说"仕而优则学，学而优则仕"③，道出了仕与学都必须坚持的选优原则。他在魏国办学成绩卓著，教育出来田子方、段干木、吴起、李克等一大批改革派的干才，正是他们，襄助魏文侯进行了战国历史上最初的封建化的改革。他将儒学传播到魏国为中心的中原地区，大大拓展了儒家学派的影响。据说撰《春秋公羊传》的公羊高和撰《春秋谷梁传》的谷梁赤，都是他的学生，他因而成为汉代《春秋》公羊学派的始祖，由董仲舒接续，在后世广泛传播。子夏被后世朝廷追尊为"卫侯""东阿公""魏公"等谥号，也是孔庙大成殿中陪伴孔子的"十二哲"之一。

子张（前503年—?），姓颛孙名师，字子张，陈国（今河南淮阳一带）。他不仅出身微贱，而且是一个有犯罪记录的人。但在进入孔门学习之后，学业进步很快，成为名扬天下的士人。孔子去世之后，他定居陈国，广收门徒，是儒家八派中子张氏之儒的创始人。子张被孔子批评为"师也过"，即有点性格偏激，其实他心怀宽广，善于结交各种性格才情的朋友。《论语·子张》记载：

　　子夏之门人问交于子张。子张曰："子夏云何？"对曰："子夏曰：'可者与之，其不可者拒之。'"子张曰："异乎吾所闻：君子尊贤而容众，嘉善而矜不能。我之大贤与，于人何所不容？我之不贤与，人将拒我，如之何其拒人也？"④

① 王先慎：《韩非子集解》，中华书局1998年版，第334页。
② 司马迁：《史记》卷六十七《仲尼弟子列传》，中华书局1959年版，第2203页。
③ 《论语·子张》，《十三经注疏》，中华书局1982年版，第2532页。
④ 《论语·子张》，《十三经注疏》，中华书局1982年版，第2531页。

这表明，他与子夏交友的鲜明选择性不同，而是广纳百川，不拒绝各种来路的朋友。与此相联系，他也就有点"犯而不校"，被荀子批评为"禹行而舜趋"①，被曾子和子游批评为"难与并为仁"，认为他很难达到"仁"的境界。子张同时也是一个很具勇武精神的人物，他说："士，见危致命，见得思义，祭思敬，丧思哀，其可已矣。"②子张对孔子的忠信之教有着比其他弟子更深入的理解，他说："执德不弘，信道不笃，焉能为有，焉能为亡。"③他因此被孟子、王充赞誉为得"圣人之一体"④的精英人物。子张被后世朝廷追尊为"陈伯""宛邱侯""陈公"等谥号，也是孔庙大成殿中陪伴孔子的"十二哲"之一。

曾子（前505—前432年），姓曾名参，字舆，后世称其为曾子，鲁国南武城（一说今山东平邑南，一说今山东嘉祥）人。他的先世是夏朝国君少康的后代曲烈，被封于鄫（今山东兰陵境）。春秋时期鄫被莒国灭亡，其世子逃到鲁国寻求庇护，居于南成武。到曾子时，他们家的贵族身份可能已经不被承认，所以很多文献记载他家并不富裕，曾子是靠常年劳作维持生活的，"缊袍无表，颜色肿哙，手足胼胝。三日不举火，十年不制衣，正冠而缨绝，捉衿而肘见，纳屦而踵决"⑤，显然是相当寒碜了。他与父亲曾点先后跟随孔子读书，他投奔孔子名下时，可能已经是孔子周游列国晚期或返鲁之后。曾子是孔门弟子中读书用功成效显著的学生之一。为了养活父母，他在年轻时曾在莒国担任过"得粟三秉"⑥的小官。父母去世后，曾"南游于楚，得尊官焉"⑦。在此前后，他开始聚徒讲学，弟子众多。再后来，他拒绝齐、楚、晋等诸侯国聘任相、令尹、上卿等高官的约

---

① 王先谦：《荀子集解》，中华书局2013年版，第123页。

② 《论语·子张》，《十三经注疏》，中华书局1982年版，第2531页。

③ 《论语·子张》，《十三经注疏》，中华书局1982年版，第2531页。

④ 《孟子·公孙丑上》，《十三经注疏》，中华书局1982年版，第2686页；《论衡·知体》，电子版文渊阁四库全书。

⑤ 陈鼓应：《庄子今注今译》，中华书局2009年版，第809页。

⑥ 《韩诗外传》卷一，电子版文渊阁四库全书。

⑦ 《韩诗外传》卷七，电子版文渊阁四库全书。

请①，专注于儒家学说的研究和教学，为传播儒家思想做出了巨大贡献，成为孔子之后儒家学派的重要代表人物之一。

曾子性格沉稳低调，读书时显得有点迟钝，所以孔子说他"鲁"。其实他是属于那种沉潜思考、谨慎谦虚的学者型人才。他曾说："以能问于不能，以多问于寡，有若无，实若虚；犯而不校。昔者吾友尝从事于斯矣。"②又说："良贾深藏如虚，君子有盛教如无。"③他认定所有人都应该固守本分，"思不出其位"④。但又必须守住做人的底线，不为一己之私利向当权者"胁肩谄笑"⑤，也不接受任何非分的馈赠。据说鲁君为改善他的贫困状况，答应赠予他一个"邑"，这对别人来说是天上掉馅饼的好事，他却断然拒绝，理由是"受人者畏人，予人者骄人"，受人之赠，就挺不起腰杆了。尽管曾子谦虚谨慎，与人为善，不向任何人挑衅，但在遇到有关人格的无理挑衅侮辱时，他却不乏大丈夫之勇。这种勇毅精神，既表现为敢于斗争的勇气："辱若不避，避之而已；及其不可避，君子视死如归。"⑥又表现为对于国家和社会的担当意识：

曾子曰："可以托六尺之孤，可以寄百里之命，临大节而不不可夺也。君子人与？君子也。"

曾子曰："士不可以不弘毅，任重而道远。仁以为己任，不亦重乎？死而后已，不亦远乎？"⑦

---

① 《韩诗外传》卷一，电子版文渊阁四库全书。
② 《论语·泰伯》，《十三经注疏》，中华书局 1982 年版，第 2486 页。
③ 《大戴礼记·制让》，电子版文渊阁四库全书。
④ 《论语·宪问》，《十三经注疏》，中华书局 1982 年版，第 2512 页
⑤ 《孟子·滕文公下》，《十三经注疏》，中华书局 1982 年版，第 2714 页。
⑥ 董仲舒：《春秋繁露·竹林》，《两汉全书》第四册，山东大学出版社 2009 年版，第 2021 页。
⑦ 《论语·泰伯》，《十三经注疏》，中华书局 1982 年版，第 2486—2487 页。

　　曾子以君子人格的修养为目标，"仁以为己任"①，刻苦自励，不时反省检点自己的行动："吾日三省吾身：为人谋而不忠乎？与朋友交而不信乎？传不习乎？"②他格外重视诚信品格的修养，据《韩非子·外储说左上》记载，他的妻子答应杀猪给儿子吃肉，过后又说是一句开玩笑的话，不准备兑现。曾子批评妻子的做法是欺骗儿子，违背了诚信的道德，于是杀猪以兑现承诺。他继承和发展孔子重义轻利的思想，认为"君子苟能无以利害义，则耻辱亦无由至矣"③。他特别注重孝道伦理的阐发，认为孝伦理对国家社会和个人都极其重要："慎终追远，民德归厚。"④而民德归厚的结果必然是社会和谐，国家就能收到"远者悦，近者来"的效果。他发展孔子孝的理论，据说他创作了《孝经》这部中国孝伦理的第一宝典，大力倡导子女对父母竭诚尽力的养，发自内心的敬，"三年无改于父之道"。曾子身体力行地将孝的理论落实到行动上，成为对父母尽孝的典型，被后世推尊为24孝之一。曾子继承和发展了孔子的修养论，"自省"和"慎独"的功夫达到"正心诚意"的境界。不少学者认定他的思想开启了战国儒学的思孟学派，在历史上产生了深远的影响。后世朝廷追赠曾子"成伯""成侯""武城侯""成国公"等谥号，推尊为"宗圣"，是孔庙大成殿中陪伴孔子的"四配"之一。曾子的父亲曾点，字子晰。他在孔门弟子中算是老成持重的一类人物。他最重要的事迹是在孔子面前与子路、冉有、公西华"各言尔志"时，他讲了那段颇具道家意识的"浴乎沂，风乎舞雩，咏而归"的话，显示了他不同流俗的理想追求。他被后世朝廷追封为"溯伯""莱芜侯"等谥号。

　　澹台灭明（前522年—？），姓澹台名灭明，字子羽，鲁国武城（今山东平邑南）人。可能出身于士家族。他是孔子晚年的弟子，在孔子与弟子们一起去武城游历时，才从子游那里知道这个人，而此时的澹台灭明已经

---

① 《论语·泰伯》，《十三经注疏》，中华书局1982年版，第2487页。

② 《论语·学而》，《十三经注疏》，中华书局1982年版，第2457页。

③ 王先谦：《荀子集解》，中华书局2013年版，第631页。

④ 《论语·学而》，《十三经注疏》，中华书局1982年版，第2458页。

年过 40 岁。文献记载他的事迹甚少。《孔子家语》记载他曾任鲁国大夫，似难以坐实。《史记·仲尼弟子列传》记载："（他）状貌甚恶。欲事孔子，孔子以为材薄。既已受业，退而修行，行不由径，非公事不见卿大夫。南游至江，从弟子三百人，设取予去就，名施诸侯。"最后终老于楚国。这一记载说明，澹台灭明面貌丑陋，品格却正直，从不走邪门歪道，非办公事，绝不奔竞权势之门。因为他拜师孔门时已经是一个成熟的中年人，不久即离开孔子去了楚国，并且很快在楚国取得显著成绩，对儒家学说在南方的传播发挥了一定的积极作用。孔子得到他的信息，才慨叹说："吾以言取人，失之宰予；以貌取人，失之子羽。"① 澹台灭明被后世朝廷追尊为"江伯""金乡侯"等谥号。

宓子贱（前 521 年—?），姓宓名不齐，字子贱，鲁国人，出身情况不详。他也是孔子晚年招收的弟子。孔子认为君子人格是做人达到的最高典范，所以不轻易许人以君子。而在孔门弟子中，孔子独独认定宓子贱和南宫适为君子，"子谓子贱，'君子哉若人！鲁无君子者，斯焉取斯？'"② 这说明宓子贱的个人修养已经达到相当高的水平。宓子贱具有较高的行政才能，他做单父（今山东单县）宰时，充分实施孔子仁民、举贤、孝亲、尊师的理念，将该地治理得井井有条。《韩诗外传》卷八记载了他的事迹：

> 子贱治单父，其民附。孔子曰："告丘之所以治之者。"对曰："不齐时发仓廪，振困穷，补不足。"孔子曰："是小人附耳，未也。"对曰："赏有能，招贤才，退不肖。"孔子曰："是士附耳，未也。"对曰："所父事者三人，兄事者五人，所友者十二人，所师者一人。"孔子曰："所父事三人，足以教孝矣。所兄事者五人，足以教弟矣。所友者十二人，足以祛壅蔽矣。所师者一人，足以虑无失策，举无败功矣。"

① 司马迁：《史记》卷六十七《仲尼弟子列传》，中华书局 1959 年版，第 2206 页。
② 《论语·公冶长》，《十三经注疏》，中华书局 1982 年版，第 2473 页。

不宁唯此，宓子贱在行政实践中，还有意识地贯彻"无为而治"的原则，即在大政方针已经宣布实施的情况下，要手下官员各司其职，对百姓具体的生产生活充分放手，不去干预，让他们按照自己的意愿去活动。这样做，既减轻了行政官员的负担，又给予百姓更多的自由空间，是最聪明的执政理念。《吕氏春秋》有这样一段记载：

> 宓子贱治单父，弹鸣琴，身不下堂而单父治。巫马期以星出，以星入，日夜不居，以身亲之，而单父亦治。巫马期问其故于宓子，宓子曰："我之谓任人，子之谓任力。任力者劳，任人者逸。"宓子则君子矣，逸四肢，全耳目，平心气，而百官以治义矣，任其数而已矣。巫马期则不然，弊生事情，劳手足，烦教诏，虽治犹未至也。①

正是因为宓子贱采取"无为而治"的理念和措施治理单父取得良好的效果，所以得到该地百姓的拥护，《史记·滑稽列传》评论说："子产治郑，民不能欺；子贱治单父，民不忍欺；西门豹治邺，民不敢欺。"这是因为宓子贱的行政方略结合了儒家为民、德治、教化和道家"无为而治"的理念，既调动了百姓的道德自觉意识，又给了百姓相对宽松的生活空间，拉近了政府与百姓的距离，使他们内心贴近政府，当然也就不忍心欺骗它了。宓子贱后世被朝廷追尊为"单伯"和"单父侯"等谥号。

原宪（前515年—?），姓原名宪，字子思，鲁国人，出身情况不详，来自平民阶层的可能较大。在孔门弟子中，他是属于对仕进冷漠，对隐逸热衷的少数人之一。终生未进入官场，最后隐居卫国，度过清贫自守、无怨无悔的一生。孔门弟子中的多数人，基本上都遵循"学而优则仕"的原则，热衷官场，期望通过从政践行自己的理想，同时也获得富贵利禄。但孔子对是否从政，也有自己的原则，这就是"邦"是否有道："笃信好学，守死善道，危邦不入，乱邦不居。天下有道则见，无道则隐。邦有道，贫

---

① 许维遹：《吕氏春秋集释》，中华书局2016年版，第513页。

且贱焉，耻也；邦无道，富且贵焉，耻也。"①　"宪问耻，子曰：'邦有道，谷；邦无道，谷，耻也。'"②　大概在原宪看来，他所处的时代，所有的诸侯国都是无道之邦，他因而彻底打消了从政的念头，甘愿隐居荒野。这说明他守住了孔子关于做官从政的底线。《史记·仲尼弟子列传》记载的这则故事，颇能展示原宪的思想和性格：

　　孔子卒，原宪遂亡在草泽中。子贡相卫，而结驷连骑，排藜藿入穷巷，过谢原宪。宪摄散衣冠见子贡。子贡耻之，曰："夫子病乎？"原宪曰："吾闻之，无财者谓之贫，学道而不能行者谓之病。若宪，贫也；非病也。"子贡惭，不怿而去，终身耻其言之过也。③

　　在孔门弟子中，子贡和原宪可算两个对立的典型：子贡不问邦是否有道，照样做他的高官，发他的大财，并以此为荣。原宪则坚守原则，坚决不在"不道之邦"仕进从政，从而保持了自己高洁的品性。而在他们彼此看来，对方都是疾病缠身了。原宪后来成为隐逸者的偶像，被后世朝廷追赠为"原伯""任城侯"等谥号。

　　公冶长姓公冶名长，字子长，齐国人，生卒年不详。出身情况不可考，可能属于士或平民阶层。他既是孔子的学生，也是他的女婿。他曾经被判入狱，但孔子认为"非其罪"，可能是一桩冤案，所以孔子不以为意，坚持将女儿嫁给他。公冶长的事迹文献几乎无载，估计没有什么可圈可点的成就。后来一些书籍记载他懂鸟语，显然是一种无稽的杜撰。公冶长被后世朝廷追赠为"莒伯""高密侯"等谥号。

　　南宫适，姓南名宫适，字子容。鲁国人，生卒年、出身皆不详，是孔子的侄女女婿。不过，在孔门弟子中，他是被孔子夸赞为"邦有道，不

---

① 《论语·泰伯》，《十三经注疏》，中华书局 1982 年版，第 2487 页。

② 《论语·宪问》，《十三经注疏》，中华书局 1982 年版，第 2510 页。

③ 司马迁：《史记》卷六十七《仲尼弟子列传》，中华书局 1959 年版，第 2208 页。

废；邦无道，免于刑戮"①的人物，是极少数被孔子誉之为"仁德"的学生之一：

> 南宫适问于孔子曰："羿善射，奡荡舟，俱不得其死然。禹、稷躬稼而有天下。"夫子不答。南宫适出，子曰："君子哉若人，尚德者若人。"②

孔子从南宫适的问话中认定他具备君子人格，这是极高的评价。但在孔门弟子中，他没有多少作为，看来只是一个崇尚道德、出言谨慎，在污浊之世也能保持洁净之身的谦谦君子。他被后世朝廷追封为"郯伯""龚丘侯"等谥号。

公晳哀，姓公晳名哀，字季次，齐国人，生卒年不详。从他"终身空室蓬户，褐衣疏食不厌"③的情况看，他家境贫寒，但一生未入仕途，是与原宪同道的孔门弟子之一。他被后世朝廷追赠为"郑伯"和"北海侯"等谥号。

商瞿（前522年—?），姓商名瞿，字子木，鲁国人。他是孔门弟子中对《易》最为钟情并下过一番刻苦功夫的学生，是孔子之后《易》的传人。他后来传给楚人馯臂子弘，之后使《易》作为一部重要儒家经典流传下来。商瞿被后世朝廷追封为"蒙伯""须昌侯"等谥号。

高柴（前521年—?），姓高名柴，字子羔，卫国人，出身不详。他身材矮小，"状貌甚恶"④，但颇有行政才能，曾任鲁国的费宰、武城宰、成邑宰和卫国的士师，是孔门弟子中从政时间最长、任职最多的学生之一。《论语·先进》记载"柴也愚"，似乎他比较愚笨，实际上是说他正直而不知通变，大概是那种认死理而坚持原则的人，否则，他能长期任官吗？他

---

① 《论语·公冶长》，《十三经注疏》，中华书局1982年版，第2473页。
② 《论语·宪问》，《十三经注疏》，中华书局1982年版，第2510页。
③ 司马迁：《史记》卷一百二十四《游侠列传》，中华书局1959年版，第3181页。
④ 《孔子家语·弟子解》，电子版文渊阁四库全书。

较年轻时就被子路安排做了季氏的费郈宰，为此，孔子很不满意，与子路发生了一番争论：

> 子路使子羔为费郈宰，孔子曰："贼夫人之子！"子路曰："有人民焉，有社稷焉，何必读书然后为学！"孔子曰："是故恶夫佞者。"①

这里显示，孔子认为必须学习一段时间，在熟悉政务的有关内容法规后方可从政，而子路则认为，可以在从政的实践中学习和提高自己的本领。看来他们师徒各有偏颇。不过，这倒说明高柴是较年轻时期就开始从政了。而事实证明，他是一个比较能干的行政人才。在任职期间，他尊礼孝亲，教导属下的百姓一切行动遵循礼制。他执法公平，严格按照法律法规行事。《说苑》卷十四《至公》记载了高柴这样一个故事：

> 子羔为卫政，刖人之足。卫之君臣乱，子羔走郭门。郭门闭，刖者守门，曰："于彼有缺。"子羔曰："君子不踰。"曰："于彼有窦。"子羔曰："君子不隧。"曰："于此有室。"子羔入，追者罢。子羔将去，谓刖者曰："吾不能亏损主之法令，而亲刖子之足。吾在难中，此乃子之报怨时也。何故逃我？"刖者曰："断足固我罪也，无可奈何。君之治臣也，倾侧法令先，后臣以法，欲臣之免于法也。臣知之。狱决罪定，临当论刑，君愁然不乐，见于颜色，臣又知之。君岂私臣哉？天生仁人之心，其固然也。此臣之所以脱君也。"孔子闻之。曰："善为吏者树德，不善为吏者树怨。公行之也，其子羔之谓欤！"②

这则故事或许有后人演绎之处，但所展现的高柴甚至能感动被刑之人的公

① 司马迁：《史记》卷六十七《仲尼弟子列传》，中华书局1959年版，第2212页。
② 刘向：《说苑》卷十四，电子版文渊阁四库全书。

平执法精神则应该是真实的。高柴被后世朝廷追封为"共伯""共城侯"等谥号。

漆雕开（前540年—?），姓漆雕名开，字子开（另一说字子若），鲁国人。他与公冶长、南宫适一样，曾被判罪入狱，因受刑致残，但可能是一桩冤案。他在孔门弟子中学业优秀，后来自己也聚徒讲学，弟子众多。孔子死后，他成为儒家八派之一的漆雕氏之儒的领袖。据《汉书·艺文志》记载，他有著作《漆雕子》13篇，可惜汉以后亡佚。漆雕开是孔子比较欣赏的学生之一，他与孔子的思想靠得比较近，如认为做官前在学识上要有充分准备，不要仓促赴任，就得到孔子的首肯。漆雕开读书认真，对《尚书》尤其下过一番苦功夫。他为人谦逊，但为了正义也不乏勇毅之气。《韩非子·显学》评论漆雕开说："不色挠，不目逃，行曲则违于臧获，行直则怒于诸侯，世主以为廉而礼之。"① 意思是，漆雕开在遇到威胁时，面色决不露出退让的表情，眼睛也不露出躲避的神色。自己行为理屈时，即使对方是地位低下的奴婢也要躲避退让。而当自己的行为正义时，就是面对诸侯也敢于发怒抗争。他被后世朝廷追封为"滕伯""平舆侯"等谥号。

樊迟（前505年—?），姓樊名须，字子迟，也称樊迟，鲁国人。他是孔子晚年周游列国以后招收的弟子。此前他已经在季氏家中服务，在鲁国抵抗齐国一次入侵的战争中，他作为"车右"跟随冉有指挥的左师作战，立下战功，说明他在少年时期即是一个勇敢的人。进入孔子门下，他努力读书，兴趣广泛，求知欲旺盛，不时向孔子提出问题，如《论语》就记载他两次"问仁"，但似乎也有急于求成的心理。他想学习农作和园艺，本来是很正常的要求，却遭到孔子极其严厉的批评：

> 樊迟请学稼，子曰："吾不如老农。"请学为圃，曰："吾不如老圃。"樊迟出，子曰："小人哉，樊须也！上好礼，则民莫敢不敬；上

---

① 王先慎：《韩非子集解》，中华书局2013年版，第500页。

好义，则民莫敢不服；上好信，则民莫敢不用情。夫如是，则四方之
民襁负其子而至，焉用稼?"①

其实，这里记载的樊迟希望学习农作和园艺的学问，本身没有错。可是
孔子从社会分工的角度讥笑他是个没有出息的"小人"，实在太过分了。
大概因为樊迟对孔子学问的核心内容不够专注，所以没有取得显著成绩。
但因为毕竟是孔门弟子，也被后世朝廷追封为"樊伯"和"益都侯"等
谥号。

有子（前518年—?），姓有名若，字子有，鲁国人。出身情况文献缺
载。他身材高大，相貌堂堂，接近孔子的形象，加之学习和领会孔子思想
比较深刻到位，所以在孔子去世以后曾被孔门弟子推尊为"师"，代孔子
成为儒家学派的领袖。

有子继承孔子"学而不厌"的精神，刻苦学习孔子的理论和学说，
深得孔子思想的精髓。如将孔子的孝悌思想概括为"仁之本"：

> 有子曰："其为人也孝弟，而好犯上者，鲜矣；不好犯上，而好
> 作乱者，未之有也。君子务本，本立而道生。孝弟也者，其为仁之
> 本与!"②

这显然与孔子说的"君子笃于亲，则民兴于仁"③相契合。他的"和为贵"
的思想，也道出了孔子对于礼本质的理解：

> 有子曰："礼之用，和为贵。先王之道，斯为美，小大由之。有
> 所不行，知和而和，不以礼节之，亦不可行也。"④

---

① 《论语·子路》，《十三经注疏》，中华书局1982年版，第2506页。
② 《论语·学而》，《十三经注疏》，中华书局1982年版，第2457页。
③ 《论语·泰伯》，《十三经注疏》，中华书局1982年版，第2486页。
④ 《论语·学而》，《十三经注疏》，中华书局1982年版，第2458页。

因为礼规定了社会上各色人等的地位和角色，只要每个人都思不出位，完全遵循礼的规范行事，社会自然能够有序运行。有子特别重视孔子关于"言必信，行必果"的理念，也把信、义置于重要地位：

> 有子曰："信近于义，言可复也。恭近于礼，远耻辱也。因不失其亲，亦可宗也。"①

有子在政治思想上也钟情于孔子的"富民"意识，认定国富的基础在"民富"：

> 哀公问于有若曰："年饥，用不足，如之何？"有若对曰："盍彻乎？"曰："二吾犹不足，如之何其彻也？"对曰："百姓足，君孰与不足，百姓不足，君孰于足？"②

哀公说实行十分之二的税率我已经感到不足用，你还要我实行十分之一的税率，那怎么够用呢？而有若的意思是，百姓富裕了，税基就大了，看起来税率降低，但税收还是可以增加的。这一意识中蕴含着深刻的"民本"理念，所以十分可贵。有子也在一定程度上倾情于"无为而治"的道家思想，他对宓子贱治理单父达到的效果就非常赞赏，将其比喻为虞舜当年"歌《南风》之诗而天下治"的风范。正因为有子对孔子思想有着极其深刻的理解，所以对孔子更加佩服和崇拜，对孔子的颂扬也格外抢眼："麒麟之于走兽，凤凰之于飞鸟，太行之于土垤，河海之于行潦，类也。圣人之于民，亦类也。出于其类，拔乎其萃，自生民以来，未有盛于孔子也。"③ 在孔子之后，有子被推尊为儒家集团的掌门人，他应该是当之无愧的。有子被后世朝廷追封为"汴伯""平阴侯"等谥号。

---

① 《论语·学而》，《十三经注疏》，中华书局1982年版，第2458页。
② 《论语·颜渊》，《十三经注疏》，中华书局1982年版，第2503页。
③ 《孟子·公孙丑上》，《十三经注疏》，中华书局1982年版，第2686页。

公西赤（前509年—?），姓公西名赤，字子华，鲁国人。出身与履历均不详。从各种情势推断，他的家庭很可能属于士阶层。他曾被孔子委派出使齐国，其间冉有请求孔子给他母亲粮食补助，孔子答应给6斗4升，冉有却做主给了80石，惹得孔子很不满意，发了一通牢骚："赤之适齐也，乘肥马，衣轻裘。吾闻之也，君子周急不继富。"① 从公西赤的年龄推断，他出使齐国的时间只能在孔子返鲁以后。此时的孔子被尊为"国老"，冉有正做着季氏家的总管，他批给公西赤母亲的大宗粮食，很可能出自国库。除了这次极尽风光的出使之外，公西赤似乎再也没有多少可记载的活动。在孔门弟子中，他属于那种胸无大志的学生。当孔子让几个弟子各述自己的志向时，他说自己只想在诸侯或大夫祭祀和会盟时做个赞礼的司仪："非曰能之，愿学焉。宗庙之事，如会同，端章甫，愿为小相焉。"② 另外，有些文献记载，公西赤是个孝子，能够与双亲轻松自如地相处。他被后世朝廷追封为"邵伯""钜野侯"等谥号。

巫马施（前521年—?），姓巫马名施，字子期，亦称巫马期，鲁国人。出身和履历文献缺载，只知道他做过单父（今山东单县）宰。为官期间，他忠于职守，事必躬亲，"星出以星入，日夜不居"③，将单父治理得井井有条。巫马施还是一个忠于理想信念，不慕富贵，在义利面前坚持原则的人。《韩诗外传》卷二记载了他与子路的这样一个故事：

> 子路与巫马施薪于韫丘之下，陈之富人有处师氏者，脂车百乘，觞于韫丘之上。子路与巫马期曰："使子无疑忘子之所知，亦无进子之所能，得此富贵，终身无复见夫子，子之为乎？"巫马期喟然仰天而叹，翕然投镰于地，曰："吾尝闻诸夫子：'勇士不忘丧其元，志士仁人不忘在沟壑。'子不知予与？试予与？"子路心惭，负薪先归。④

① 《论语·雍也》，《十三经注疏》，中华书局1982年版，第2478页。
② 《论语·先进》，《十三经注疏》，中华书局1982年版，第2500页。
③ 许维遹：《吕氏春秋集释》，中华书局2016年版，第513页。
④ 《韩诗外传》卷二，电子版文渊阁四库全书。

如果这个故事是真实的，那只能发生在孔子周游列国时期。故事显示了子路与巫马期两人对富贵利禄的不同态度，基本上是符合他们的思想性格特征的。巫马期被后世朝廷追封为"鄪伯""东阿侯"等谥号。

　　除以上事迹相对较多的弟子外，还有见于记载的其他 40 个弟子，不过他们的事迹实在太简单了，这里就不再一一记述。总之，终生从事教育的孔子生前身后留下了一个庞大的弟子群，他们尽管思想理论水平不一，性格迥异，与孔子的关系也有亲疏之别，但他们绝大多数人都忠于孔子的理想，服膺儒家的理论学说，在弘扬和传播儒学、传承和发展中国传统文化方面，都做出了不同程度的贡献，他们不愧为中国思想文化天幕上闪烁的群星。

第二十五章 "鸣鼓而攻之"

孔子回到鲁国以后，首先碰到的一个棘手问题是季康子要在鲁国推行新的税收制度。正做着季氏总管的冉有一再请孔子就此事表态，希望孔子支持新税制，以便减少改革税制的阻力，由是引发了孔子与季康子、孔子与冉有之间的冲突。

孔子一贯坚持的政治原则是"强公室，抑私门"：在全国范围，增强周天子的力量和威望，抑制诸侯国的挟天子以称霸的行径；在各诸侯国，则是增强国君的力量和威望，抑制卿大夫的僭越和违礼之举，特别是反对"陪臣执国命"的犯上作乱的无视礼乐规则的狂悖之行。所以在他当上鲁国司寇并代理执政的时候，就毅然冒险发动了"堕三都"的军事行动，指挥鲁国国君和部分卿大夫的武装力量平毁三桓家臣盘踞的三座城堡。结果得罪了三桓这些权势之家，落得丢官去职，在鲁国没有存身之地，只得周游列国 14 年，尝遍了人间的辛酸。最后只是在得到执政季康子的允准后，他才结束了颠沛流离的生涯，返回故国。按理，孔子应该千方百计处理好与季氏的关系，尽量不要拂逆三家大夫的意志。然而，孔子是个宁要原则不要官位的人，他虽然对季康子盛情邀请自己回国不无感激之情，但在原则问题上，却不改初衷。这就使他与三家大夫无法和衷共济，彼此难以建立融洽的关系，因而冲突也就难以避免了。

鲁国的税制改革开始于鲁宣公十五年（前 594 年）的"初税亩"，办法是废除以前的"使民以藉"的助耕法，即劳役地租的形式，改为一律按田亩征税，税率大约是收获物的十分之一。鲁成公元年（前509年），又实行"作丘甲"，即以丘（方四里）为单位征收军赋。哀公十一年（前484年），季康子在前两次改革的基础上，准备实行新的税收制度，史称"用田赋"，征收收获物的十分之二，比原来差不多增加了近一倍的税额。因为孔子刚刚从国外返回鲁国，享受"国老"的待遇，具有很高的威望，所以季康子就让冉有征求他的意见，目的是利用孔子对他的感激之情，求得孔子对这个税收方案的赞同。只要孔子表示同意，季康子就可以上对鲁哀公，下对其他臣民陈述充分的理由。季康子满以为，有了在鲁国从政失败和周游列国14年经历的孔子，一定会圆滑地处理这个问题，即使内心不愿，也会投他的赞成票。然而，季康子的算盘打错了，孔子还是原来的孔子，他在原则面前丝毫不让步的秉性没有一点改变。他决不违心地同意任何自己不认同的举措，何况这种加重税收的举措是孔子历来深恶痛绝的呢！所以，当冉有兴冲冲地就这项税收改革措施征求孔子的意见时，孔子佯装以不了解情况为由拒绝表态。师徒之间有这样一段对话：

> 季孙欲以田赋，使冉有访诸仲尼。仲尼曰："丘不识也。"三发，卒曰："子为国老，待子而行，若之何子之不言也？"仲尼不对，而私于冉有曰："君子之行也，度于礼：施取其厚，事举其中，敛从其薄。如是，则以丘亦足矣。若不度于礼，而贪冒无厌，则虽以田赋，将又不足。且子季孙若欲行而法，则周公之典在；若欲苟而行，又何访焉？"①

这一记载说，冉有见孔子，连问三遍，一再恳求说："先生身为国老，德高望重，大家都等着您老表态，您老为什么不说话呢？"孔子仍然不表态。其实，孔子的不表态已经是最明确的表态了。鉴于以前同季氏家族不愉快的关系，刚刚回国的孔子不便以激烈的言论正面反对季康子的决策，不表

---

① 杨伯峻：《春秋左传注》，中华书局2009年版，第1667—1668页。

态本身也就是最明确的反对意见了。后来，孔子私下对冉有不客气地说："君子办事应该以礼作为标准，施舍要丰厚，办事要中正，赋敛要微薄。如果根据礼法办事，过去以丘为单位征收赋税也就可以了。如果不根据礼法办事，就是按田亩征收也难以满足贪得无厌的欲望。事情明摆着，季孙氏想按礼法办事的话，从前周公制定的典章制度俱在，何必问我？如果自己想怎么干就怎么干，就更没有必要来问我了。"显然，孔子根本不同意季康子的增税措施。因为不管他的理由多么充分，实际上都是增加百姓负担，这与孔子坚持的德治原则是相悖的。其实，孔子并不反对征收赋税，只是反对危及百姓生存和社会安定的过高税负。这种缓和矛盾、调和剥削者与被剥削者关系的思想是具有进步意义的。

孔子对冉有讲上面这番话的目的，自然是让他传话给季康子，希望季康子考虑自己的意见，不要实行新的税制。然而，季康子根本不把孔子的意见放在心上。第二年春天，他就宣布实行新的田税政策。这时，作为季氏家臣的冉有全力协助季康子推行这一政策，使季氏聚敛了大量财富，比鲁国国君都富有得多。孔子看在眼里，气在心头。他愤怒地对弟子们说："冉求不是我的门徒了，你们可以大张旗鼓地声讨他啊！"

应该承认，在孔子弟子中，冉有是具有卓越行政能力的干才。他讲求实际，善于独立思考，有很强的随机应变能力，在感情上也比较接近季氏等新兴势力，所以他能在季氏那里得到信任并做出显著成绩。也正因为如此，他必然与孔子的理想主义发生矛盾，冲突也就是不可避免的了。孔子对冉有在季氏推行新田赋政策中的表现非常恼火，因而号召弟子们大张旗鼓地声讨他。一向待弟子和蔼可亲、温暖如春的孔子，只有对冉有发过这么大的火，这说明他们之间的分歧实在不同寻常。冉有对孔子的态度也感到困惑和委屈。自己费了很大力气在季康子面前为老师疏通、申辩、说项，才使孔子昼思夜想的返国愿望得以实现。不意老师归来不久，就因增税问题将自己骂得狗血喷头。冉有满腹委屈地对孔子说："先生，不是学生不喜欢您的学说，而是我的能力实在不够呀！"孔子余怒未消地反驳说："能力不足的人是走到中途才停止，而你现在却是自动停止前进！"

　　不久，季康子又要去举行祭祀泰山的典礼，孔子知道以后很不高兴。季氏家族仗着自己富过鲁国国君的经济实力，再加上长期执政积累的政治资源，不时干出一些违礼之事。此前，季平子祭祀祖先时，就居然敢于使用天子的礼乐，"八佾舞于庭"，以八个行列的舞蹈队翩翩起舞。今天，季康子居然又要去祭祀泰山，而泰山可是只有周天子和诸侯国君才有资格祭祀的圣物啊！不久前，孔子虽然对冉有协助季氏推行新税制不以为然，愤激时甚至宣布他不是自己的弟子，但气消以后冷静下来，还是同冉有恢复往来，保持着师生之间的情谊。

　　孔子希望阻止季氏祭祀泰山的非礼行为，于是找来做季氏家臣的冉有，要求他想法劝诫季氏停止此次活动。他问冉有："你能劝阻此事吗？"大概冉有此时的立场已经站在季氏一边，再加上与孔子在季氏推行新田赋措施上的冲突还留在记忆中，于是毫无通融余地地拒绝了孔子的要求。孔子面对弟子的冷峻面孔，沉默有倾，失望地慨叹说："呜呼！难道泰山神还不如凡夫俗子林放知礼吗？"① 孔子对季康子的违礼之举实在是无可奈何了，他只能想象知礼的泰山神不会接受季康子违礼的祭祀而已。

　　孔子的晚年，一直处于矛盾惶遽状态。一方面，他的理想、修养和性格，使他绝对不能忘情于政治，对列国间发生的重大事件，特别是对鲁国出现的政治事件，不能不表示自己鲜明的态度；另一方面，他也明白，自己对政治的影响越来越微弱了，他只能眼睁睁地看着时代的航船向着他不愿意看到的方向驶去。他愤怒，迷惘，忧愁，悲叹，却又无可奈何，于是只能埋首于学问，遨游于古典，徜徉于春风，沐浴于沂水，流连于舞雩台，与大自然对话，听杨柳与秋阳絮语，看白云与山峦亲昵，希望在昏乱的政治之外找到心灵的寄托。然而，他又无法像老子或以后的庄子那样使自己在心灵上最大限度地超然物外，把自己置于历史的行程之外，因而只能在矛盾痛苦中走完自己生命的最后一段历程。

---

① 《论语·八佾》，《十三经注疏》，中华书局1982年版，第2466页。

第二十六章　失子之哀

孔子一生，尽管历经磨难，但总体上是事业绚丽辉煌：他从政时间虽然短暂，但官至大司寇，并且代理过执政。中都执法，夹谷折冲，勇堕三都，在鲁国政坛上留下了自己的印记。以后周游列国，与国君分庭抗礼，周旋于达官贵人之间，屡发宏论，慷慨陈词，道德文章蜚声于华夏大地。他创立儒家学派，整理六艺，专情教育，桃李遍天下，为中华民族思想文化的发展进步做出了别人无法替代的贡献。然而，孔子的个人生活又是十分不幸的。他幼年丧父，生身父亲未能给自己留下一点模糊的印象，甚至连父亲的墓地的方位都不知道。少年时期，当自己刚步入社会，年轻守寡、操劳一世、将全部生活的向往寄托于儿子身上的母亲又溘然长逝。她没有看到儿子的辉煌成功，没有享受儿孙绕膝的天伦之乐，她把一切贡献给了儿子，却没有从儿子那里获得涓埃回报。每逢想到这里，孔子就悲怆难耐，痛惜不已。

孔子19岁与亓官氏完婚，妻子是一个善良贤惠、任劳任怨，相夫教子，奉献一切的女性。正是由于妻子辛勤的操劳，孔子才能以全副精力从事政治活动和教育事业。后来，孔子周游列国14年，家庭的全部重担都压到妻子身上。可是，她操劳一世，最后也没有等到孔子归来，临终也未能见上丈夫一面。妻子是带着难以言说的不舍和永恒的遗憾离开人世的。

孔子返国以后，虽然痛惜妻子逝去，但看到儿子和怀有身孕的儿媳健在，心中稍稍得到一点儿安慰。特别是返回故国的第二年，即鲁哀公十二年（前483年），儿媳生下一个胖小子，老来得孙，使孔子简直是欣喜若狂了。他给孙子起名伋，字子思，将继承自己思想和学问的重任寄希望于这个孙子。祝愿他健康成长，承绍祖业，将自己的思想和事业发扬光大。不到一年，孙子开始牙牙学语，开始颤巍巍学步。每有闲暇，孔子总是与孙子一起，或拉手漫步中庭，或轻声絮话门厅，更多时候是紧紧抱住孙子，让自己的老脸与孙子那娇嫩的脸蛋贴在一起，仿佛要把自己的满腹学问都注入孙子的头脑中。这时，孙子也每每张开双臂，紧紧搂住祖父的脖子，欢声笑语，其乐融融。那至纯至洁的骨肉亲情令儿子儿媳感动得流出了泪水。一家人沉浸在天伦之乐中。

然而，这种天伦之乐孔子也没有享受多长时间，儿子孔鲤就在鲁哀公十三年（前482年），即他返回鲁国的第三年死去了。这一年，孔子70岁，孔鲤50岁。老来丧子，使孔子老泪纵横，悲痛欲绝，面对痛不欲生的儿媳和不解人世艰辛的孙儿，孔子深感对不起儿子，内疚之情让孔子几乎透不过气来。孔鲤是孔子唯一的儿子，他自幼温顺，善解人意，对父母孝顺，对妻儿体贴，对同辈友善。孔子虽然是个大教育家，一生教诲过成百上千的学生，但对自己的儿子与对其他学生一视同仁，从来不给予特殊照顾。由于资质一般，儿子在学问上没有什么成就，而孔子也没有利用自己的地位和影响为儿子谋取一官半职，因此儿子一直到死仍然是一个普通的士。而且，因为自己教学和行政事务繁忙，无暇顾及家事，全靠儿子协助他母亲操持家计。自己后来离家远行，周游列国，将儿子留下，与母亲共同操持这个清贫的家。由于操劳过度，儿子过早地白了头，一副未老先衰的样子，使他看了也觉得辛酸。不过，孔子怎么也没有想到，与自己相差20岁的儿子会先他而去。孔子内心总感到愧对儿子，认为自己在儿子身上也留下了永远难以弥补的遗憾。

孔子一生是个绝对守礼的人，对于儿子的葬礼，他也要求完全按照礼制的规定操办，有棺无椁，简朴而不失隆重地将儿子送进城北的墓地。有人建议以大夫的礼仪安葬孔鲤，被孔子坚决地拒绝了。倒不是孔子花不起这笔费用，更不是孔子对自己的儿子缺乏感情，而是他认为自己必须恪守礼制，对于自己坚守的信念在任何时候都不能动摇和变通。

孔鲤死后，孔子看着长得虎头虎脑满身灵气的孙子，悲喜交集，热泪盈眶。喜的是第三代有了男婴，他的香火可以延续下去；悲的是儿子早逝，看不到自己的儿子长大成人。而孔子自己也年过 70 岁，感觉身体一天不如一天，已经无力为亡子抚育遗孤成人了。不过，孔子虽然没有看到这个唯一的孙子长大成人，但这个孙子却没有辜负他的期望。孔伋的资质比乃父聪慧，祖父的遗传基因似乎更多地在他身上得到继承。孔伋后来成为著名的儒学大师，对孔子思想有着创新性的发展，成为儒学发展史上从孔子到孟子的桥梁。据传出自他名下的《中庸》一书，在宋代成为与《论语》《孟子》《大学》并列的四书之一，在战国时期和以后的历史上，他与孟子为代表形成的思孟学派产生了极其深远的影响。

孔鲤死后不久，孔子还没有从失子的悲痛中恢复过来，又遭到一连串的打击：他钟爱的弟子冉耕、颜渊和子路接连死去，他几乎要被这接踵而至的悲哀击倒了。

第二十七章　痛悼弟子

大概是孔鲤死后不久，孔子又得到冉耕病重的消息。冉耕是较早跟从孔子学习的弟子之一。他以德行优异著称，行为端庄正派。不论在大的仁德修养方面，还是在小的待人接物方面，他都能做得恰到好处。据有些史籍记述，孔子在担任鲁国大司寇期间，曾推荐冉耕做中都宰。后来的情况缺乏记载。从各种情势推断，他可能同颜渊一样，一直在清贫自守中读书，致力于学问，过着安贫乐道的生活。得到冉耕病重的消息，孔子的心情十分沉重，就决定亲自去看望这位弟子。有学生告诉他，冉耕的病是"恶疾"（大概是麻风病之类），这是一种令人恐惧和厌恶的传染病，一般人对这种病人都避之唯恐不及，先生就不必前去探视了。孔子听了，悲痛地说："我与伯牛师生一场，你们同伯牛同学一场。他临死前我们不能与他见上一面，会留下终生遗憾的。恶疾不恶疾，也就管不了那么多了。"那位学生又说："伯牛知道自己患的是恶疾，终日把自己关在屋里不出门，也拒绝见任何人，一日三餐都由别人送进去，如果先生前去，他更不会出来相见。"孔子摇摇头，满脸悲戚地说："我们前去，听听彼此说话的声音，对双方都是一种莫大的安慰，大家就跟我一起去为伯牛送行吧。"孔子一行来到冉耕居住的一座孤零零的茅屋，只见门窗紧闭，听不到任何声音。一个弟子上前敲门，大声说："伯牛，老师看你来了，快开门吧！"连连敲门，屋子里却一点声音也没有。孔子走上前，轻声说："伯牛，快开门，我们大家看你来了！"听到孔子那熟悉的声音，屋内传出了冉耕沙哑的哭声。接着，他悲悲切切地说："老师，我感谢您和同学们前来看我！可是，我患的是一种让人讨厌的病，我不想见任何人，这门我是不能开的！老师，我今生今世感谢您的教诲，在九泉之下也为您老人家祝福！"听到这里，孔子老泪横流，跟随的弟子们也都失声痛哭起来。孔子哽咽着说："伯牛，我不勉强你开门，但请你从窗子里把手伸出来，让我们师徒最后拉拉手好吗？"一阵窸窸窣窣的声音之后，窗子打开了，冉耕伸出了他骨瘦如柴的变了形的手。孔子从窗外紧紧握住冉耕的手，沉痛地说："要死了，这是命啊！这样的人竟患了这样的病，这样的人竟患了这样的病！"① 弟子们也都一一同冉耕拉了拉手。冉耕同孔子见面后不几天，就死去了。

　　鲁哀公十四年（前481年）春天，鲁哀公带领一大帮人到大野（今山东巨野一带）狩猎。叔孙氏家的小臣钮商猎到一只怪兽，谁也不认识，都以为不是吉祥之兆。回来请孔子辨识，孔子认定这是一只麒麟。他接着说了一句话："河不出图，洛不出书，吾已矣夫！"② 孔子认为，麒麟本是一种吉祥之兽，它的出现应该伴随着出现"河出图，洛出书"的吉祥之兆，可是这种吉兆却没有出现，孔子认定衰颓之世来临，自然发出无可奈何的慨叹。果然，令孔子伤心落泪的事情接连出现：就在前一年，孔鲤和冉耕死去，这一年，孔子最得意的门生颜回也死去了。颜回之死对孔子的打击简直超过失子之痛，使他陷入了极大的悲哀之中。

　　前面提到，颜回是孔子最中意的学生，也是跟随孔子时间最长的学生。颜回天资聪颖，读书勤奋，在孔门弟子中特别突出。他的性格比较内向，从不张扬自己。他跟孔子学习了一段时间之后，孔子既赞扬他的安贫乐道，又赞扬他的聪明好学："回也如愚；退而省其私，亦足以发，回也不愚。"意思是，我终日为颜回讲学，他从不提出什么问题，像是愚笨。但经过考察他私下的言行，却能够很好地阐发我所讲的道理，这说

---

① 　《论语·雍也》，《十三经注疏》，中华书局1982年版，第2478页。
② 　司马迁：《史记》卷四十七《孔子世家》，中华书局1959年版，第1942页。

明他一点也不笨。更进一步赞扬说："用之则行，舍之则藏，唯我与尔有是夫!"① 意思是，可行则行，可止则止，能够做到这一点的，只有我和颜回了。

善于辞令的子贡在孔门弟子中是一个具有突出聪明才智的人物，其外交才干堪称首选。可是，当孔子问他"你与颜回相比，谁更出色一些"的时候，他也坦率地回答："我怎么敢与颜回相比？颜回知道一件事，便能推知十件事，我知道一件事，只能推知两件事。"孔子也同意子贡的意见，说："我同意你的说法，你的确不如他，我与你都不如他。"② 颜回死后，有一次鲁哀公问孔子："你的弟子中谁最好学呢？"孔子回答："有颜回者好学，不迁怒，不贰过。不幸短命死矣，今也则亡。"③ 意思是，有一个叫颜回的人最好学，他不迁怒于人，也不重犯同样的错误，不幸短命死了。现在没有这样的人了。颜回一生虽然短暂，但从不懈怠，终日孜孜攻读，默默做事。他不慕富贵利禄，终生不做官，甘于寂寞，清贫自守，在读书中求得满足和快乐。所以孔子由衷地赞扬他说："颜回多么有修养呀！用一个竹器吃饭，一个瓢喝水，住在简陋的巷子里，别人都忍受不了这种困苦，颜回却不改变他的快乐。颜回是多么有修养呀!"④ 与好的品德相联系，颜回特别尊敬老师，对孔子几乎百顺百依，完全按照孔子的学说行事。既不说半句违背孔子意愿的话，更不做半点违背孔子意愿的事。他对孔子完全是亦步亦趋，形影不离，所以孔子说颜回对待自己就像儿子对待父亲一样。由于有颜回的榜样，其他弟子对孔子也更加亲近和尊重。正因为颜回一贯依照孔子的学说不断加强自己的道德修养，才被孔子誉为弟子中唯一能够做到"三个月不违背仁"的学生。颜回的思想和品格可能在一定程度上受到道家思想的影响，他做人低调，从不夸耀自己，一切顺乎自然，向往"无为而治"，希望出现一个君臣协和，百姓熙熙，无兵革之险，

① 司马迁：《史记》卷六十七《仲尼弟子列传》，中华书局1959年版，第2189页。
② 《论语·公冶长》，《十三经注疏》，中华书局1982年版，第2473页。
③ 司马迁：《史记》卷六十七《仲尼弟子列传》，中华书局1959年版，第2188页。
④ 《论语·雍也》，《十三经注疏》，中华书局1982年版，第2478页。

无天灾人祸之虞的美好社会。

正因为颜回是孔子最中意的弟子，所以他的死对孔子的打击特别厉害。听到颜回的死讯，孔子立即痛哭失声，边哭边说："老天爷要我的命呀！老天爷要我的命呀！"他亲率弟子们前去吊唁，哭得十分伤心，跟随的弟子劝他说："您太悲痛了，请注意身体。"孔子说："是太悲痛了吗？可是，我不为这个人悲痛，还为谁悲痛呢？"①显然，孔子把颜回视为自己学说最优秀的传人，他的死使孔子对自己的学说能否传下去信心不足，所以孔子对颜回的早逝特别悲恸。

尽管颜回的死使孔子悲痛欲绝，但他仍然保持着清醒的理智。由于家贫，颜回有棺无椁，而按照当时的礼制规定，国人身份的颜回也不宜用椁。所以，当颜回的父亲颜路请求孔子卖掉自己的车马为颜回置办椁时，孔子断然加以拒绝。这倒不是因为孔子当时穷到连一副椁也买不起的地步，也不是因为他对自己的学生绝情，而是因为他不能做违背礼制的事情。孔子在回答颜路的请求时说得比较委婉，只是拿自己儿子的葬仪类比，说："才不才，亦各言其子也。鲤也死，有棺而无椁。吾不可徒行以为之椁。以吾从大夫之后，吾以不可徒行。"②

意思是，不管有没有才华，都是自己的儿子呀。鲤儿死了，也是只有棺而无椁，我没有卖掉车子给他买椁。因为我曾经做过大夫，是不可以步行的。虽然买椁之事没有办成，但孔子的弟子们还是计议将颜回的葬礼办得隆重一些，因为这样做有违礼制，孔子坚决不认同。然而，弟子们大概出于同窗之谊，仍然以比较隆重的礼仪安葬了颜回。孔子对弟子们的做法很不高兴，无可奈何地说："回也视予犹父也，予不得视犹子也。非我也，傅二三子也。"③意思是，颜回视我如同父亲，我却未能视他如自己的儿子。唉，这不是我的过错，是那些弟子们干的呀。

虽然孔鲤、冉耕和颜回的接连去世猛烈撞击着孔子年老的心，给他

---

① 《论语·先进》，《十三经注疏》，中华书局 1982 年版，第 2498—2499 页。

② 《论语·先进》，《十三经注疏》，中华书局 1982 年版，第 2498 页。

③ 《论语·先进》，《十三经注疏》，中华书局 1982 年版，第 2499 页。

带来难以抑制的哀痛，但孔子仍然咬着牙坚持着，继续完成整理六艺的收尾工作，继续坚持正常的教学活动。第二年，哀公十五年（前480年），当孔子完成六艺的整理，准备好好休息一下的时候，传来了子路在卫国死于非命的噩耗。这一消息成为对孔子最后的致命一击，他的精神和体力再也无法恢复了。

子路显然是孔子弟子中个性鲜明、经历奇特的一个人物。他出身贫寒，或许是破落的国人，或许是刚刚挣脱枷锁的奴隶。他性情粗野，坦率豪爽，曾经毫不客气地对孔子动粗。但是，后来经过孔子的启发，诱导，教诲，他身上潜藏的才能被充分开发出来，很快成为孔门弟子中善于政事的干才。当孔子在鲁国政坛上迅速上升，由中都宰而司空，而小司寇，而大司寇的时候，子路也在鲁国政坛上崭露头角，当上了季孙氏的总管，在孔子策划的平毁三桓采邑城堡的军事行动中起了重要作用，展示了卓越的行政和军事才能。只是由于这一次军事行动功亏一篑，孔子被迫离开鲁国，开始了周游列国的漫长旅程。子路也自动去职，跟随孔子周游。14年中，始终跟定孔子的孔门弟子中，除了颜回，就是子路。特别是因为子路勇武过人，经常为孔子驾车，事实上成了孔子的保镖，使孔子的人身安全有了保证。当孔子在卫国逗留的时候，子路做了卫国贵族孔悝的蒲邑大夫，很好地为他治理这片封地。孔子返鲁时，子路也辞职同孔子一起回到鲁国。在孔门弟子中，子路最为勇武、果敢、直率、豪放，疾恶如仇，见义勇为，办事干脆利落，被孔子称赞为"片言可折狱"，即能只凭单方面的讼词就可以断狱的人才。他虽然对孔子由衷地敬佩，但与颜回事事顺从老师不同，遇有不同意见，也敢于直率地讲出来，有时甚至义形于色，使孔子也有点下不来台。如孔子见南子，他就将自己的不满径直表现出来，逼得孔子赌咒发誓表白自己。子路的行政管理才能特别突出，他任蒲邑大夫三年，就将那里治理得经济繁荣，社会安定，受到孔子的赞扬。子路具有忠于职守、信守承诺的优良品质。他尽管曾对孔子施暴，可一旦觉悟，就死心塌地地追随孔子，终生不再动摇。你看，周游列国途中，他时刻跟随，一步不离，为孔子排忧解难。孔子遇有危险，他总是挺身而出，以生命捍卫孔子的安全；孔子生病，他带头为之祈祷；陈、蔡绝粮，他想方设法为孔子找粮做饭。他的表现赢得了孔子高度的信任，说："道不行，乘桴浮于海，从我者，其由也。"①意思是，如果我的学说行不通，就乘个筏子到海外去，能随我而去的，大概就是仲由吧。子路为人诚实，直来直去，说到做到。既不会拐弯抹角，更不会花言巧语。对于已经承诺的事情，总是全力以赴，务期完成，从不拖延塞责。不过，子路一生也没有改掉粗率鲁莽的毛病。他办事往往率性而行，欠思量，不周密，有时容易出岔子。

大约在哀公十四年（前481年）前后，子路又回到卫国，继续担任蒲邑大夫。第二年，即惨死于卫国贵族的一场内乱中。当年闰十二月，卫国贵族内部发生一场争权夺利的斗争，子路服务的孔悝被劫持。子路得到消息，临危不惧，冒死犯难，勇敢地冲进帝丘孔悝的府邸去救援，结果被砍成了肉酱。《左传》较详细地记载了这事的经过：

> 闰月，良夫与大子入，舍于孔氏外圃。昏，二人蒙衣而乘，寺人罗御，如孔氏。孔氏之老栾宁问之，称姻妾以告，遂入，适伯姬氏。既食，孔伯姬杖戈而先，大子与五人介，舆猳从之。迫孔悝于厕，强盟之，遂劫以登台。栾宁将饮酒，炙未熟，闻乱，使告季子；召护驾乘车，行爵食炙，奉卫侯辄来奔。
>
> 季子将入，遇子羔将出，曰："门已闭矣。"季子曰："吾姑至焉。"子羔曰："弗及，不践其难！"季子曰："食焉，不辟其难。"子羔遂出，子路入。公孙敢门焉，曰："无人为也。"季子曰："是公孙也，求利焉，而逃其难。由不然，利其禄，必救其患。"有使者出，乃入，曰："大子焉用孔悝？虽杀之，必或继之。"且曰："大子无勇，若燔台，半，必舍孔叔。"大子闻之，惧，下石乞、盂黡敌子路，以戈击之，断缨。子路曰："君子死，冠不免。"结缨而死。孔了闻卫

---

① 《论语·公冶长》，《十三经注疏》，中华书局1982年版，第2473页。

> 乱，曰："柴也其来，由也死矣。"①

在卫国这起内乱中，孔悝被劫持，栾宁将此消息告诉子路。因为子路是管理孔悝采邑蒲邑的大夫，他认为自己有义务去解救主人，所以毅然奔赴帝丘孔悝府邸。在门口遇到同门子羔，子羔比较清醒，决定不介入。而子路却以"利其禄，必救其患"为由只身冲进去，结果被石乞、盂黡击杀。知徒莫如师，孔子得知卫国内乱的消息后，预言子羔会安然归来，而子路必死无疑。子路最后的举动固然显示出他忠于职守、信守承诺的品格，同时也显示了他粗率鲁莽的性格缺陷。卫国这次内乱是一出父子相残的闹剧，无是非可言，根本没有必要卷进去。可是，子路不仅卷了进去，而且以身殉了他的主人。尽管他临死前不忘记系好帽缨，死得英勇从容，气度不凡，实践了"士为知己者死"的道德信条，但他的死实在没有什么积极意义。

子路虽然性格奇异，与孔子的思想也有不尽一致的地方，并且还当面顶撞过孔子，但是，在一些大的原则问题上，他们师徒还能够保持一致，所以他们的师生关系总体上讲还是比较融洽的。表面上看起来，子路与颜回似乎绝然不同，其实二人恰恰成为一种互补的关系。由于孔子在理论和行动上都注重"和而不同"，在与他人和弟子们相处时颇有民主作风，因而与他们二人也都建立了生死不渝的师生关系，他们二人也成了孔子心心相印的左右手。所以当颜回死时，孔子大喊"老天爷要我的命！"子路的死讯传来时，孔子一面呼叫"老天爷断我的路"，一面命弟子在中庭摆上香案，郑重地对子路进行祭悼。面对子路的灵位，孔子痛哭失声，混浊的泪水潸然而下。弟子们受到感染，大放悲声，庭院中一片哭泣之声。得到消息的人不断前来吊唁。孔子向从卫国回来的人询问子路遇害的具体情况，来人叙述了子路义无反顾、慷慨赴死的悲壮情景，并说他当场被剁成了肉酱，惨不忍睹。孔子听到这里，再次泪落满怀，立即命人将食用的肉

---

① 杨伯峻：《春秋左传注》，中华书局 2009 年版，第 1694—1696 页。

酱倒掉了。他沉痛地说："我怎么能吃这种东西啊！"

　　一连串的白发人送黑发人的悲剧，使孔子突然感到自己异乎寻常地衰老了，几年前那种"发愤忘食，乐以忘忧，不知老之将至"的心态仿佛一夜之间消失得无影无踪。孔子陷入难以自抑的悲情与哀思：是的，该先我而去的双亲早早先我而去了；不该先我而去的儿子孔鲤、弟子冉耕、颜回、子路也都一一先我而去了，独独让风烛残年的我留在世上干什么呢？孔子四顾茫茫，胸中充满难以排遣的悲哀和凄凉，他的生命之火也快到油尽灯干的时候了。

第二十八章　哲人长逝

子路死后，孔子终日处于凄苦悲伤之中，时而昏睡，时而清醒。饭量锐减，有时一天还吃不下一顿饭。弟子们守着他，奉汤侍药，盼望老师重现昔日的康强和健旺。一天上午，弟子们看到他醒过来，大家都十分高兴。有人靠近他的耳边，轻声说："先生，您已经睡了五个多时辰，该吃点东西了吧？"孔子微微睁开眼睛，所答非所问："唉，我真是衰弱得厉害呀！好长时间没有梦见周公了。"弟子们有点打怵，轻声问："先生您梦见谁了？"孔子慢慢坐起来，睁开眼睛，喝了几口水，絮絮地说："这些日子，我梦见的人可多了，就是梦不见周公。我梦见了父亲，我记忆中模糊的父亲，他是那么高大英武，远远地向我发出慈祥的微笑。我梦见了母亲，她还是那么年轻、俊美，在宁静的夏夜里，坐在我的身旁，一边拍打蚊子，一边讲述那古老的故事。我梦见了鲤儿，他满脸凄苦，跪在我的面前，诉说着对我的怀念。唉，鲤儿这孩子，平常内向，感情不怎么外露，可梦中他对我说了那么多的话。我真对不住他，过去我给予他的关怀实在太少了。我梦见了伯牛，他站得远远的，深情地望着我。他的样子可怕极了：眉毛脱光了，面色紫黑，我想靠近他，他不让，步步后退。他说对不起我，没能为我送终。他是多么好的一个人呀！我现在才明白，我们去看他时他为什么不让同他见面，他是怕我们看了他的样子难过呀！我梦见了子渊，他还是那么温顺平和，谦虚好学。他微笑着，专心致志地听我讲课，小心翼翼地侍奉我的起居。我说：'子渊，你该离开我自立了。'他说：'不，我伺候您一辈子，老师的学问今生今世也学不完呀。'我还梦见了子路，他还是那么勇武刚强，一诺千金，办起事来风风火火。……这是一些多么好的人呀！我大概快要随他们而去了。"孔子越说越激动，越说越来精神，思维敏捷，口齿清晰流利。几个弟子痴呆呆地看着他，一个个困惑不解，不知所措。待孔子讲话告一段落，一个弟子赶紧递上一杯水，劝慰说："先生说话太多了，请您休息一下，是否吃点东西？"孔子一反常态，似乎毫无倦意。他又喝了几口水，以命令的口吻对弟子们说："今天我感觉精神很好，你们赶快把其他学生都召来，我要给你们再讲一次课。唉，这些天，由于我精力不济，耽误了不少你们的功课，我还真有点过意不去呢！"

弟子们悄无声息地进入孔子的卧室，在他周围坐下来。听到老师又要讲课，他们心中既感激又难过。先生病成这个样子，还时刻惦念着学生，这是怎样的境界啊！孔子看到学生都到齐了，就咳嗽两声，慢慢地说："我今天再给大家讲一次课，这可能是最后一次课了。"说到这里，他稍稍提高了声音说："但愿这不是最后一次课。这次课，我要给你们讲讲我的经历、我的思想和我的愿望。我十五岁便立志于学问，三十岁就独立地立身处世了。四十岁不再困惑，五十岁知道天命，六十岁明辨是非，七十岁便随心所欲，但却不超越礼法的规矩。我一生立志救世，希望改变礼崩乐坏的局面。我提出的救世理论，其核心是仁和礼。我要求执政者讲仁，加强自身的道德修养，成为仁民爱物的君子，一切都在礼制的规范内活动。我要求百姓讲仁懂礼，努力劳作，服从长官，不要犯上作乱。执政者与百姓和睦相处，天下不就太平了么！我四处宣传我的学说和理想，希望国君和卿大夫们接受并认真实行。我也想做官，因为只有做了官，才能更好地推行自己的主张，实践自己的理论。我一生致力于教育，聚徒讲学，有教无类，目的是使更多的青少年获得文化知识，懂得我这套理论和学说，使我的理想得到更广泛的传播和推行。至今，我对自己的这套理论和学说仍然坚信不疑。不过，由于世上对这套理论和学说真正理解、坚信并且努力实行的人实在太少了，我碰到的冷眼又太多了，所以收效不大。

不过，我相信，终有一天，普天下的人都会理解我的理想，熟悉我的学说，认识我的价值!"说到这里，孔子停顿了一下，目光扫了一遍专心听讲的弟子们，接着说:"我一生最自豪的是我创办了私学，教育出来成百上千的有才干的弟子。我创立了儒家学派，吸引了众多的有识之士。我整理了'六艺'，为后人留下了具有永恒价值的典籍。我的最大愿望是，我的弟子们能够把我的学说传下去，使我的理想能够变成现实。"讲完最后一句话，孔子仿佛完成了一项重要的使命，顿觉浑身乏力，再也支持不住了，于是颓然倒下，又陷入昏迷之中。

听课的弟子们见孔子躺在卧榻上安详地入睡，都流着泪轻轻地退了出去。他们都明白，这是孔子最后一次给他们讲课，也是他老人家留下的遗嘱。

此后，孔子的身体状况一天不如一天，弟子们都意识到，老师将不久于人世，他们与老师最后告别的日子就要到来了。

这天早晨，孔子起得很早。他拄着手杖，慢慢走到门外，扶杖而立。他一面深深地呼吸着早春树木花草透出的沁人的芳香，一面向荷耡而过的农夫点头致意。他眺望着远方，用手杖轻轻地打着节拍，以沙哑苍老的嗓音唱出一支他熟悉的歌:

> 泰山其颓乎!（泰山要崩塌了呀!）
> 梁木其坏乎!（梁木要毁坏了呀!）
> 哲人其萎乎!（哲人要凋零了呀!）①

唱完以后，孔子回到室内，对着屋门坐下。可能想到自己将不久于人世，顿时泪如泉涌。得知老师病重的子贡这时恰巧从外地赶来，远远地就听到孔子在唱歌。听着这悲凉的歌声，子贡的心一阵紧缩。他一溜小跑来到孔子面前，见泪流满面的孔子正陷入沉思。子贡哽咽着说:"老师，弟子看

---

① 《礼记》卷七《檀弓上》，电子版文渊阁四库全书。

您来了！"孔子见到子贡，立即抹去泪水，脸上露出欣慰的笑容，高兴也带点责怪地说："这些日子我一直很想你，你怎么来得这么慢呀？"因为除去死去的颜回和子路之外，子贡就是他最中意的学生了。而且，由于子贡一直从事商贸活动，是弟子中最富裕的，孔子晚年的衣食无虞，子贡的接济起了至关重要的作用。因而，孔子对子贡也有着特殊的感情。子贡坐到孔子身边，赔罪似地说："那边生意上的事情太多，我要有个交代，再加上途中耽搁了几天，就来晚了。让老师记挂，我很愧疚。"接着，子贡转换话题，说："老师刚才唱的歌，让弟子听了难过。如果泰山崩了，我们还仰望什么？如果梁木坏了，我们还依仗什么？如果哲人凋落了，我们还效法谁呢？您老人家病得不轻吧？"孔子平静地说："天下偏离正道已经很久了，没有一个执政者信奉我的学说。这些天我老是梦见死去的人，大概我要到他们中间去了吧？有一次，我还梦见自己坐在厅堂的两楹（两个柱子）之间，两楹是殷人死后停放灵柩的位置。这也是我快要死去的征兆吧？我死之后，就把我的灵柩停放在两楹吧！"① 子贡呜咽着点头答应，又安慰了孔子几句，看着孔子安然入睡以后，就悄悄离开了他的卧室，去与孔子的家人和弟子们计议安排老人家的后事了。

此后几天，孔子一直处于昏睡状态。二月十日上午，孔子醒过来，喝了几口汤，命人送来他修订过的简册，全神贯注地看起来，显得那么专注，那么投入。弟子们都很高兴，以为孔子的身体也可能奇迹般地好起来，躲过一劫。直到晚上，孔子一直在阅读简册。子贡和家人都劝他睡眠，他说自己感觉良好，要大家放心休息。

第二天黎明②，在雄鸡此起彼伏的啼叫声中，弟子和家人发现孔子卧室的灯还亮着。他们赶忙走进去，只见端坐几案前的孔子已经停止了呼吸。他的右手还抚握着简册，面前的灯依然散发着青青幽幽的光。

弟子与家人共同策划，为孔子举行了一个庄重而简朴的葬礼。弟子

① 《礼记》卷七《檀弓上》，电子版文渊阁四库全书。
② 《史记·孔子世家》记载的孔子逝世的时间是周历四月己丑，换算成夏历为二月二十一日。

们都像儿子对待父亲一样为孔子尽孝、守灵。鲁国的政府官员、贵族和平民川流不息地前来吊唁，哭声震荡着鲁国的都城。鲁哀公也在官员的陪同下前来吊唁，并送上精心撰写的悼词："旻天不吊，不慭遗一老。俾屏余一人以在位，茕茕余在疚。呜呼哀哉！尼父毋自律！"[1] 意思是，皇天没有怜悯之心，不肯暂时留下这位国老，以保障我的君位，使我孤孤单单地忧愤成疾。呜呼哀哉！尼父，您的辞世使我失去了效法的榜样！应该说，鲁哀公对孔子的悲悼还是真切而深沉的，因为他明白，孔子的一生都心向国君，并衷心期望国君从卿大夫那里夺回那本来属于自己的权力。对于哀公的悼词，子贡却有点不以为然，他说："君其不没于鲁乎！夫子之言曰：'礼失则昏，名失则愆。失志为昏，失所为愆。'生不能用，死而诔之，非礼也。称'余一人'，非名也。"[2] 这里子贡对鲁哀公不能重用孔子依然耿耿于怀，认为既然生前不能重用，死后再献上如此的悼词，就有点假惺惺了。况且，鲁哀公作为一个诸侯国君，也不应该使用只有周天子才能用的称谓"余一人"，说明他是一个又"昏"又"愆"的国君。子贡对鲁哀公的批评似乎有点强人所难：因为鲁哀公不过是三桓的一个傀儡，用不用孔子，权在三桓而不在哀公。并且，因为周天子早就允准鲁国施行周王室的礼乐，鲁哀公称"余一人"也不算违礼。

吊唁结束以后，弟子和家人簇拥着灵车把孔子的灵柩送到鲁城之北、洙水之阳的墓地，将他安葬在距孔鲤之墓北边约两丈之遥的地方。遵照孔子的遗愿，墓室不放殉葬品，坟墓堆土筑成偃斧形。安葬以后，弟子们在墓旁筑室而居，为老师守孝三年。同时在墓地陆续栽种许多松柏和其他各种珍贵名木，以寄托自己的思念之情。三年服满，弟子们相约归去。临行前，又举行了一次祭奠仪式，大家相向而哭，向自己崇敬的老师告别。只有子贡自愿留下来，继续守墓三年，以弥补自己在孔子病逝前迟到的遗憾。

---

① 司马迁：《史记》卷四十七《孔子世家》，中华书局 1959 年版，第 1945 页。
② 司马迁：《史记》卷四十七《孔子世家》，中华书局 1959 年版，第 1945 页。

一代哲人，卓越的政治家、深邃的思想家和伟大的教育家孔子，走完了他 73 年不平凡的生命历程，永远长眠在洙水河畔的土地上，长期伴随他的是儿子孔鲤、孙子子思和多达 80 余代的后世子孙，更有那长年不断的潺潺流水、春花秋月以及四季长鸣的不尽松涛。

第二十九章　天人合一

下面的篇章，将集中论述孔子的思想和理论。

首先，论述他的天道观，即天人合一的理论，兼及他的鬼神观念。

天地鬼神的观念，从人类进入原始社会以来，一直伴随着人类发展的历史。虽然它的领域不断被无神论所占有而逐步缩小，但是，直到今天，还看不到它彻底退出历史舞台的前景。由于未知的领域无限之大，天地鬼神的观念也许会永远存在于人类的意识之中。在夏、商时期的中国，天地鬼神观念几乎主宰了所有人的头脑。人们真诚地相信有一个最高主宰的"帝"居住在浩渺无际的太空，经天管地，呼风唤雨，明察秋毫，赏善伐恶，指挥着自然界和人类社会的运行。因此，当时的统治者认定"国之大事，在祀与戎"①，即国家最大的事情有两个，一个是祭祀上帝鬼神祖先，一个是进行征战攻伐。所以，能够沟通人与天地、鬼神和祖先关系的官吏巫、祝、卜、史等就具有很高的地位。统治者无论遇到什么事情，都要占卜一番，判断吉凶祸福。当周武王指挥的诸侯联军在牧野（今河南淇县南）大败商朝军队，国都朝歌（今河南安阳）危在旦夕、商纣王死到临头时，他还大呼小叫地胡吹自己从天受命为王，上帝会保佑他渡过难关。不过，西周建立以后，周公从商朝灭亡的事实中开始怀疑天命的可信程度，提出了"敬天保民"和"皇天无亲，唯德是辅"的理念，认定统治者

---

① 杨伯峻：《春秋左传注》，中华书局 2009 年版，第 861 页。

能否保住自己的政权，关键在于统治者有没有德，能不能得到老百姓的拥护，所以在《诗经》中的《周诗》中才出现"天命靡常"的浩叹，认为只有德行高尚的人才能得到上帝的佑护和辅佐。不过，他们并未正面否定天帝鬼神的存在。

春秋时期，随着周王室的衰微，上帝的权威也进一步没落。当时不少进步的思想家尽管还没有从正面否认天帝鬼神的存在，但却肯定人在很大程度上能够主宰自己的命运。同时，由于生产力的发展和科学的进步，人们对某些自然规律和人的主观能动性已经有所认识。正是在这样的时代氛围里，孔子提出了自己具有进步意义的天道观，即天人合一论。一方面，孔子并不否认天作为人格神的存在，认定天是具有赏善伐恶权威的上帝：

> 子曰："不然，获罪于天，无所祷也。"①

> 子见南子，子路不说。夫子矢之曰："予所否者，天厌之！天厌之！"②

> 子曰："天生德于予，桓魋其如予何？"③

> 颜渊死。子曰："噫！天丧予！天丧予！"④

显然，在孔子看来，昊天上帝还是具有左右人类命运的权威和功能，孔子还不能或者说不敢正面否定天作为至上神的存在，仍然赋予它君临天下、赏善伐恶的功能。另一方面，他又赋予天以类似自然界的属性，使之具有

---

① 《论语·八佾》，《十三经注疏》，中华书局1982年版，第2476页。
② 《论语·雍也》，《十三经注疏》，中华书局1982年版，第2479页。
③ 《论语·述而》，《十三经注疏》，中华书局1982年版，第2483页。
④ 《论语·先进》，《十三经注疏》，中华书局1982年版，第2498页。

某些自然法则或事物规律的含义：

> 子曰："予欲无言。"子贡曰："子如不言，则小子何述焉？"子
> 曰："天何言哉？四时行焉，百物生焉，天何言哉？"①

这里，孔子在回答子贡的提问时说，天虽然什么也没说，但四季照样运行，万物照样生长，意思是天并不干预自然界的发展变化，四季和万物都是按照自己固有的规律自然而然地运行的。这显然是受了老子"天道无为"思想的影响与启发。孔子进而认为，每一种事物都有自己的发展变化规律，而这种规律是可以认识的。孟子说："'天生蒸民，有物有则，民之秉彝，好是懿德。'孔子曰：'为此诗者，其知道乎！故有物必有则；民之秉彝也，故好是懿德。'"② 这四句诗出自《大雅·烝民》，意思是，天生育众民，每一种事物都有它自己的规律。百姓把握了那些不变的规律，于是喜爱优良的品德，而孔子认定这诗的作者是懂得"道"的。

与"天"相联系，孔子多次论及"命"的问题。子夏曾说，"商闻之矣：'死生有命，富贵在天。'"③ 他显然是从孔子那里听来的。孔子还说过："道之将行也与，命也；道之将废也与，命也。"④ 这里，孔子赋予"命"一种客观必然性的含义，认为人在它面前是无能为力的。总括孔子对天和命的看法，似可肯定，他基本上继承了周公的思想而有所发展。他还没有否定天的人格神属性，把天命认定为不可抗拒的必然性，保留了天对人类社会的权威把控。但同时，他又极力弘扬人的主观能动性的发挥，"知其不可而为之"⑤，"尽人力而听天命"，"仁远乎哉？我欲仁，斯仁至矣。"⑥ 力图在天命与人为之间找到一个平衡点，从而达到天人合一。看起来，孔子的

---

① 《论语·阳货》，《十三经注疏》，中华书局 1982 年版，第 2526 页。
② 《孟子·告子上》，《十三经注疏》，中华书局 1982 年版，第 2749 页。
③ 《论语·颜渊》，《十三经注疏》，中华书局 1982 年版，第 2503 页。
④ 《论语·宪问》，《十三经注疏》，中华书局 1982 年版，第 2513 页。
⑤ 《论语·宪问》，《十三经注疏》，中华书局 1982 年版，第 2513 页。
⑥ 《论语·述而》，《十三经注疏》，中华书局 1982 年版，第 2483 页。

天人合一论，还没有挣脱天对人事的掌控，人在很大程度上还是被合到天那里去了。

　　与天人合一论相联系，还应该考查孔子的鬼神观。在这方面，孔子讲了不少话：

> 子曰："非其鬼而祭之，谄也。"①

> 祭如在，祭神如神在。子曰："吾不与祭，如不祭。"②

> 樊迟问知，子曰："务民之义，敬鬼神而远之，可谓知矣。"③

> 子不语：怪、力、乱、神。④

> 季路问事鬼神。子曰："未能事人，焉能事鬼？"曰："敢问死？"曰："未知生，焉知死？"⑤

以上资料展示的孔子关于鬼神的观点，大体上与他的天命观相接近。由于时代条件的制约，特别是由于孔子本人对孝悌的重视，他也不能正面否定鬼神尤其是祖宗之灵的存在。之所以如此，一方面是因为当时他的前辈和同辈都还没有推出彻底的无神论观念，他没有任何无神论的思想资源可以借鉴；另一方面，孔子又从现实中体会到，所谓鬼神对人事的干预并不明显，也找不到确切的例证，事业的成功在很大程度上靠的是人的主观努力。所以，他对鬼神就采取一种似有若无的模糊态度。在孔子看来，那是

---

① 《论语·为政》，《十三经注疏》，中华书局1982年版，第2463页。
② 《论语·八佾》，《十三经注疏》，中华书局1982年版，第2467页。
③ 《论语·雍也》，《十三经注疏》，中华书局1982年版，第2479页。
④ 《论语·述而》，《十三经注疏》，中华书局1982年版，第2483页。
⑤ 《论语·先进》，《十三经注疏》，中华书局1982年版，第2499页。

一个未知的领域，以现有的知识和经验，肯定其有或无都不是能够说得清楚的。因此，倒不如采取回避的态度，将人们的注意力引导到政事、教育和人自身道德和能力的培养上。由此出发，只要别人不提出疑问，孔子自己从来不主动谈论鬼神和怪异的问题。即使弟子们提出鬼神问题，他也不作肯定或否定的回答。他的基本态度是：应该敬畏天帝和祖宗的神灵，在祭祀的时候，你就要怀着一颗虔诚的心，就当天帝和祖宗的神灵在接受你的祭祀和礼敬。一次，子路请教怎样侍奉鬼神，孔子回答说，人还未侍奉好，怎么能谈得上侍奉鬼神呢？子路又问：死是怎么回事呢？孔子回答说，活着的事情有许多你还不清楚，何以谈论死呢？《说苑·辨物》还记载了这样一则故事：

> 子贡问孔子："死人有知无知也？"孔子曰："吾欲言死者有知也，恐孝子顺孙妨生以送死也；欲言无知，恐不孝子孙弃不葬也。赐，欲知死人有知将无知也，死，徐自知之，犹未晚也。"①

这则故事记述：子贡问孔子人死以后究竟有知觉还是无知觉？这就涉及到人死后究竟有没有灵魂的问题。孔子回答说："我如果说人死后有知觉，就会使孝子顺孙为死去的父母过度操办，从而影响他们日后的生计。如果说死后无知觉，又怕一些不肖子孙扔下死去的父母不葬。赐呀，你要想知道人死后有知还是无知，到你自己死的时候就知道了，那时也不算晚啊。"孔子幽默风趣的回答，其实反映了他在这个问题上的两难选择。出于对当时礼仪的考虑，更为了保持子女对父母崇敬思念的感情，孔子自然不能否认鬼神的存在。但是，对于这个他自己没有把握的问题，他又不好正面肯定鬼神的存在，所以只好以有点幽默的言辞让人们自己去体会他的深意。不过，由于孔子对周礼的执着和对传统的偏爱，他更多地要求人们对上天和祖宗的亡灵保持敬畏虔诚之心，通过祭祀求得自己心理的安慰与平衡。

---

① 刘向：《说苑》卷十八，电子版文渊阁四库全书。

所以他说，祭祀祖先，就如同祖先真的在前面；祭祀神灵，就如同神灵真的在前面。还说，如果我不参与祭祀，便如同不祭祀一样。

孔子对待天命鬼神的观点，显示了他理性主义的光辉，在当时的意识形态领域可以说是比较进步的思想。尽管他还没有正面得出无神论的结论，而这却不能构成谴责孔子的理由。因为在春秋时期，即使最进步的思想家也没有达到无神论的水平，所以就没有必要苛求孔子。应该指出的是，在中国无神论思想发展史上，孔子的思想成为一个重要的节点，他展示的怀疑精神和理性探索，构筑了通向无神论的桥梁。后来，中国几个著名的无神论思想家荀子、王充和范缜，无不受到孔子思想的启迪，从他那里汲取了营养。

孔子的天人合一论和鬼神观，是儒家思想的精华之一。它不仅影响了儒家学派的非宗教化倾向，而且使以儒家思想为核心的中国传统文化始终保持着清醒的理性主义和人文主义，从而使宗教势力在我国政治和社会生活中始终占不了主导地位。孔子的天人合一论和天命鬼神观也深深影响了中国人的人生观念，"敬鬼神而远之"，把主要精力放在对人世的关注，充分发挥人的主观能动性，以不懈的奋斗去争取人生的灿烂辉煌。

第三十章　仁礼互补

孔子是儒家学派的创始人，他创建的儒家思想经过后学的不断创新和完善，成为中国古代社会传统思想文化的核心，被历代统治者钦定为官方主流意识形态，在他之后两千多年的漫长岁月里，它作为主流意识形态的地位一直安如磐石，没有任何力量能够撼动。鲁昭公二十七年（前515年），在经过一年有余的齐国之行以后，孔子与弟子们又一起回到鲁国。在齐国一年的经历，使他清醒了许多：有着宏远理想、超人才智和高尚品格的人，并不一定能够得到当权者的赏识，他从政的理想也不一定能够实现。回到鲁国以后，孔子看到国内形势仍不平静：被赶出鲁国的鲁昭公有国难回，继续客居晋国。季、孟、叔三家大夫把持国政，贵族内部勾心斗角。孔子实在不愿意卷入那些无是非可言的政治漩涡中，于是决心继续从事教育，同时认真读书研究，总结历史经验，探索挽救时局的理论和道路。从公元前515年到前502年，14年间，孔子拒绝仕进，过着清贫自守的生活。一面教导弟子，一面上下求索，从"四十而不惑"到"五十而知天命"，孔子走向成熟，创建了自己的思想理论体系。

在学术界，孔子思想的核心问题一直是争论不休的焦点之一。多数学者认定孔子思想的核心是"仁"，也有学者认定是"礼"。① 我们认为，

---

① 冯友兰是认定孔子思想核心为"仁"的代表，侯外庐是认定孔子思想核心为"礼"的代表。

孔子思想理论上的最大成就，就是用"仁"对传统的"礼"进行改造，创立了核心为"仁礼互补"的思想理论体系。

"仁"字在孔子以前的文献中已经出现，是一个从亲亲、尊尊引申出来的爱有等差的道德观念。孔子"仁"的理论，继承、丰富和发展了此前"仁"的内涵和外延。在孔子那里，"仁"是使用频率最高的概念之一。在《论语》中"仁"出现了100多次，在何晏、皇侃编著的《论语集解义疏》中，"仁"出现了175次。"仁"几乎涵盖了孔子的政治、经济、社会和伦理思想的全部内容。

"仁"在孔子的学说中，首先具有伦理的意义，是仅次于"圣"的最高伦理境界。其核心意义是"爱人"：

> 樊迟问仁，子曰："爱人。"①

> 仲弓问仁，子曰："出门如见大宾，使民如承大祭。己所不欲，勿施于人。在邦无怨，在家无怨。"②

> 子贡曰："如有博施于民而能济众，何如？可谓仁乎？"子曰："何事于仁！必也圣乎！尧、舜其犹病诸！夫仁者，己欲立而立人，己欲达而达人。能近取譬，可谓仁之方也已。"③

这些记载，概括出孔子对"仁"的经典表述：仁者爱人；己所不欲，勿施于人；己欲立而立人，己欲达而达人。春秋时期的五个半世纪，是中国奴隶社会向封建社会的过渡时期。伴随着奴隶的解放和各种社会关系的调整，人的价值和尊严越来越受到一些先进思想家的重视。因此，有的学者甚至认为春秋是中国思想界发现"人"的时代。孔子顺应这一历史潮流，

---

① 《论语·颜渊》，《十三经注疏》，中华书局1982年版，第2504页。

② 《论语·颜渊》，《十三经注疏》，中华书局1982年版，第2502页。

③ 《论语·雍也》，《十三经注疏》，中华书局1982年版，第2479页。

首先赋予"仁"以普遍人类之爱的形式。所以樊迟问他什么是"仁"的时候，他只回答两个字"爱人"，而这个"人"是泛指社会上不分等级贵贱贫富的所有人，包括处于社会最下层的奴隶。从"仁者爱人"出发，孔子坚决反对三代以来一直实行的人殉人祭的野蛮习俗，为此，他甚至反对以木俑陶俑殉葬，说："始作俑者，其无后乎！为其象人而用之也。"① 诅咒第一个造作木俑陶俑殉葬的人应该断子绝孙。虽然木俑陶俑不是真人，可就是因为它们像人，也不应该用其殉葬。当然，对所有人都爱，事实上是做不到的，而孔子讲的爱人实际上也是"爱有等差"的，但他首先认定所有人都应该得到"爱"，这一提法本身所包含的人道主义精神却是不容忽视的。对于如何实践"仁"的理想，孔子回答子贡的问题时说："仁人是这样的人：要想自己站得住，同时也要使别人站得住；自己想达到的，同时也要使别人达到。"在回答仲弓的问话时他又说："自己所不愿意的，不要强加给别人。"这样，"仁"又成为孔子处理人际关系的准则，即所有人都从爱人的原则出发对待他人。从积极方面讲，要帮助别人立起来和发达起来；从消极方面讲，是不要把自己厌恶的东西强加给别人。在"以阶级斗争为纲"的年代，特别是在"批林批孔"时期，孔子"仁"的思想曾经遭到猛烈的批判。那些论者认定，根据阶级斗争的理论，对待异己者严格遵循的原则应该是"己所不欲，必施于人"。这种煽动人间仇恨的思想对于建设和谐社会是极端有害的。

表面上看，孔子"仁"的思想超出了"亲亲尊尊"的旧观念，但实际上，他的"爱人"仍然是从亲亲尊尊引申出来的，所以他特别强调孝悌是"仁"的根本："弟子入则孝，出则弟，谨而信，泛爱众，而亲仁，行有余力，则以学文。"② 意思是，后生少年，在家要孝顺父母，出门要顺从兄长，为人谨慎而讲信用，博爱大众，亲近有仁德的人。对孔子思想心领神会的有若更明确地说："其为人也孝弟，而好犯上者，鲜矣；不好犯

---

① 《孟子·梁惠王上》，《十三经注疏》，中华书局 1982 年版，第 2667 页。
② 《论语·学而》，《十三经注疏》，中华书局 1982 年版，第 2458 页。

上，而好作乱者，未之有也。君子务本，本立而道生。孝弟也者，其为仁之本与！"① 意思是，孝顺父母、尊敬兄长的人，很少有冒犯上级的，不好冒犯上级而好造反的人是没有的。君子要致力于根本，根本确立了道便会产生。孝悌就是仁的根本。尽管孝悌反映的是父子兄弟之间的伦理亲情，但在孔子看来，它却是培养"仁"的土壤。很难想象，一个连父母兄长都不爱的人能去爱别人。所以，当他的学生宰予提出改革三年守孝为一年守孝时，孔子非常反感，认为子女出生三年才能离开父母的怀抱，为父母守孝三年是天下通行的丧礼，难道宰予没有在父母的怀抱里得到三年的爱抚吗？孔子将孝悌看作"仁"的根本，反映了他对周礼所体现的传统道德观念的钟爱和继承。"仁者爱人"正是孝悌亲情的延伸与逻辑推衍。在他看来，二者是互为前提，一点矛盾也没有。那么，孝顺父母的子女应该承担哪些义务呢？孔子认为，这首先体现在对父母的养和敬："生，事之以礼；死，葬之以礼，祭之以礼。""今之孝者，是谓能养。至于犬马，皆能有养。不敬，何以别乎？"② 其次是顺从父母的意愿，"三年无改于父之道"，就是父母错了，也要和颜悦色地提出意见，他们不听，也不必勉强："事父母几谏。见志不从，又敬不违，劳而不怨。"③ 孔子明白孝悌伦理是维护家庭和睦的准则，而恰恰是家庭和睦构成社会和谐的基础。并且，孝悌伦理的推衍就是忠君爱国，因而后世以"求忠臣于孝子之门"把二者紧密联系在一起。

"仁"作为一种伦理观念几乎包涵了当时伦理的所有内容。孔子在与弟子们的谈论中，多次从不同的角度和不同的侧面，对"仁"进行论述。在他看来，除孝悌外，"仁"也包括刻苦读书，追求学问："博学而笃志，切问而近思，仁在其中矣。"④ 又包括刚毅、勇敢和为真理而不惜牺牲自己

---

① 《论语·学而》，《十三经注疏》，中华书局 1982 年版，第 2457 页。
② 《论语·为政》，《十三经注疏》，中华书局 1982 年版，第 2462 页。
③ 《论语·里仁》，《十三经注疏》，中华书局 1982 年版，第 2471 页。
④ 《论语·子张》，《十三经注疏》，中华书局 1982 年版，第 2532 页。

生命的无畏胆识："刚、毅、木、讷，近仁。"① "有德者必有言，有言者不必有德。仁者必有勇，勇者不必有仁。"② "志士仁人，无求生以害人，有杀身以成仁。"③ 而"杀身成仁，舍生取义"就成为孔子和后世志士仁人心目中最高的道德实践。在回答子张的请教时，他提出"仁"者必须具备"恭、宽、信、敏、惠"五种品德：

> 子张问仁于孔子，孔子曰："能行五者于天下，为仁矣。""请问之。"曰："恭、宽、信、敏、惠。恭则不侮，宽则得众，信则人任焉，敏则有功，惠则足以使人。"④

这里，孔子认定，一个人能够有庄重、宽厚、信诚、奋勉、慈惠五种品德并将其推行到实践中，就达到了"仁"的境界。他还进一步解释说，庄重就不致遭受侮辱，宽厚就能得到众人的拥护，信诚就会获得别人的信任，奋勉就能取得成功，慈惠就可以很好地使用别人。这里已经延伸到对执政者政治品德的要求了。

由于孔子在多数情况下将"仁"视为最高的道德标准，所以认为达到"仁"的境界很不容易，在他的弟子中也只有颜回能够做到"三月不违仁"，其他学生也就是偶尔想到"仁"而已。不过，孔子有时对一些大政治家又不求全责备，尽管他们在品德上有明显缺失，他也推崇他们达到了"仁"的标准。他对管仲的评价就是一个鲜明的例证。孔子一方面对管仲的"不知礼"进行毫不留情的尖锐批评：

> 子曰："管仲之器小哉！"或曰："管仲俭乎？"曰："管氏有三归，官事不摄，焉得俭？""然则管仲知礼乎？"曰："邦君树塞门，管氏亦

---

① 《论语·子路》，《十三经注疏》，中华书局 1982 年版，第 2508 页。
② 《论语·宪问》，《十三经注疏》，中华书局 1982 年版，第 2510 页。
③ 《论语·卫灵公》，《十三经注疏》，中华书局 1982 年版，第 2517 页。
④ 《论语·阳货》，《十三经注疏》，中华书局 1982 年版，第 2524 页。

树塞门；邦君为两君之好，有反坫，管氏亦有反坫。管氏而知礼，孰不知礼？"①

这里，孔子认为，管仲作为齐国相这样的高官，他的一些作为是严重违背礼制的：国君树起塞门②，管仲也树起塞门。国君为两国交好，设有反坫③，管仲也设有反坫。如果说管仲知礼，还有谁不知礼呢！一方面，又称许管仲是个达到"仁"的标准的大人物：

> 子路曰："桓公杀公子纠，召忽死之，管仲不死。"曰："未仁乎？"子曰："桓公九合诸侯，不以兵车，管仲之力也！如其仁！如其仁！"
>
> 子贡曰："管仲非仁者与？桓公杀公子纠，不能死，又相之。"子曰："管仲相桓公，霸诸侯，一匡天下，民到于今受其赐。微管仲，吾其被发左衽矣。岂若匹夫匹妇之为谅也，自经于沟渎而莫之知也。"④

子路和子贡问的是同一个问题：管仲原是支持公子纠与小白（即齐桓公）争夺王位的，结果是公子纠失败，与管仲取同一立场的召忽毅然为公子纠殉节，而管仲不仅没有为公子纠殉节，反而做了齐桓公的相，显然是节操有亏，可是孔子居然称许管仲"如其仁"。他的理由是：管仲辅佐齐桓公，称霸诸侯，匡正天下，老百姓至今还享受着他的好处。如果没有管仲，我们可能就要受夷狄的统治了。难道他也要像普通百姓一样固守小节，在山沟中自杀也没有人知道吗？齐桓公高举"尊王攘夷"的大旗，多次会盟诸

---

① 《论语·八佾》，《十三经注疏》，中华书局1982年版，第2468页。

② 塞门，是古代国君在其大门内修筑的短墙，目的是挡住人们的视线，类似后世住宅大门内的影壁。

③ 反坫，是一种土台子，为古代国君招待他国国君时用于放置献酒后的空杯子，他人不得设置。

④ 《论语·宪问》，《十三经注疏》，中华书局1982年版，第2511—2512页。

侯，而不凭借武力，全凭精心的运筹帷幄，这就是管仲的"仁"！从孔子对管仲的评价可以看出他在"仁"问题上的灵活变通。他坚定地认为，仁者不能"违礼"，而管仲却明目张胆地"违礼"，这显然与"仁"拉开了距离。但孔子又斩钉截铁地肯定管仲达到"仁"的境界，用的是"大节无亏，小节有疵"者依大节进行评判的标准。这里可以看出，孔子在具体评价一些历史人物时善于通权达变，而对政治家的评判主要从政治道德和实际功业着眼，而不必汲汲于小节的瑕疵。

更为可贵的是，孔子在对"仁"的论述中，充分肯定人的主观能动性的发挥：

子曰："仁远乎哉？我欲仁，斯仁至矣。"①

子曰："人能弘道，非道弘人也。"②

曾子曰："士不可以不弘毅，任重而道远。仁以为己任，不亦重乎？死而后已，不亦远乎？"③

子曰："三军可夺帅也，匹夫不可夺志也。""岁寒，然后知松柏之后凋也。"④

孔子认定人能够发挥出最大的主观能动性，只要自己认定正确的目标，努力以赴，持之以恒，就能够达到"仁"的境界。因为人能够使道发扬光大，而不是道能扩大人的才能。所以应该坚定信心，以仁为己任，不惧任重道远，而是心胸宽广，意志坚强，不倦地奋斗。考验松柏后凋的是严

---

① 《论语·述而》，《十三经注疏》，中华书局1982年版，第2483页。
② 《论语·卫灵公》，《十三经注疏》，中华书局1982年版，第2518页。
③ 《论语·泰伯》，《十三经注疏》，中华书局1982年版，第2487页。
④ 《论语·子罕》，《十三经注疏》，中华书局1982年版，第2491页。

寒，尽管三军之帅可以被俘获，但志士仁人的意志却是不能被强迫改变的。孔子一贯相信，任何平常的人，通过自己的不断努力和不懈追求，都会成为道德高尚和通达事理的人。反之，如果放弃个人努力，违背理性，舍弃道德追求，那就与禽兽相去不远了。所以，社会上每一个人的意志和人格都应该得到尊重，每一个立志于成"仁"的人，都应该为实践"仁"的价值理想而进行不惜生命的奋斗。这也就是"杀身成仁，舍生取义"。

其次，孔子将"仁"延伸至政治社会领域，就演化出他的政治思想。这一方面的问题，我们将放在下一章集中论述。

与仁相对的"礼"，同样是孔子思想中的核心概念。在《论语》中"礼"字也出现百次以上。在何晏、皇侃编著的《论语集解义疏》中，"礼"字出现了166次。孔子理解的"礼"就是周礼，即历经夏、商、周三代、通过不断损益而由周公集其大成确定的周朝礼制：

> 子张问："十世可知也？"子曰："殷因于夏礼，所损益可知也；周因于殷礼，所损益可知也；其或继周者，虽百世，可知也。"①
> 子曰："周监于二代，郁郁乎文哉，吾从周。"②

这个被孔子赞扬有加的"礼"，就是周朝制定的除奴隶以外的社会上所有人都必须遵循的行为规范，所谓"礼不下庶人，刑不上大夫"③，就是指的"礼"作为行为规范的适用范围。仁礼互补，仁是指人们行为的内在根据，礼是指人们行为的外在规范。孔子有三段话把二者之间的关系讲得比较清楚：

> 子曰："人而不仁，如礼何？人而不仁，如乐何？"④

---

① 《论语·为政》，《十三经注疏》，中华书局1982年版，第2463页。
② 《论语·八佾》，《十三经注疏》，中华书局1982年版，第2467页。
③ 孙希旦：《礼记集解》卷四，中华书局1989年版，第81—82页。
④ 《论语·八佾》，《十三经注疏》，中华书局1982年版，第2466页。

子曰："能以礼让为国乎？何有？不能以礼让为国，如礼何？"①

颜渊问仁，子曰："克己复礼为仁，一日克己复礼，天下归仁焉。为仁由己，而由人乎哉！"颜渊曰："请问其目。"子曰："非礼勿视，非礼勿听，非礼勿言，非礼勿动。"颜渊曰："回虽不敏，请事斯语矣。"②

在孔子看来，没有仁的内容，礼和乐也就失去了灵魂，但仁又表现为人的所有行动必须符合礼的规范，超越或破坏了礼的规范，仁也就不存在了，所以，实现仁就必须"复礼"。而要做到复礼，就必须克制自己的非仁违礼的欲望和行动，使自己的视、听、言、动都符合礼的规定。这就要求所有人的活动都在礼的范围内，按礼的规范进行，即思和行都不能越位。孔子在回答齐景公问政时提出"君君，臣臣，父父，子子"，就是要求国君、臣子、父亲、儿子都按照礼的规定严格履行自己的权利和义务，任何人，既不能放弃，更不能僭越这些权利和义务。这也是孔子大力呼吁"正名"的意义：

子路曰："卫君待子而为政，子将奚先？"子曰："必也正名乎！"子路曰："有是哉！子之迂也！奚其正？"子曰："野哉，由也！君子于其所不知，盖阙如也。名不正则言不顺，言不顺则事不成，事不成则礼乐不兴，礼乐不兴则刑罚不中，刑罚不中则民无所措手足。故君子名之必可言也，言之必可行也。君子于其言，无所苟而已矣。"③

孔子对春秋时期"礼崩乐坏"的局面痛心疾首，对季氏"八佾舞于庭""三家者以《雍》彻""陈恒弑其君"等一系列的违礼之行都发出了正

---

① 《论语·里仁》，《十三经注疏》，中华书局 1982 年版，第 2471 页。
② 《论语·颜渊》，《十三经注疏》，中华书局 1982 年版，第 2502 页。
③ 《论语·子路》，《十三经注疏》，中华书局 1982 年版，第 2506 页。

义的声讨，就是他坚持为仁必须复礼的原则。

孔子明白，虽然仁与礼有着密切的联系，但二者毕竟是两个范畴，仁的内容如果不以礼加以规范，也会走偏：

> 子曰："恭而无礼则劳，慎而无礼则葸，勇而无礼则乱，直而无礼则绞。君子笃于亲，则民兴于仁，故旧不遗，则民不偷。"①

孔子这里阐述的意思是：只是谦恭而不知礼，就会徒劳无功；只是谨慎而不知礼，就会畏缩拘谨；只是勇猛而不知礼，就会犯上作乱；只是直率而不知礼，就会话语尖刻。所以，仁和礼的互补还体现在相互间的制约。

因为礼表现为一种外在的仪式，所以是看得见，摸得着的，已经存在多年、程式固定的礼仪必须受到尊重，完整实行，器物、音乐、过程都必须规范，不能偷工减料。当"子贡欲去告朔之饩羊"的时候，孔子很不高兴，说："赐也！尔爱其羊，我爱其礼。"②大概当时人们对告朔礼已经不太重视，往往草草了事地敷衍，子贡也认为贡品中不必放置整只羊了。但孔子坚决反对。在他看来，仪式偷工减料，其展示的礼的尊严也就打了折扣，是要不得的。不过，孔子也不主张在礼仪上铺张浪费。有一次，林放问孔子"礼之本"，孔子回答："礼，与其奢也，宁俭；丧，与其易也，宁戚。"③意思是，就礼仪来说，与其奢侈，不如俭约；就丧礼来说，与其仪式周全，过度铺张，不如心中真正表现悲伤。这里显示，孔子既要求礼具备完整的形式，更要求具备其体现的内涵。他感叹地说："礼云礼云，玉帛云乎哉？乐云乐云，钟鼓云乎哉？"④人们重视礼乐，并不是只关注礼仪进行中的器物，而是更关注形式所体现的内容。那么，礼的功用何在？那就是体现、强化和增进"仁"的内容：

---

① 《论语·泰伯》，《十三经注疏》，中华书局1982年版，第2486页。
② 《论语·八佾》，《十三经注疏》，中华书局1982年版，第2467页。
③ 《论语·八佾》，《十三经注疏》，中华书局1982年版，第2466页。
④ 《论语·阳货》，《十三经注疏》，中华书局1982年版，第2525页。

　　有子曰："礼之用，和为贵。先王之道，斯为美，小大由之。有
所不行，知和而和，不以礼节之，亦不可行也。"①

　　定公问："君使臣，臣事君，如之何?"孔子对曰："君使臣以礼，
臣事君以忠。"

　　子曰："居上不宽，为礼不敬，临丧不哀，吾何以观之哉!"②

在孔子看来，礼贯彻始终的就是和谐，即各个阶层都按照礼的规范活动，
彼此之间和谐相处。如君臣以礼和忠联系在一起，彼此的关系就协调了。
一个人，对属下不宽厚，对礼仪不敬畏，临丧事不表现悲哀之情，他的人
品就很不足恭维了。

　　总之，孔子认定，他抓住"仁"和"礼"两个轮子，让其互为前提，
互补为用，就能够使当时混乱的社会回归有序运行，使矛盾激化的各阶层
回归协和相处，他理想的君圣臣贤、老安少怀、百姓安居乐业的局面也就
到来了。但是，当时孔子的中国期望却是一厢情愿! 因为当时的"礼崩乐
坏"正是历史向前发展的表征，周朝的礼乐制度是奴隶制社会的上层建
筑，而这个制度在当时的中国已经走到尽头。孔子对礼的赞颂只能是一曲
无可奈何的挽歌。他的"仁"充满人道主义和人文主义的理想，这些理想
当时并不具备实现的条件。因此，孔子留下的只能是理想主义的光辉而
已。尽管如此，孔子对"仁""礼"概念的扩张和弘扬，在中国思想史上
仍然具有重要的积极意义。

---

① 《论语·学而》，《十三经注疏》，中华书局 1982 年版，第 2458 页。
② 《论语·八佾》，《十三经注疏》，中华书局 1982 年版，第 2468 页。

第三十一章　行政理想

孔子"仁"的理想延伸至政治和社会领域，展示的是他的行政理想。这个理想可用"德治"两个字来概括：

> 子曰："为政以德，譬如北辰，居其所而众星共之。"
> 子曰："道之以政，齐之以刑，民免而无耻；道之以德，齐之以礼，有耻且格。"①

在孔子看来，用道德治理国家，国君就会像北斗星那样安居于自己的方位而被群星环绕仰望，即受到百姓的竭诚拥戴。用政令治理国家，用刑法约束百姓，百姓虽然会避免犯罪，但却没有耻辱心；用道德引导他们，用礼制约束他们，百姓不但会有耻辱心，而且能够自觉纠正自己的过失。这就是说，对统治者来说，德治是最好的最理想的行政方略。孔子将天下或诸侯国是否实行德治，换成另一个说法，就是是否有"道"：

> 孔子曰："天下有道，则礼乐征伐自天子出；天下无道，则礼乐征伐自诸侯出。自诸侯出，盖十世希不失矣；自大夫出，五世希不失矣；陪臣执国命，三世希不失矣。天下有道，则政不在大夫。天下有

---

① 《论语·为政》，《十三经注疏》，中华书局 1982 年版，第 2461 页。

道，则庶人不议。"①

孔子既然将周礼所代表的制度视为最好的制度，自然认定西周时期是天下最有道的时期，也就是德治的典范时期，其最重要的特征就是"礼乐征伐自天子出"而不能由诸侯出，更不能由大夫出和"陪臣执国命"的情况出现。孔子的"克己复礼"的最终目标，也就是在全国范围内恢复西周时期的统治模式，再现"成康之世"的盛景。但有时候，孔子又认为他理想中的社会应该采取夏、商、周三代各自最好的制度，将其结合在一起：

> 颜渊问为邦，子曰："行夏之时，乘殷之辂，服周之冕，乐则《韶》《舞》，放郑声，远佞人，郑声淫，佞人殆。"②

颜回问孔子如何治理国家，他的回答是：实行夏朝的历法，乘坐殷朝的车子，穿戴周朝的衣帽，演奏《韶》乐和《舞乐》，排斥郑国的音乐，疏远奸佞小人。因为郑乐淫秽，小人奸险叵测。显然，孔子将三代视为中国历史的黄金时代，未来国家和社会的治理最好采取三代各自的最佳形式而综合运用。

行政理想确定了，如何将这个理想变成现实呢？孔子也有他的总体设计。这就是从"正名"入手，按周礼的规定，所有社会上的各类人都回归本位：君、臣、父、子、诸侯、卿大夫、士以及庶民百姓中的各层次、各行业，都严格履行自己应有的权利和义务。周天子是全国的最高统治者，他既是最高的道德典范，又是执掌礼乐征伐的最高权威，全国行政的大政方针自然都由他掌控和实施。国君是各诸侯国的最高统治者，他也既是道德楷模，又是诸侯国执掌礼乐征伐最高权威。只要他们真正成为全民尊仰的道德制高点，全国就会从风而服：

---

① 《论语·季氏》，《十三经注疏》，中华书局 1982 年版，第 2521 页。
② 《论语·卫灵公》，《十三经注疏》，中华书局 1982 年版，第 2517 页。

季康子问政于孔子曰："如杀无道，以就有道，何如？"孔子对曰："子为政，焉用杀？子欲善而民善矣。君子之德风，小人之德草，草上之风，必偃。"①

对高踞道德制高点上国君的最重要要求就是"身正"，而"身正"的要求就是"正身"，即按照周礼的规定修养品德，严格履行自己应有的权利和义务：

子曰："其身正，不令而行；其身不正，虽令不行。"

子曰："苟正其身矣，于从政乎何有？不能正其身，如正人何？"②

季康子问政于孔子，孔子对曰："政者，正也。子帅以正，孰敢不正？"③

孔子对君王中他认定的"正身"典型加以由衷的颂扬：

子曰："泰伯，其可谓至德也已矣。三以天下让。民无得而称焉。"

子曰："巍巍乎，舜、禹之有天下也，而不与焉。"

子曰："大哉，尧之为君也。巍巍乎！唯天为大，唯尧则之。荡荡乎！民无能名焉。巍巍乎！其有成功也。焕乎，其有文章。"

舜有臣五人而天下治。武王曰："予有乱臣十人。"孔子曰："才难，不其然乎？唐、虞之际，于斯为盛，有妇人焉，九人而已。三分天下有其二，以服事殷。周之德，其可谓至德也已矣。"

子曰："禹，吾无间然矣！菲饮食而致孝乎鬼神；恶衣服而致美

　　　　乎黻冕，卑宫室而尽力乎沟洫。禹，吾无间然矣!"①

　　这里，孔子赞扬吴国的始祖泰伯，他多次将王位让给自己的兄弟季历，自
己远赴东南的草莽之地经营吴国，老百姓简直不知道怎么赞扬他好了。他
颂扬大禹是伟大崇高的君主，他得天下不是通过武力夺取，而是通过禅让
顺利继承。在孔子看来，大禹几乎没有可挑剔之处。因为禹自己受用很简
单的饮食，却尽力敬奉鬼神；平时穿很破旧的衣服，祭祀的时候却穿戴华
美；自己居住低矮的宫室，却尽力搞好农田水利。孔子颂扬尧是崇高伟大
的君王，因为只有天最高大，而尧却能够效法天，给予百姓无限宽广的恩
德，老百姓也不知道怎么赞扬他好了。尧创造了巨大的功绩，留下了辉煌
灿烂的典章制度。孔子颂扬虞舜，说他用五个贤臣就治理好天下。他颂扬
周武王，说他手下有十个治国的贤才，是唐尧、虞舜之后人才最盛的时
代。他特别颂扬周文王，认为他据有天下的三分之二，犹能服从、尊奉殷
王，他的道德实在是最高尚的。

　　"身正"的国君，必须有一批贤臣协助他打理国政，所以对国君用人
的要求就是举贤：

　　　　仲弓为季氏宰，问政。子曰："先有司，赦小过，举贤才。"曰：
　　"焉知贤才而举之?"子曰："举尔所知，尔所不知，人其舍诸?"②

孔子认定尧、舜、周文王、周武王都是举贤才的典型，这是他们能够创立
盛世的最重要的条件之一。孔子曾在季康子面前直斥卫灵公是个无道的国
君，季康子问他，既然如此，卫灵公为什么还没有垮台呢? 孔子回答说，
是因为他手下有一批贤才支撑着："仲叔圉治宾客，祝鮀治宗庙，王孙贾
治军旅。夫如是，奚其丧?"③孔子认为，虽然卫灵公很无道，可是，他还

---

① 《论语·泰伯》，《十三经注疏》，中华书局 1982 年版，第 2486—2488 页。

② 《论语·子路》，《十三经注疏》，中华书局 1982 年版，第 2506 页。

③ 《论语·宪问》，《十三经注疏》，中华书局 1982 年版，第 2512 页。

有仲叔圉接待宾客，有祝鮀管理宗庙，有王孙贾统率军队，国家和社会还能有序运行，这就是他还能维持不坠的原因。孔子在这里突出了贤才的作用。在孔子心目中，辅佐虞舜的五大臣是贤才，周武王手下的十大臣是贤才，周公是第一流的贤才，周朝的"八士"伯达、伯适、仲突、仲忽、叔夜、叔夏、季随、季騧①是贤才。齐国的管仲、晏婴是贤才。卫国的史鱼、郑国的子产是贤才，还有他众多的弟子也是贤才。这些贤才正是治理好国家和社会的第一线的人物，处于治国理政的关键岗位。而只有贤臣在岗，百姓才会服从政府的管理："哀公问曰：'何为则民服？'子曰：'举直措诸枉，则民服；举枉错诸直，则民不服。'"②孔子的意思是，选用正直，弃置邪佞，百姓就会服从；选用邪佞，弃置正直，百姓就会不服从。所以贤臣对于管理民众也具有关键意义。不过，孔子也看到，对于国君来说，举贤的前提是识贤，而为了识贤，必须对臣子和被举之人进行认真考察，重视众人的反应，也不能全凭众人的反应，国君自己要细心考察："众恶之，必察焉；众恶之，必察焉。"③而考察的方法就是："视其所以，观其所由，察其所安。人焉廋哉？人焉廋哉？"④意思是，看他的言行动机，观察他所走的道路，考察他安心于什么。这样，谁的真面目也难以隐藏得住了。

在孔子看来，贤臣应该具备哪些素质呢？贤臣首先必须是忠臣，"君使臣以礼，臣事君以忠"⑤，臣子绝对忠于君王的事业，这不仅表现在处处时时为君王的利益服务，也表现在敢于对国君谏诤："子路问事君，子曰：'勿欺也，而犯之。'"⑥你不能欺骗国君，但必须规劝他。其次，贤臣只能为贤君服务，像遽伯玉那样，邦有道则仕，邦无道则隐，"道不同，不相

---

① 《论语·微子》，《十三经注疏》，中华书局1982年版，第2530页。
② 《论语·为政》，《十三经注疏》，中华书局1982年版，第2462—2463页。
③ 《论语·卫灵公》，《十三经注疏》，中华书局1982年版，第2518页。
④ 《论语·为政》，《十三经注疏》，中华书局1982年版，第2462页。
⑤ 《论语·八佾》，《十三经注疏》，中华书局1982年版，第2468页。
⑥ 《论语·宪问》，《十三经注疏》，中华书局1982年版，第2512页。

为谋"①；即使在无道的国君手下服务，也必须按周礼规定的原则办事，绝对不能与无道的国君同流合污。第三，贤臣必须加强自己的道德修养和增进自己的行政才能，成为一个品格优秀、能力卓越的人物。第四，为国君服务不讲价钱，不索要俸禄，"事君，敬其事而后其食"②。最后，也是最重要的，贤臣必须爱民，关心百姓的疾苦，帮助百姓达到安居乐业的康庄之境。孔子赞扬子产行政贯彻了四点"君子之道"："其行己也恭，其事上也敬，其养民也惠，其使民也义。"③ 即子产自己行为谨慎小心，对待国君恭恭敬敬，对百姓施以恩惠，使用百姓合乎义理。相反，对于不顾百姓死活的聚敛之臣，孔子则深恶痛绝，认为那绝对不是为臣之道，所以当他很看重的弟子冉有帮助季氏改革税收制度，在孔子看来是苛剥百姓时，就大呼其他弟子"鸣鼓而攻之"。

由于治理国家主要靠君臣，所以孔子把君臣问题置于他行政理论的重要位置，而要求君臣千万警醒"为君难，为臣不易"的道理：

> 定公问："一言而可以兴邦，有诸？"孔子对曰："言不可以若是，其几也，人之言曰：'为君难，为臣不易。'如知为君之难也，不几乎一言而兴邦乎？"曰："一言而丧邦，有诸？"孔子对曰："言不可以若是，其几也，人之言曰：'予无乐乎为君，唯其言而莫予违也。'如其善而莫之违也，不亦善乎？如不善而莫之违也，不几乎一言而丧邦乎？"④

这里记述的鲁定公与孔子的对话，定公过问"一言兴邦，一言丧邦"的道理。孔子回答他，虽然找不到这样的话，但与这句话相近的意思还是有的，这就是让君臣们知道并牢记"为君难，为臣不易"这句话蕴涵的真理。知道为君难，就要小心谨慎、兢兢业业地管理国政，特别需要警惕自

---

① 《论语·卫灵公》，《十三经注疏》，中华书局1982年版，第2518页。
② 《论语·卫灵公》，《十三经注疏》，中华书局1982年版，第2518页。
③ 《论语·公冶长》，《十三经注疏》，中华书局1982年版，第2474页。
④ 《论语·子路》，《十三经注疏》，中华书局1982年版，第2507页。

己不正确的话无人敢违抗而陷入暴戾恣睢。孔子对君臣的最高期望是，他们都能成为君子，不断加强自己的修养，做到"修己以安人"，"修己以安百姓"①。

圣君贤臣如何治理百姓呢？孔子讲了许多原则，其中最重要的就是"富而教之"：

> 子适卫，冉有仆。子曰："庶矣哉！"冉有曰："既庶矣，又何加焉？"曰："富之。"曰："既富矣，又何加焉？"曰："教之。"②

孔子知道，百姓的最根本的愿望就是安居乐业，而其经济基础就是富裕。然而，仅有富裕还不能达到社会的安定与和谐，所以必须提高百姓的道德素养，形成整个社会群体的良风美俗。这就必须有教化，即对百姓进行文化知识和伦理道德的教育，使他们自觉地积极向善。孔子一生致力于教育事业，就是他意识到教育的社会功用。为了使百姓富起来，就要求统治者自己不要奢侈浪费，轻徭薄赋，使用民力尽量节制慎重，像承办祭祀一样严肃认真："道千乘之国，敬事而信，节用爱人，使民以时。"③ "使民如承大祭。"④ 百姓富起来，国家也就财政充裕，富而强起来。再进一步，也就能使国家、社会、官民、百姓之间都达到和谐状态，"胜残去杀"，没有打官司的，成为"近者说，远者来"⑤ 的"无讼"的世界。在教化的方面，孔子讲了不少意见。如他与季康子的对话：

> 季康子问："使民以敬，忠以劝，如之何？"子曰："临之以庄，则敬；孝慈，则忠；举善而教不能，则劝。"⑥

① 《论语·宪问》，《十三经注疏》，中华书局1982年版，第2514页。
② 《论语·子路》，《十三经注疏》，中华书局1982年版，第2507页。
③ 《论语·学而》，《十三经注疏》，中华书局1982年版，第2457页。
④ 《论语·颜渊》，《十三经注疏》，中华书局1982年版，第2502页。
⑤ 《论语·子路》，《十三经注疏》，中华书局1982年版，第2507页。
⑥ 《论语·为政》，《十三经注疏》，中华书局1982年版，第2463页。

作为执政者的季康子，问孔子如何才能做到要求民众对自己尊敬，要求民众互相勉励并和睦相处，孔子回答他必须端正自己作为执政者的态度：对待民众神态庄重，他们就会恭敬；对父母孝敬，他们就会忠顺；选用好人，他们就会互相勉励。孔子进而意识到，民众对国君和政府的信任是顺利执政的基础，必须千方百计筑牢百姓的信任之堤：

> 子贡问政，子曰："足食，足兵，民信之矣。"子贡曰："必不得已而去，于斯三者何先？"子曰："去兵。"子贡曰："必不得已而去，于斯二者何先？"曰："去食。自古皆有死，民无信不立。"①

这里孔子对"信"的强调似乎有点过头和理想化，不过从中可以窥见他的苦心，因为真正取得民众对国君和政府的信任实在太不容易了：作为对立的两极，找到相互信任的平衡点从来都是行政中难乎其难的大事。孔子一方面希望国家和社会的治理能够速见成效，他曾信心百倍地说："苟有用我者，期月而已可也，三年有成。"②另一方面，他也明白，行政不能过于追求短期行为和眼前的小利，还是应该着眼长远目标，脚踏实地地稳步前行。当子夏担任莒父宰向他讨教如何行政的时候，他谆谆告诫："无欲速，无见小利。欲速则不达，见小利则大事不成。"③由于孔子坚持德治，注重教化，笃信"礼之用，和为贵"，自然厌恶人与人相残的战争：

> 卫灵公问阵于孔子，孔子对曰："俎豆之事，则尝闻之矣；军旅之事，未之学也。"④

---

① 《论语·颜渊》，《十三经注疏》，中华书局 1982 年版，第 2505 页。
② 《论语·子路》，《十三经注疏》，中华书局 1982 年版，第 2507 页。
③ 《论语·子路》，《十三经注疏》，中华书局 1982 年版，第 2507 页。
④ 《论语·卫灵公》，《十三经注疏》，中华书局 1982 年版，第 2516 页。

然而，孔子同时也意识到，你无论怎么厌恶战争，战争还是不断地在列国间进行，而在当时的情况下，以言语无法止战，而只能"以战止战"。这就必须学习战略战术，教会民众学会打仗的本领。所以孔子也强调："以不教民战，是谓弃之。""善人教民七年，亦可以即戎矣。"[①] 在孔子的教学课目中，御和射都与战争联系在一起，在一定程度上也可以说是一种军事训练。历史发展到春秋时代，战争已经成为家常便饭，是任何政治家和思想家都躲不过去的话题，诸子中几乎找不到一个不谈论战争的人物，孔子显然也不能例外。

孔子关于国家和社会的治理问题，在不同的场合，对不同的人，从不同的侧面，讲了一系列的观点，这些观点最后指向他的理想社会："老者安之，朋友信之，少者怀之。"具体说就是由"小康"而进入"大同"的社会：

> 昔者仲尼与于蜡宾，事毕，出游于观之上，喟然而叹。仲尼之叹，盖叹鲁也。言偃在侧，曰："君子何叹？"孔子曰："大道之行也，与三代之英，丘未之逮也，而有志焉。大道之行也，天下为公，选贤与能，讲信修睦。故人不独亲其亲，不独子其子，使老有所终，壮有所用，幼有所长，矜、寡、孤、独、废、疾者皆有所养。男有分，女有归。货恶其弃于地也，不必藏于己；力恶其不出于身也，不必为己。是故谋闭而不兴，盗窃乱贼而不作，故外户而不闭。是谓大同。今大道既隐，天下为家，各亲其亲，各子其子，货力为己，大人世及以为礼，城郭沟池以为固，礼义以为纪。以正君臣，以笃父子，以睦兄弟，以和夫妇，以设制度，以立田里，以贤勇、知，以功为己。故谋用是作，而兵由此起。禹、汤、文、武、成王、周公，由此其选也。此六君子者，未有不谨于礼者也。以著其义，以考其信，著有过，刑仁讲让，示民有常。如有不由此者，在势者去，

---

① 《论语·子路》，《十三经注疏》，中华书局 1982 年版，第 2508 页。

众以为殃。是谓小康。"①

孔子这里所讲的"大道之行也，天下为公"的社会，实际上是他对传说中的原始社会的理想化加工。孔子的时代，离开原始社会至少已经两千多年，关于那个时代的记忆，是经过无数次加工而形成的传说，而这个传说变成了越来越理性化的图景。但是，就是这个离开真相越来越远的图景，恰恰一再激动着不知多少思想家的心灵。他们对比当前纷争不已、污秽不堪的社会现实，不由地将目光投向这些传说，将其变成民族的口述历史，期望从这里找到激发人们变革现实的热情和动力。不过，孔子也十分清楚，他面对的社会，不仅离"天下为公"的时代已经难以道里计，就是与"禹、汤、文、武、成王、周公"等圣人为代表的"小康社会"也远远拉开了距离，真正达到这一目标也殊非易事。不得已而求其次，孔子期望通过"克己复礼"的变革，将"仁"的理念注入政治、经济、思想文化以及社会生活的方方面面。首先实现小康，再经过小康而过渡到大同。由此，孔子给中国历史留下大同社会的理想和通过小康进入大同的路径指向。这种理想社会，尽管是一种不具备实践品格的空想，但却作为一面高扬的理想的旗帜，激励着一代又一代先进的中国人为之前赴后继地奋斗不已。这应该是孔子对中国思想史的贡献之一。

① 孙希旦：《礼记集解》，中华书局 1989 年版，第 581—583 页。

第三十二章　君子人格

　　孔子生活的春秋晚期，虽然在他看来是一个秩序失范的"无道"时代，然而，恰恰就是这个时代，随着奴隶的解放而冲破了等级固化的藩篱，一个"闪闪发光的感觉体"——"人"被发现了！你无论属于哪个等级，你首先是一个人，一个有血有肉，有感情有道德，有相应的价值观，承担相应的权利和义务的人。作为个体生命，所有人都应该是平等的，所有人都应该被尊重，所有人都有追求幸福的权力，这一理念逐渐被社会所接受。孔子正是在这一潮流中被激荡，从而自觉地喊出了"仁者爱人""己欲立而立人，己欲达而达人""己所不欲，勿施于人"的时代最强音。在这个发现人、高扬人之本性的时代，孔子创造出"君子人格"这一崇高的形象，这一形象代表的是一种道德境界，一种价值理性，一种思想观念，一种担当和使命意识。它没有阶级的分野，没有等级的差别，没有贵贱的区分，没有贫富的轩轾。无论你是国君世族、高官显贵，还是平民百姓，贩夫走卒，只要达到那个道德境界，你就是君子；达不到那个境界，你就不属于君子，甚至是一个"小人"。孔子切望通过君子人格的形象，树起一面迎风飘荡的大旗，引领国家走向繁荣富强，引领社会日臻和谐温馨，引领人群提升生命自觉和生活质量，奋发自励，去创造崇高，创造灿烂，创造辉煌。

　　在孔子那里，君子人格有着极其丰富的内涵。首先，君子是与小人对立而存在的，在高大伟岸的君子之旁，永远有一个卑鄙龌龊的小人与之陪伴映照：

子曰："君子周而不比，小人比而不周。"① 意思是，君子正常交往而不朋比勾结，小人朋比勾结而不正常交往。

子曰："君子怀德，小人怀土；君子怀刑，小人怀惠。"② 意思是，君子关注道德，小人思念乡土；君子关注法度，小人专注恩惠。

子曰："君子喻于义，小人喻于利。"③ 意思是，君子通晓义，小人只懂利。

子曰："君子坦荡荡，小人长戚戚。"④ 意思是，君子心胸宽广，小人经常忧愁。

子曰："君子成人之美，不成人之恶。小人反是。"⑤ 意思是，君子成全别人的好事，不促成别人的坏事。而小人则与之相反。

子曰："君子和而不同，小人同而不和。"意思是，君子追求和谐而不盲目附和，小人盲目附和而不追求和谐。

子曰："君子泰而不骄，小人骄而不泰。"⑥ 意思是，君子安详舒泰而不傲慢凌人，小人傲慢凌人而不安详舒泰。

子曰："君子而不仁者有矣夫，未有小人而仁者也。"意思是，君子之中没有仁德的人是有的，小人之中却没有一个仁德的人。

子曰："君子上达，小人下达。"⑦ 意思是，君子通达于仁义，小人通达于财利。

子曰："君子求诸己，小人求诸人。"意思是，君子严格要求自己，小人苛求别人。

① 《论语·为政》，《十三经注疏》，中华书局 1982 年版，第 2462 页。
② 《论语·里仁》，《十三经注疏》，中华书局 1982 年版，第 2471 页。
③ 《论语·里仁》，《十三经注疏》，中华书局 1982 年版，第 2471 页。
④ 《论语·述而》，《十三经注疏》，中华书局 1982 年版，第 2484 页。
⑤ 《论语·颜渊》，《十三经注疏》，中华书局 1982 年版，第 2504 页。
⑥ 《论语·子路》，《十三经注疏》，中华书局 1982 年版，第 2508 页。
⑦ 《论语·宪问》，《十三经注疏》，中华书局 1982 年版，第 2512 页。

子曰："君子不可小知而可大受也，小人不可大受而可小知也。"① 意思是，不可让君子做小事情而要让他们承担重任，不可让小人承担重任而要让他们做小事情。

子曰："君子固穷，小人穷斯滥矣。"意思是，君子能够安守贫穷，小人一旦贫穷就无所不为了。

孔子曰："君子有三畏：畏天命，畏大人，畏圣人之言。小人不知天命而不畏也，狎大人，侮圣人之言。"② 意思是，君子有三怕：怕天命，怕大人，怕圣人之言。小人不知天命而不怕，不尊重大人，轻侮圣人之言。

子曰："君子易事而难说也。说之不以道，不说也。及其使人也，器之。小人难事而易说也。说之虽不以道，说也。及其使人也，求备焉。"③ 意思是，在君子手下办事容易，但要讨得他的欢心却很难。不按正道去讨好他，他是不会喜欢的。但他使用人的时候，却能量才录用。在小人手下办事很难，但要讨得他的欢心却很容易，即使不按正道去讨好他，他也会喜欢的。他使用人的时候，却往往求全责备。

在以上罗列的君子与小人的对比中，涉及了双方做人的准则，为人处事的态度，主要从道德修养和行为趋向的层面突出君子和小人的分野。

孔子认为，君子最根本的特质是以追求和实践仁义为最终和最高的目标。为了这个目标，即使"杀身成仁，舍生取义"也在所不惜。在孔子看来，君子的人生指向就是"志于道"："朝闻道，夕可死矣。"④ "君子之于天下也，无适也，无莫也，义与之比。"⑤ 就是说，君子对于天下之人，没有亲和疏的问题，只与义为伍。孔子又认定："君子义以为质，礼以行之，孙以出之，信以成之。君子哉！"⑥ 即是说，君子以义为根本，并以礼仪实行它，以谦逊的语言表述它，以忠诚的态度完成它。再全面一点讲，就是

① 《论语·卫灵公》，《十三经注疏》，中华书局 1982 年版，第 2518 页。
② 《论语·季氏》，《十三经注疏》，中华书局 1982 年版，第 2522 页。
③ 《论语·子路》，《十三经注疏》，中华书局 1982 年版，第 2508 页。
④ 《论语·里仁》，《十三经注疏》，中华书局 1982 年版，第 2471 页。
⑤ 《论语·里仁》，《十三经注疏》，中华书局 1982 年版，第 2471 页。
⑥ 《论语·卫灵公》，《十三经注疏》，中华书局 1982 年版，第 2518 页。

"志于道，据于德，依于仁，游于艺"①，即以道为志向，以德为根据，以仁为依靠，以六艺为学习的内容。无论在任何情况下，也不放弃对仁义的追求："饭疏食，饮水，曲肱而枕之，乐亦在其中矣。不义而富且贵，于我如浮云。"② 在追求真理的路上，君子一定能够做到"知者不惑，仁者不忧，勇者不惧"③。当子路问他君子是否崇尚勇敢的时候，孔子的回答是："君子义以为上。君子有勇而无义为乱，小人有勇而无义为盗。"④ 意思是，君子以义为高尚。君子有勇无义会作乱，小人有勇无义就会做强盗。君子追求和坚守仁义的决心是丝毫也不会动摇的，这就是"三军可夺帅，匹夫不可夺志"的真谛。

孔子认为，君子对待仕进和富贵利禄有自己的原则和底线。一是"邦有道则仕，邦无道则隐"：

> 子曰："笃信好学，守死善道，危邦不入，乱邦不居。天下有道则见，无道则隐。邦有道，贫且贱焉，耻也；邦无道，富且贵焉，耻也。"⑤

> 子谓颜渊曰："用之则行，舍之则藏。"⑥

> 宪问耻，子曰："邦有道，谷；邦无道，谷，耻也。"
> 子曰："邦有道，危言危行；邦无道，危行言孙。"⑦

他认定，在国家有道的时候，可以做官从政；而在国家无道的时候，再去

---

① 《论语·述而》，《十三经注疏》，中华书局 1982 年版，第 2481 页。
② 《论语·述而》，《十三经注疏》，中华书局 1982 年版，第 2482 页。
③ 《论语·子罕》，《十三经注疏》，中华书局 1982 年版，第 2491 页。
④ 《论语·阳货》，《十三经注疏》，中华书局 1982 年版，第 2526 页。
⑤ 《论语·泰伯》，《十三经注疏》，中华书局 1982 年版，第 2487 页。
⑥ 《论语·述而》，《十三经注疏》，中华书局 1982 年版，第 2482 页。
⑦ 《论语·宪问》，《十三经注疏》，中华书局 1982 年版，第 2510 页。

做官，就是一种耻辱了。国家有道的时候，言和行都应该正直；而在国家无道的时候，尽管不去做官，但行为还是应该正直，只是说话小心点就是了。与对待做官从政相联系，如何对待富贵贫贱也是君子之为君子的重要内容。孔子认为，"君子忧道不忧贫"①，获得富贵和脱离贫贱都必须走正道，以邪门歪道获得富贵和摆脱贫贱都是君子不齿的：

> 子曰："士志于道，而耻恶衣恶食者，未足与议也。"
> 子曰："富与贵，是人之所欲也，不以其道得之，不处也。贫与贱，是人之所恶也，不以其道得之，不去也。君子去仁，恶乎成名？君子无终食之间违仁，造次必于是，颠沛必于是。"②

> 子曰："富而可求也，虽执鞭之士，吾亦为之。如不可求，从吾所好。"③

总之，在孔子看来，君子什么时候都把行仁践义放在第一位，做官从政也是为了这个目标。如果为获得富贵利禄而舍弃这个目标，君子是绝对不干的。所以，在许多时候，君子就必须安于远离官场的日子，安于过清贫自守的生活。

为了守住行仁践义这一根本目标，孔子认为君子应该将学习放在重要位置。第一，君子必须努力学习，"入太庙，每事问"，随时随地学习治国做人的道理，学习礼乐文化知识，学习别人的优良道德情操：

> 子曰："学而时习之，不亦说乎？"④

---

① 《论语·卫灵公》，《十三经注疏》，中华书局1982年版，第2518页。
② 《论语·里仁》，《十三经注疏》，中华书局1982年版，第2471页。
③ 《论语·述而》，《十三经注疏》，中华书局1982年版，第2482页。
④ 《论语·学而》，《十三经注疏》，中华书局1982年版，第2457页。

子曰："见贤思齐焉，见不贤而内自省也。"①

子曰："敏而好学，不耻下问。"②

子曰："君子博学于文，约之以礼，亦可用弗畔矣夫！"③

子曰："三人行，必有我师焉。择其善者而从之，其不善者而改之。"④

子夏曰："日知其所亡，月无忘其所能，可谓好学业已矣。"⑤

子曰："吾尝终日不食，终夜不寝，以思，无益，不如学也。"⑥

子曰："由也，女闻六言六蔽矣乎？"对曰："未也。""居！吾语女。好仁不好学，其蔽也愚；好知不好学，其蔽也荡；好信不好学，其蔽也贼；好直不好学，其蔽也绞；好勇不好学，其蔽也狂。"⑦

孔子一生从事教育工作，始终以"学而不厌，诲人不倦"自励，不断对认识规律和教与学的很多问题进行探索，总结了不少教学规律。他知道，无论是做官还是为民，不断学习都是增长知识和才干的重要途径，所以特别强调君子必须具备谦虚好学的品质。他虽然也讲过这样一段在中国教育史和哲学史上颇有争议的话："生而知之者，上也；学而知之者，次也；困而

---

① 《论语·里仁》，《十三经注疏》，中华书局1982年版，第2471页。
② 《论语·公冶长》，《十三经注疏》，中华书局1982年版，第2474页。
③ 《论语·雍也》，《十三经注疏》，中华书局1982年版，第2479页。
④ 《论语·述而》，《十三经注疏》，中华书局1982年版，第2484页。
⑤ 《论语·子张》，《十三经注疏》，中华书局1982年版，第2531页。
⑥ 《论语·卫灵公》，《十三经注疏》，中华书局1982年版，第2518页。
⑦ 《论语·阳货》，《十三经注疏》，中华书局1982年版，第2525页。

学之，又其次也；困而不学，民斯为下矣。"① 但他只是将"生知"的桂冠送给他心目中的圣人尧、舜、禹、汤、文、武、周公，而自己则是一个非生知而极其好学的人："我非生而知之者，好古，敏以求之者也。"② "十室之邑，必有忠信如丘者焉，不如丘之好学也。"③ 长期的教学实践使他认识到，绝大部分人都是"学而知之者"，都是通过不倦的学习获取知识和增长才干的。第二，君子还必须在不断地学习生活中认识自己的缺点、弱点和种种不足之处，自省、自励，勇于正视和改正自己的缺点和错误：

　　　　子曰："人之过也，各于其党。观过，斯知仁矣。"
　　　　子曰："见贤思齐焉，见不贤而内自省也。"④

　　　　子贡曰："君子之过也，如日月之蚀焉；过也，人皆见之；更也，人皆仰之。"⑤

　　　　子曰："过而不改，是谓过矣。"⑥ "过，则勿惮改。"⑦

显然，在孔子看来，知过必改是君子之为君子的特征之一。因为只要是人，就不可能一贯正确，永远正确，时时处处事事正确。因为任何人对事物的认识都有个过程，由于各种原因和条件的限制，人的认识很难避免片面和偏颇，所以不时正视和纠正错误就是认识过程中的常态。孔子强调"君子之过如日月之蚀"，强调"知过必改"，正是基于他对认识规律的洞察和掌握。

---

① 《论语·季氏》，《十三经注疏》，中华书局 1982 年版，第 2522 页。
② 《论语·述而》，《十三经注疏》，中华书局 1982 年版，第 2471 页。
③ 《论语·公冶长》，《十三经注疏》，中华书局 1982 年版，第 2471、2475 页。
④ 《论语·里仁》，《十三经注疏》，中华书局 1982 年版，第 2471 页。
⑤ 《论语·子张》，《十三经注疏》，中华书局 1982 年版，第 2532 页。
⑥ 《论语·卫灵公》，《十三经注疏》，中华书局 1982 年版，第 2518 页。
⑦ 《论语·学而》，《十三经注疏》，中华书局 1982 年版，第 2458 页。

　　孔子进而认为，君子是全面发展的人，应该成为各种最优秀品质的集合体。

　　君子必须忠君尽孝。孔子尽管坚持"国有道，则仕；国无道，则隐"的仕进从政观，但是，他认为，君子一旦进入仕途，就要对国君和为之服务的上司忠贞不贰。因此，他在各种场合都强调"忠"的重要性，强调君子必须是"忠臣"：

　　　　定公问："君使臣，臣事君，如之何？"孔子对曰："君使臣以礼，臣事君以忠。"①

　　　　子曰："君子不重，则不威；学则不固。主忠信，无友不如己者。"②

　　　　子张问政，子曰："居之无倦，行之以忠。"③

　　　　子路问事君，子曰："勿欺也，而犯之。"④

　　　　子曰："事君，敬其事而后其食。"⑤

孔子认为，君子做官从政以后，就应该忠于国君和为之服务的上司，忠于所执守的职务，忠实履行职务范围内的职责，千万不能欺骗他服务的对象。但是，对国君和为之服务的上司又不能"愚忠"，不能事事顺着他，一旦发现他的过失，就要"犯之"即谏净，以便减少行政的失误和损失。

---

① 《论语·八佾》，《十三经注疏》，中华书局1982年版，第2468页。
② 《论语·学而》，《十三经注疏》，中华书局1982年版，第2458页。
③ 《论语·颜渊》，《十三经注疏》，中华书局1982年版，第2504页。
④ 《论语·宪问》，《十三经注疏》，中华书局1982年版，第2512页。
⑤ 《论语·卫灵公》，《十三经注疏》，中华书局1982年版，第2518页。

君子同时应该是孝悌的模范："宗族称孝，乡党称弟。"①

　　君子必须"笃信"。信在孔子那里，往往与"义"和"诚"联系在一起，形成"信义""诚信"，要求在君臣、君民、臣民和百姓之间形成一种彼此互信的关系。孔子特别重视这种关系，甚至认为它比食和兵更重要，必要时可以"去食去兵"而留下信，因为"民无信不立"。只有在国家和社会的各种关系中确立并践行诚信的原则，才能保证国家和社会的和谐与有序运行。孔子在他的讲话中不时论及信的重要性和必要性：

　　　　子曰："人而无信，不知其可也。大车无輗，小车无軏，其何以行哉？"②

　　　　子曰："笃信好学，守死善道，危邦不入，乱邦不居。"③

　　　　子张问行，子曰："言忠信，行笃敬，虽蛮貊之邦，行矣。言不忠信，行不笃敬，虽州里，行乎哉？立则见其参于前也，在舆则见其倚于衡也，夫然后行。"④

　　　　子夏曰："君子信而后劳其民，未信，则以为厉己也。信而后谏；未信，即以为谤己也。"⑤

这里孔子和子夏从多个层面论述诚信的重要性，将其视为各种社会关系中协和运行的根本规则，只有这种规则体系建立起来，才能使国家和社会的各种机制正常运作。而国家和社会的诚信体系一旦失范，必然不可避免地

---

① 《论语·子路》，《十三经注疏》，中华书局 1982 年版，第 2508 页。
② 《论语·为政》，《十三经注疏》，中华书局 1982 年版，第 2463 页。
③ 《论语·泰伯》，《十三经注疏》，中华书局 1982 年版，第 2487 页。
④ 《论语·卫灵公》，《十三经注疏》，中华书局 1982 年版，第 2517 页。
⑤ 《论语·子张》，《十三经注疏》，中华书局 1982 年版，第 2532 页。

出现混乱，距离国破家亡也就不远了。

君子必须具备勇敢的品质。孔子多次强调：

"知者不惑，仁者不忧，勇者不惧。"①
"君子不忧不惧。"②

子曰："君子道者三，我无能焉：仁者不忧，知者不惑，勇者不惧。"子贡曰："夫子自道也。"③

君子之所以能够勇敢面对一切艰难险阻，因为他相信自己从事的事业是正义的，自己的言行是符合仁之义和礼之规的，自己扪心自问，没有任何愧疚之处，所以也就无所畏惧："内省不疚，夫何忧何惧？"④

君子还应该具备"温、良、恭、俭、让"的品格：

子禽问于子贡曰："夫子至于是邦也，必闻其政，求之与？抑与之与？"子贡曰："夫子温、良、恭、俭、让以得之。夫子之求之也，其诸异乎人之求之与？"⑤

《论语·学而》记载的这段子禽与子贡的对话，引出子贡对孔子品格的概括，这就是温和、善良、恭敬、俭朴、谦让。其实这也是孔子倡导的君子品格。在一些谈话中，孔子还提到君子应该具备的另外某些品格。如"食无求饱，居无求安，敏于事而慎于言"⑥，"先行其言而后从之"⑦，"言之不

---

① 《论语·子罕》，《十三经注疏》，中华书局1982年版，第2491页。
② 《论语·颜渊》，《十三经注疏》，中华书局1982年版，第2503页。
③ 《论语·宪问》，《十三经注疏》，中华书局1982年版，第2512页。
④ 《论语·颜渊》，《十三经注疏》，中华书局1982年版，第2505页。
⑤ 《论语·学而》，《十三经注疏》，中华书局1982年版，第2458页。
⑥ 《论语·学而》，《十三经注疏》，中华书局1982年版，第2458页。
⑦ 《论语·为政》，《十三经注疏》，中华书局1982年版，第2462页。

出，耻躬之不逮""讷于言而敏于行"①，"不患人之不己知，患其不能也"②
的言行一致、多做少说的修养。如"贫而乐，富而好礼"以及"不患人
之不己知，患不知人"③和"不患无位，患所以立。不患莫己知，求为可知
也"④的谦恭低调的行事风格。君子还必须清醒地控制自己的欲望，知道
自己在各个年龄段需要戒备什么："君子有三戒：少之时，血气未定，戒
之在色；及其壮也，血气方刚，戒之在斗；及其老也，血气既衰，戒之在
得。"⑤等等。最后，特别重要的是，孔子认为君子是一个不倦的思想者，
永远不要停止自己的思考，应该时刻准备着将自己思维的触觉伸向任何
地方：

> 孔子曰："君子有九思：视思明，听思聪，色思温，言思忠，事
> 思敬，疑思问，忿思难，见得思义。"⑥

孔子这段话的意思是，君子有九种考虑：看时要考虑是否看明白了；听时
要考虑是否听清楚了；脸色要考虑是否温和；容态要考虑是否恭敬；言论
要考虑是否忠实；做事要考虑是否认真；有疑虑时要考虑是否该问；愤恨
时要考虑是否有后患；看到可得的利益时要考虑是否该得。总之，在孔子
看来，思考要贯彻于待人处事的全过程、全方位，注意每一个关键的节
点，思考自己如何应对及其利弊得失，使自己的思考、言行在任何时候和
任何地方都保持在最佳状态，不失君子的思想、价值和风度。

孔子的君子人格是面对所有人的：任何人通过自己的修为都可以成为
君子。不过，在孔子心目中，他实际上将君子人格更多地定位于士阶层，
所以他有时说"君子如何"，有时也说"士如何"。士不必人人都成为君

---

① 《论语·里仁》，《十三经注疏》，中华书局 1982 年版，第 2472 页。
② 《论语·宪问》，《十三经注疏》，中华书局 1982 年版，第 2512 页。
③ 《论语·学而》，《十三经注疏》，中华书局 1982 年版，第 2471 页。
④ 《论语·里仁》，《十三经注疏》，中华书局 1982 年版，第 2471 页。
⑤ 《论语·季氏》，《十三经注疏》，中华书局 1982 年版，第 2522 页。
⑥ 《论语·季氏》，《十三经注疏》，中华书局 1982 年版，第 2522 页。

子，但孔子真诚地期望更多的士成为君子，他始终对士寄予厚望。这是因为，春秋时期的中国历史进入"礼崩乐坏"的巨变时代，"学在王官"的格局被打破，文化下移，私学诞生。过去服务于官府的文化人"散而至四方"，而通过私学教育使一批平民出身的青年才俊获得文化知识。这两部分人构成了士阶层的主体。这些人因为具有相当的文化知识，善于思考，作为思想和文化的载体，游走于朝野，出入于庙堂，盘桓于学校，是思想最活跃的一个群体，也是对当时的政治和思想能够发挥最大影响的一个群体。尽管他们还达不到战国时期纵横家"一怒而诸侯惧，安居而天下息"的水准，但已经引起当权者的注目和重视。因为他们在政治和思想文化上的能量和影响越来越大，孔子自然对他们倾注了极大的热望和激情。加之他自己也是此一队伍中的一员，所以他就将改变当时社会失序运行的希望寄托在这个群体身上。孔子提出君子人格，潜藏于胸中的愿望是提升这一群体的水平、势能和影响力，使之成为当时政治思想和时尚的引领者，肩负起新的使命与担当，将混乱的时代引向"克己复礼"的坦途，引向他认定的社会复兴之路。然而，"历史喜欢作弄人，喜欢同人们开玩笑，本来要到这个房间，结果却走进了另一个房间。"① 春秋晚期，特别是战国时期的历史并没有按照孔子的设计发展，它的走向几乎与孔子的愿望背道而驰。他所瞩望的君子们几乎在其后的战国时代都走向为新兴地主阶级服务的道路，在封建化的变革中演出了英勇悲壮的活剧，留下了浓墨重彩的历史画卷。

孔子创造的君子人格，经过后世儒家，尤其是孟子的丰富发展弘扬，逐渐定格为一个崇高的道德和智慧的形象，成为引领社会正义、使命和担当的一面旗帜，在中国的政治和社会生活中产生了持久而积极的影响。

---

① 《列宁全集》第 20 卷，人民出版社 1989 年版，第 459 页。

第三十三章　生活情趣

　　孔子笃仁行义，无论是肃穆庄重的政治外交活动、还是严肃活泼的教学活动，抑或是日常的待人接物、饮食起居，他都是循礼而行，自然而然地展示自己的君子形象，成为弟子们尊仰和崇拜的师长。

　　先看孔子在政治活动中的表现，《论语·乡党》有比较生动的记载：

　　　　朝，与下大夫言，侃侃如也；与上大夫言，訚訚如也。君在，踧踖如也，与与如也。①

意思是，孔子上朝的时候，如果国君不在场，他与职务较低的下大夫谈话就轻松自如；同职务较高的上大夫谈话就和颜悦色；国君在场的时候，他就显得局促不安，小心谨慎。不过，此时的孔子还是能畅所欲言，将自己的观点毫无保留地说出来："其在宗庙朝廷，便便言，唯谨尔。"意思是在宗庙祭祀和朝廷朝见时，孔子十分健谈，只是比较谨慎而已。孔子上朝的全过程是这样的：

　　　　入公门，鞠躬如也，如不容。立不中门，行不履阈。过位，色勃如也，足躩如也，其言似不足者。摄齐升堂，鞠躬如也，屏气似

---

① 《论语·乡党》，《十三经注疏》，中华书局 1982 年版，第 2493 页。

不息者。出，降一等，逞颜色，怡怡如也。没阶，趋进，翼如也。复其位，踧踖如也。①

意思是，孔子步入朝廷大门，恭敬谨慎，像是没有容身之地似的。他不在中间站立，进门时不踩门槛，经过国君的座位时，面色矜持庄重，脚步也快，说起话来好像力气不足似的。他提起衣摆升堂，恭敬谨慎，紧屏气息，就像停止了呼吸一样。由朝中出来，走下一级台阶后，脸色开始舒展起来，显出怡然自得的样子。下完台阶，快步向前，就像鸟儿展翅一样。回到自己的位置上，又显得恭谨有礼。孔子奉诏接待宾客是这样的：

君召使宾，色勃如也，足躩如也。揖所与立，左右手，衣前后，襜如也。趋进，翼如也。宾退，必复命曰："宾不顾也。"②

意思是，鲁君召孔子，让他接待宾客的时候，他的脸色就变得矜持庄重，脚步也加快起来，边走边向站立左右两旁的人不停地拱手作揖，衣服也向前向后自然地摆动着。他以小步快速向前走，就像鸟儿张开翅膀一样。宾客辞别后，他一定向国君汇报说："宾客已经走了。"孔子奉命出使诸侯国时，与在本国朝堂上的表现又不一样：

执圭，鞠躬如也，如不胜。上如揖，下如授。勃如战色，足缩缩，如有循。享礼，有容色。私觌，愉愉如也。③

意思是，孔子出使邻国，举行典礼时手执玉圭，恭敬谨慎，就好像举不起来似的。向上举犹如作揖，向下来像是交给别人。面色极其庄严，如同作战一般。迈着小碎步行进，好像沿着一条线走动。在赠献礼物的时候，和

---

① 《论语·乡党》，《十三经注疏》，中华书局 1982 年版，第 2494 页。
② 《论语·乡党》，《十三经注疏》，中华书局 1982 年版，第 2493 页。
③ 《论语·乡党》，《十三经注疏》，中华书局 1982 年版，第 2494 页。

颜悦色。私下会见的时候，则显得轻松愉快。

总之，孔子在政治和外交活动中，一言一行，一动一静，都是严肃认真，一丝不苟，时空转换，舒放自如，显示出适应不同角色的能力和水平。

在朝堂之外，孔子也特别注重与国君有关的礼仪：

> 君赐食，必正席先尝之。君赐腥，必熟而荐之。君赐生，必畜之。侍食于君，君祭，先饭。疾，君视之，东首，加朝服，拖绅。君命召，不俟驾行矣。①

意思是，国君赐给食物，一定摆正座席先尝一尝。国君赐给生肉，一定煮熟供奉祖先。国君赐给活物如禽兽之类，一定要饲养起来。侍奉国君吃饭的时候，在他举行饭前祭礼时，一定要将饭菜先尝一尝。孔子生病，国君前来探视的时候，他一定起身，面向东，将朝服和绅带盖在床上表示迎接。一旦国君召见的命令传来，他不等套好马车即步行上路，展示对君命如山的极度重视。

孔子循礼也表现在对礼仪的变通与坚持：

> 子曰："麻冕，礼也；今也纯，俭，吾从众。拜下，礼也；今拜乎上，泰也；虽违众，吾从下。"②

意思是，麻布制成的礼冠是符合礼节的，现在改为丝制，这样比较俭省，我同意大家的做法。臣见君，先在堂下磕头，升堂又磕头，这是合乎礼节的。现在只是升堂磕头，这是越礼的。虽然违犯大家的做法，我仍然主张堂下和堂上都磕头。

---

① 《论语·乡党》，《十三经注疏》，中华书局 1982 年版，第 2495—2496 页。
② 《论语·子罕》，《十三经注疏》，中华书局 1982 年版，第 2489 页。

　　孔子对于乡党，尊仰有加。"孔子于乡党，恂恂如也，似不能言者。"在家乡，他显得恭顺拘谨，好像不会说话似的，目的是不让乡亲们感觉他们之间有隔阂，不因他地位的升高而感觉与之拉开距离。孔子对于朋友，笃信诚敬。朋友去世，如无力归葬，孔子一定出钱出面，让朋友得到体面的殡葬。

　　孔子平时对遭遇丧事的人家表示同情，吊丧时陪同主人哭泣，在有丧事的人家吃饭，从不吃饱。对官员、残疾人和履行公务的人都表示同情、理解和尊重：

　　　　见齐衰者，虽狎，必变。见冕者与瞽者，虽亵，必以貌。凶服者式之。式负版者。有盛馔，必变色而作。迅雷风烈必变。①

意思是，孔子看见穿丧服的人，即使平时关系密切的，也一定要变得严肃端庄。看见官员和盲人，即使彼此熟悉，也一定有礼貌。乘车时遇见穿丧服的人，一定将身体微俯在横木上，表示钦敬。遇见背负图籍的人也一定如此。做客时如有丰盛的宴席，一定要改变神色站起来。遇到迅雷疾风，也一定要改变神色。总而言之，孔子一定让自己对外界事物的变化做出相当的回应并使这种回应符合礼数。孔子在平时的生活中，也总是不忘礼的规范，行路坐车也都使之合礼合规："升车，必正立，执绥。车中，不内顾，不疾言，不亲指。"② 即是说，孔子上车时，一定端端正正地站好，然后拉着车绥上去。在车内，不回头看，不很快地说话，不用手指指划划。

　　孔子并不认为追求生活的舒适、营养、卫生违反"俭"的原则，"子之燕居，申申如也，夭夭如也。"③ 意思是，孔子闲居在家时，衣冠楚楚，和舒悠闲，还是比较舒适随便的。他自己的衣食安排，在正常情况下还是比较讲究的。如自己穿衣，他就要求既符合君子的身份而又可体舒适：

---

① 《论语·乡党》，《十三经注疏》，中华书局1982年版，第2496页。

② 《论语·乡党》，《十三经注疏》，中华书局1982年版，第2496页。

③ 《论语·述而》，《十三经注疏》，中华书局1982年版，第2481页。

　　君子不以绀緅饰，红紫不以为亵服。当暑，袗絺绤，必表而出之。缁衣，羔裘；黄衣，狐裘。亵裘长，短右袂。必有寝衣，长一身有半。狐貉之厚以居。去丧无所不佩。非帷裳，必杀之。羔裘玄冠不以吊。吉月，必朝服而朝。①

意思是：君子不用深青透红色和黑中透红色布镶边，不用红色和紫色的布料做便服。夏季穿粗细葛布做的单衣，但一定要套在外面。黑色的罩衣，配羔羊皮袍；白色的罩衣，配小鹿皮袍；黄色的罩衣，配狐貉皮袍。居家穿的皮袍做得要长一些，可右边的袖子要短些。睡觉一定有小被，长度为一身之半。用狐貉的厚皮做坐垫。服丧期满后可佩戴各种装饰品。如果不是礼服，一定加以剪裁。不穿戴羔羊皮袍和黑色礼冠去吊丧。每月初一，一定要穿上礼服去朝拜国君。你看，孔子的穿衣够讲究了吧？他的衣服从面料选择，到式样、颜色搭配，无不遵循合礼、舒适、庄重、美观的原则。

　　孔子在饮食上同样是讲究的，请看：

　　食不厌精，脍不厌细。食饐而餲，鱼馁而肉败，不食。色恶，不食。臭恶，不食。失饪，不食。不时，不食。割不正，不食。不得其酱，不食。肉虽多，不使胜食气。唯酒无量，不及乱。沽酒市脯，不食。不撤姜食，不多食。祭于公，不宿肉。祭肉不出三日。出三日，不食之矣。②

意思是：粮食不嫌舂得精，肉不嫌切得细。食物陈旧变味，鱼肉腐烂变质，不吃。食物颜色不正，不吃。气味难闻，不吃。烹调不当，不吃。蔬菜不新鲜，不吃。肉割取的部位不好，不吃。没有调味的酱醋，不吃。酒席上的肉虽多，但不要超过饭量。只有饮酒不限量，但不要喝醉。从市场

① 《论语·乡党》，《十三经注疏》，中华书局1982年版，第2494页。
② 《论语·乡党》，《十三经注疏》，中华书局1982年版，第2495页。

上买来的酒和肉干，不吃。吃饭时备有姜食，但不多吃。参加国君的祭祀典礼，分得的祭肉不要隔夜再吃。祭肉留存的时间不得超过三天。一旦超过，就不吃它了。孔子在饮食上有如此多的规定，在一般贫困的百姓眼里，肯定认为是要不得的穷讲究了。但不要忘了，孔子当时的身份是贵族，还曾担任过鲁国大司寇之类的高官。他对饮食的要求，有些可能与当时的礼制有关，有些则是他自己在生活中形成的习惯。现在看来，这些习惯大部分符合科学的饮食原则。如他规定的十个"不吃"，绝大部分是对的。其中最重要的是，不吃腐烂变质和不新鲜的食品，每顿饭都要有姜佐餐，不要吃得过饱。对祭肉的处理，因为关乎礼制，所以应该吃，但须严格限定时间，三天以后，就不能再食用，因为超过这个时间，肉就腐烂变质了。

正因为孔子的衣食起居基本符合科学原则的要求，所以尽管他一生并不顺风顺水而是屡遭坎坷：政治理想难以实现，周游列国频频遇险，少年丧父，中年丧妻，老年丧子，人生不如意的事情他几乎都遇到了，但他仍然活了 73 岁。在那个时代，这就是高寿了。根据考古资料，那时中国人的平均寿命不过 40 岁左右。孔子之所以能够超出当时人平均寿命许多，显然与他参透生死的坦荡胸襟、超出一般平民百姓的生活水准和良好的饮食起居的习惯不无关系。

第三十四章　身后之荣

公元前479年二月十日夜，孔子睿智的大脑停止了思考，一代哲人永远地安息了。对于他的逝世，除了亲人、弟子、朋友的哀思和鲁哀公的悲悼外，在当时的列国间几乎没有引起什么反响。忙于列国间争战和内部争权夺利的权贵们，早已把他们视为迂阔、固执而不合时宜的孔子抛到九霄云外了。

孔子生前，除了五个年头看似显赫的从政生涯外，基本上是在读书、研究和教学活动中度过的。他热衷政治却屡遭冷眼，期望发达却难脱布衣之身。几乎终生与高官显贵熟稔，却与富贵荣华疏离。死后一段时间也显得异常寂寞冷清。然而，由于他描绘了"大同"世界的诱人蓝图，提出了"仁者爱人"的美好理想，设计了"尊天子，抑诸侯""强公室，抑私门"，在上者"帅己正人"，在下者克己循礼，上下协和、远近一致，使老者生活安定，壮者人尽其才，少年受到教育和关怀的救世方案；由于他创办私学，致力教育，桃李满天下，使儒家学派后继有人；由于他整理六经，保存了大量灿烂的古代文化遗产，为后来中国思想文化的发展留下了丰厚的资料；更由于他毕生追求真理，不倦探索人生，执着理想，坚守节操，丢官弃家无悔意，颠沛流离甘如饴，成为他自己倡导的"岁寒知松柏之后凋"的君子人格的榜样；秦汉以后，经过数代儒家后学改造过的儒家思想适应了封建时代政治与社会的需要，被确立为主流意识形态，孔子的社会政治思想和伦理观念则成为构建中华民族心理的重要内容之一，融汇到民族的血液中；经过两千多年风雨的锤炼和一代又一代思想家、政治家、文学家，尤其是广大人民的筛选，儒学成为无处不在、无时不在的深固不摇的中华民族传统思想文化的基石。

在中国封建社会里，随着儒学成为统治思想，孔子也摆脱了昔日的寂寞和冷清，一代又一代的封建王朝对他的祭典越来越隆重，追封的头衔越来越显赫。他的墓前树起了高大的石碑，建起了宏伟的享殿。他的故居被不断扩展重建。他的故居旁，建起了仅次于北京紫禁城的巍峨建筑群孔庙。孔子的雕像，头戴王冠，身着王服，安坐在大成殿正中，阅尽人间春色。他的灵前，四季供品丰饶，香烟缭绕，鼓乐不断。不管中国政治舞台上的主人是汉族皇帝，还是契丹、女真、蒙古、满族君王，孔子都不受影响地享受着最高规格的祭祀。这就使他逐渐脱离了哲人、智者和教育家的形象，变成满身圣光的神灵了。

第一次完成中国历史上真正统一的秦王朝，仅仅存在了15年（前221—前206年），就被秦末农民起义的怒火烧塌。由于它实行"以法为教，以吏为师"的独尊法术的文化专制主义政策，并在公元前213—前212年导演出"焚书坑儒"的惨剧，儒家学者及儒家思想受到一次致命的打击。但是，秦朝二世而亡的悲剧引起西汉王朝君臣的警醒，在反思秦亡教训的思潮漫卷朝野的氛围里，儒学的功能日益被认识和提升。汉十一年（前196年）十一月，西汉开国皇帝刘邦驾临曲阜，以太牢的最高礼仪祭祀了孔子。这是中国统一王朝的帝王第一次在孔子灵前献祭致敬，开启了孔子和儒学在中国历史上被尊崇的绵绵进程。汉武帝建元元年（前140年），董仲舒献"天人三策"，提出"罢黜百家，独尊儒术"的思想文化政策建议，得到武帝的首肯。四年之后，武帝下令置五经博士，钦定儒家经典《诗》《书》《礼》《易》《春秋》等在太学和全国各类学校传授，儒学开始了强劲复兴的势头。汉宣帝地节三年（前67年），孔子第13世孙孔霸应招授太子经。汉元帝初元元年（前48年），孔霸被任为太师，赐爵关内侯。五年后，孔霸晋爵褒成侯，食邑800户，以祀孔子，子孙世袭。汉平帝元始元年（公元1年），封孔霸曾孙、孔子第16世孙孔均为褒成侯，以祀孔子。同时追封孔子为褒成宣尼公。东汉建武五年（公元 29 年），光武帝刘秀亲至孔子故里，使大司空宋弘祭祀孔子。建武十四年（公元 38 年），光武帝封孔子第 17 世孙孔志为褒成侯。汉明帝永平二年（公元 59 年），下令郡国、县道行乡饮酒礼于学校，祭祀周公、孔子，这是学校祭祀孔子之始。永平十五年（公元 72 年），明帝亲至孔子故里，祭祀孔子及 72 弟子。并亲御讲堂，命太子、诸王说经，封孔子第 18 世孙孔损为褒成侯。和帝永元四年（公元 92 年），徙封孔损为褒亭侯，食邑 1000 户。延光三年（公元 124 年），汉安帝亲至孔子故里，祭祀孔子及 72 弟子，封孔子第 18 世孙孔曜为奉圣亭侯。阳嘉二年（公元 133 年），任命孔子第 19 世孙孔扶为司空。在此前后，移孔子庙于孔子旧宅（今曲阜孔庙内杏坛附近）。汉桓帝元嘉二年（公元 152 年），鲁国国相乙瑛请为孔子庙置百石卒吏一人。汉桓帝永兴元年（公元 153 年），鲁国相请任命孔子裔孙孔龢为百石卒吏。汉桓帝永寿二年（公元 156 年），鲁国相督修孔子墓和孔子庙，造礼器，做朝车。汉桓帝延熹七年（公元 164 年），为孔子第 19 世孙、泰山都尉孔宙立碑。汉灵帝建宁元年（168 年），鲁国相史晨到任，亲谒孔子庙。第二年，封孔子第 20 世孙孔完为褒亭侯，鲁国相史晨确立春秋祭祀孔子的制度。汉灵帝光和元年（178 年），画孔子及 72 弟子像于鸿都门学。

魏晋南北朝时期，对孔子的追封和对孔子后裔的封赏继续进行。

魏文帝黄初二年（公元 221 年），设置以曲阜为郡城的鲁郡。封孔子第 21 世孙孔羡为宗圣侯，令郡守监修孔子庙，置百石吏卒守卫，在庙外广筑屋宇供学者居住。魏明帝太和二年（公元 228 年），使太常以太牢之礼祭祀孔子于辟雍。魏齐王以正始五年（公元 244 年）、正始六年，两次使太常以太牢之礼祭祀孔子于辟雍。晋武帝泰始三年（公元 267 年），诏太学及鲁国春夏秋冬四时备三牲祭祀孔子。徙宗圣侯、孔子第 22 世孙孔震为奉圣亭侯。泰始七年（公元 271 年），命皇太子以太牢之礼祭祀孔子。晋明帝太宁三年（公元 325 年），诏给孔子第 23 世孙、奉圣亭侯孔亭以经费，四时祭祀孔子。咸康元年（公元 335 年），晋成帝讲《诗经》，亲自祭祀孔子。升平元年（公元 357 年），晋穆帝讲《孝经》，亲自祭祀孔子。太元十一年（公元 386 年），晋孝武帝封孔靖之为奉圣亭侯，奉孔子祀。三年后，晋孝武帝下诏修孔子庙，颁六经于孔子庙。元嘉十九年（公元 442 年），宋文帝诏修孔子庙，设五户护理孔子庙。封孔子裔孙孔隐之为奉圣亭侯。元嘉二十七年（公元 450 年），北魏太武帝遣使祭祀孔子。第二年，以孔惠云取代孔隐之为奉圣侯。孝建元年（公元 454 年），宋孝武帝下诏建孔子庙，规制同诸侯王祀制。黄兴二年（公元 468 年），北魏献文帝遣中书令高允兼太常至兖州，以太牢之礼祭祀孔子。延兴二年（公元 472 年），北魏孝文帝钦定祭祀孔子庙规制。第二年，任命孔子第 27 世孙孔乘为崇圣大夫，给 10 户以供洒扫。太和十三年（公元 489 年），魏孝文帝诏令立孔子庙于京师。后三年，修订周公、孔子祭祀规制，改谥孔子为文圣尼父。太和十九年（公元 495 年），魏孝文帝亲临孔子故里，祭祀孔子，封孔子第 28 世孙孔灵珍为崇圣侯，食邑 100 户。诏令为孔子林墓栽种柏树，修饰坟茔。魏宣武帝正始二年（公元 505 年），南朝梁立孔子庙。梁武帝天监（502—519 年）中，荆州刺史萧绎在州学立宣尼庙，为州县建立孔庙之始。正光二年（公元 521 年），魏孝明帝祭祀孔子。永熙三年（公元 534 年），魏孝武帝亲自祭祀孔子，命诸大臣讲经。东魏孝静帝兴和元年（公元 539 年），兖州刺史李珽督修孔子及 10 弟子塑像，立碑庙中。天保元年（公元 550 年），齐文帝改封孔子第 31 世孙、原崇圣公孔长孙为恭圣侯，遣使至曲阜祭祀孔子，诏令修孔子庙。大象二年（公元 580 年），周静帝亲行释奠礼，追封孔子为邹国公，由嫡长孙承袭爵位。在京师建孔子庙。

隋唐五代时期，对孔子的追封和对其后裔的褒奖进一步加码。

大业四年（公元 608 年），隋炀帝封孔子第 32 世孙孔嗣悊为绍圣侯，食邑百户。四年后，曲阜县令陈叔毅督修孔庙。武德二年（公元 619 年），唐高祖诏令立周公、孔子庙于京师国子监。武德九年（公元 626 年），唐高祖诏令封孔子第 33 世孙孔德伦为褒圣侯，食邑百户。擢孔子裔孙孔颖达为国子博士。诏令修故里孔子庙，由虞世南撰孔子庙堂文。贞观元年

（公元 627 年），唐太宗封孔颖达为县男。第二年，诏升孔子为先圣。贞观四年（公元 630 年），诏令州县学皆建孔子庙。贞观十一年（公元 637 年），诏尊孔子为宣父，在兖州阙里建孔子庙。孔颖达、颜师古主撰五礼成，皆晋爵为子。三年后，唐太宗亲自行释奠礼，命国子祭酒孔颖达讲《孝经.》。贞观二十一年（公元 647 年），诏令以先儒配享孔子庙。显庆二年（公元 657 年），唐高宗诏令定释奠先圣、先师之礼。乾封元年（公元 666 年），唐高宗亲至曲阜，祭祀孔子，追赠为太师，免除褒圣侯子孙赋役。下一年，兖州都督霍王李元轨承制督修阙里孔子庙，孔子庙大大扩建。总章元年（公元 668 年），高宗命皇太子行释奠礼于国子监，追赠颜子为太子少师，曾子为太子少保，并在阙里立孔子庙碑。咸亨元年（公元 670 年），高宗诏令全国州县皆建孔子庙。天授元年（公元 690 年），武则天追封周公为褒德王、孔子为隆道公，赐孔子第 33 世孙、褒圣侯孔德伦敕书及时服。天证圣元年（公元 695 年），武则天诏命孔子第 34 世孙孔崇基承袭褒圣侯。神龙元年（公元 705 年），唐中宗任命孔崇基为朝散大夫，陪祭朝会。诏命以邹鲁百户为隆道公采邑，收其租税供荐享之用。孔子嫡裔孙世袭褒圣侯。太极元年（公元 712 年），唐睿宗诏令兖州拨 30 户供孔子庙洒扫。开元五年（公元 717 年），孔子第 35 世孙孔璲之袭封褒圣侯。下一年，兖州牧韦元圭、褒圣侯孔璲之、县令田思昭一起督修阙里孔子庙。开元八年（公元 720 年），初定"十哲"，配享孔子庙。开元十三年（公元 725 年），唐玄宗亲至曲阜阙里，遣礼部尚书苏颋以太牢之礼祭祀孔子墓，致祭孔子祠。进一步扩大孔子庙。开元二十年（公元 732 年），完成《开元礼》，其中规定州县祭祀孔子之礼规范化。开元二十七年（公元 739 年），唐玄宗追赠孔子为文宣王，赠十哲及曾子等 67 人为公侯伯爵，晋褒圣侯孔璲之为文宣公兼兖州长史。孔子庙内塑像改为面向朝南，饰王者衮冕之服。上元二年（公元 761 年），唐肃宗诏命文宣公位二品文官下。唐德宗建中三年（公元 782 年），孔子第 37 世孙孔齐卿袭封文宣公，复置孔子庙洒扫 50 户。唐宪宗元和十三年（公元 818 年），孔子第 38 世孙孔惟晊袭封文宣公。唐武宗会昌元年（公元 841 年），任命孔惟晊之子孔策为

《尚书》博士。下一年，孔策袭封文宣公。大中元年（公元 847 年），唐宣宗诏令给文宣公封户绢百尺，充春秋祭祀之用。咸通四年（公元 863 年），唐懿宗赐孔子第 40 世孙孔振进士第一及第。诏给林庙 50 户供洒扫。咸通七年（公元 866 年），任命孔子第 40 世孙孔续为曲阜县令，此为孔氏族人任本县令之始。下一年，任命孔子第 39 世孙孔温羽为天平节度使、郓曹濮观察使。他不久即以私封修葺孔子庙。龙纪元年（公元 889 年），唐昭宗任命孔子裔孙孔纬为司徒，封鲁国公。天祐二年（公元 905 年），唐哀帝任命孔子第 42 世孙孔光嗣为斋郎、泗水县主簿。后梁末帝乾化三年（公元 913 年），庙户孔末杀孔光嗣，冒充孔子嫡裔。长兴元年（930 年），后唐明宗诛杀孔末，恢复孔子嫡裔的权位，以孔子第 43 世孙孔仁玉主持孔子祭祀，任命为本县主簿。下一年，修复孔子庙。再下一年，任命孔仁玉为龚邱令，袭封文宣公。广顺二年（公元 952 年），后周太祖亲至阙里，祭祀孔子，礼拜墓、庙。命兖州太守主持修葺墓所祠宇。召见县令孔仁玉，诏命其兼监察御史，赐五吕服及金银杂彩。后周太祖显德元年（公元 954 年）以后，兖州太守创建尼山孔子庙。

宋辽金元时期，是儒学新的形式理学大盛的时代，也是孔子及其弟子以及儒家后学如孟子等急剧升值的时代，对孔子及其弟子的追封更上一层楼，对孔子嫡系后裔的封赐自然也水涨船高，超迈前代。

建隆元年（960 年），宋太祖亲谒孔子庙，诏令增修祠宇，绘先圣先贤先儒像。接着，建隆二年，诏令贡举人在国子监谒拜孔子。建隆三年，诏令祭祀孔子庙用一品礼，庙门两边立 16 戟。建隆四年，任命孔仁玉之子、孔子 44 世孙孔宜为曲阜县主簿。太平兴国三年（978 年），宋太宗封孔宜为文宣公，免除赋役。太平兴国八年（983 年），宋太宗诏令修葺阙里孔子庙，增建御书楼，进一步扩大规模。端拱元年（988 年），宋太宗在孔子庙举行释奠礼。淳化元年（990 年）、五年（994 年），宋太宗两次拜谒孔子庙。至道三年（997 年），宋太宗授予孔宜之子、孔子第 45 世孙孔延世为曲阜县令，袭封文宣公，赐太宗御书并九经及银帛。景德三年（1006 年），宋真宗允准京东转运使五钦若关于修建诸道孔子庙的奏请。

下一年，诏令兖州增加孔子守茔 20 户。赐孔延世之子孔圣佑同学究出身。大中祥符元年（1008 年），宋真宗亲至阙里，拜谒孔子庙、孔子墓，追封孔子为玄圣文宣王。追封孔子夫人亓官氏为郓国夫人，追封孔子之父叔梁纥为齐国公、孔子之母颜氏为鲁国夫人。赐祭田百顷及钱帛。又赐太宗御制书 150 卷，藏于孔子庙书楼。任命孔勖为太常博士兼曲阜知县。下一年，诏令建立孔子庙学舍。颁赐孔子庙桓圭一，给孔子塑像加冕九旒、服九章，从上公制。同时追封孔子弟子，加左丘明等 19 人爵位。诏令太常礼院制定州县释奠礼所用器物种类和数量。大中祥符三年（1010 年），颁发释奠礼仪及祭器图，建庙学。下一年，诏令诸州立孔子庙。大中祥符五年（1012 年），改曲阜县为仙源县。改谥孔子为至圣文宣王。赐孔勖之子孔道辅进士及第。大中祥符九年（1016 年），任命孔道辅为大理寺丞，兼仙源知县，主持孔子祭祀。天禧二年（1018 年），宋真宗诏令孔道辅督修阙里孔子庙，赐文宣公家祭冕服。天禧五年（1021 年），孔子第 45 世孙孔圣佑袭封文宣公，兼仙源知县。宋真宗乾兴元年（1022 年），孔道辅监修阙里孔子庙，将大殿移后，在旧殿基建杏坛，杏坛前建御碑殿，殿内树宋真宗赞孔子碑。兖州知州修葺庙学，始增学田。天圣二年（1024 年），宋仁宗拜谒孔子庙。景祐二年（1035 年），诏令释奠孔子庙用凝安九成之乐。景祐四年（1037 年），宋仁宗任命孔道辅知兖州，孔道辅于阙里孔子庙内齐国公殿前建五贤堂，祭祀孟子、荀子、扬雄、王通、韩愈，并在邹县东郊孟子墓旁建孟子庙。宝元二年（1039 年），宋仁宗以孔子第 46 世孙孔宗愿袭封袭封文宣公，兼仙源知县。庆历三年（1043 年），文宣公立尼山庙学、学舍，置祭田。下一年，宋仁宗敕命本县中户 50 人充孔子庙洒扫。始立县学。宋仁宗拜谒孔子庙。下一年，孔宗亮被任命为仙源知县。庆历八年（1048 年），宋仁宗诏令齐国公易以九章之服，于圣殿后立庙祭祀。皇祐二年（1050 年），宋仁宗封尼山神为毓圣侯。至和二年（1055 年），宋仁宗改封孔子第 46 世孙孔宗愿为衍圣公，此爵位一直延续至清朝灭亡。嘉祐六年（1061 年），宋仁宗颁御书宣圣殿庙额及大成殿榜于阙里孔子庙。遣兖州通判田询祭告孔子。熙宁元年（1068 年），宋神宗改封孔子第 47 世孙孔若蒙为奉圣公，兼仙源县主簿。熙宁七年（1074年），定学校释奠、10 哲从祀制。熙宁八年（1075 年），制定先贤先儒冠服制度。元丰元年（1078 年），宋神宗诏令兖州修葺孔子庙。元丰六年（1078 年），封孟子为邹国公。元祐元年（1086 年），宋哲宗诏命改建三氏学于孔子庙东南隅，设置庙学教授一员，增赐孔子祭田 100 大顷。元祐四年（1089 年），诏令增置三氏学学正、学录各一员，教奉圣公胄子。元祐六年（1091 年），宋哲宗拜谒孔子庙。两年后，诏增孔氏祭田 100 大顷。绍圣三年（1096 年），宋哲宗敕命转运使修葺阙里孔子庙，孔若蒙监修。元符元年（1098 年），孔子第 47 世孙孔若虚袭封奉圣公。崇宁元年（1102年），宋徽宗追封孔鲤为泗水侯，孔伋为沂水侯。下一年，诏令孔氏选亲族一人判司簿尉事，世袭。崇宁三年（1104 年），朝廷颁颜子、孟子配享位次图。诏命改文宣王殿为大成殿。宋徽宗亲谒孔子庙，遣官分奠兖国公等。孔子第 48 世孙孔端友袭封衍圣公。下一年，增孔子冕服，如王者之制。大观元年（1107 年），宋徽宗诏令为孔子墓设赏钱 10 贯，严禁采伐孔林树木。下一年，诏令绘制子思像，从祀于左丘明 24 贤之间。又下一年，敕命常任孔子后人为本县主官。政和元年（1111 年），宋徽宗诏令更定孔门弟子封爵。政和四年（1114 年），颁大成殿额于孔子庙。下一年，诏令以乐正子配享孟庙，大晟乐成，选诸生练习。政和六年（1116 年），诏令增广天下学舍。赐孔子庙正声大乐器一副、礼器一副，颁释奠乐章于阙里。宣和元年（1119 年），立孔林石仪。宣和四年（1122 年），宋徽宗谒孔子庙，颁御制孔子像赞。

宋钦宗靖康二年（1127 年），金兵攻陷北宋都城汴京，掳去徽、钦二宗，史称靖康之变。中国北方沦为金国统治。宋徽宗之子赵构在江南重建朝廷，史称南宋。孔子后人一部分随宋室南迁，一部分留在故乡，由是有了孔氏族人的南宗北宗之别。宋高宗建炎二年（1128 年），衍圣公、孔子第 48 世孙孔端友离开故里去扬州陪祀，后迁居衢州，为衍圣公南宗之始。天会七年（1129 年），金朝改仙源县复为曲阜县。下一年，金太宗诏令免除衍圣公赐田赋税。天会十二年（1134 年），伪齐政权的刘豫封孔端友之弟孔端操之子孔璠为衍圣公。天会十五年（1137年），金太宗诏令立孔子庙于上京（今黑龙江哈尔滨市郊）。天眷三年（1140年），金熙宗封孔璠为衍圣公。下一年，金熙宗拜谒孔子庙。皇统二年（1142年），孔璠去世，其子、孔子第50世孙孔拯袭封衍圣公，修复孔子庙大成殿。皇统九年（1149年），修复阙里孔子庙正殿。大定三年（1163年），因前一年孔璠去世，金世宗封孔子第50世孙孔捴为衍圣公。大定十九年（1179年），阙里孔子庙郓国夫人寝殿建成。孔子庙进一步扩大规模。下一年，孔捴入朝，金朝任命他为曲阜县令。明昌元年（1190年），金章宗诏令修茸阙里孔子庙、庙学，拨补祭田，以孔门耆德孔端修为进义校尉。下一年，孔子第51世孙孔元措袭封衍圣公。重修阙里孔子庙。明昌四年（1193年），金章宗释奠孔子庙。下一年，增孔子庙田65顷。屋400间。明昌六年（1195年），阙里孔子庙修建完成，增塑贤儒像，赐藏书楼名奎文阁。赐衍圣公以下三献法服及登歌乐一部。命兖州节度使孙康以修庙告成祭告孔子，立庙碑。承安元年（1196年），金章宗诏令衍圣公孔元措入京陪祀郊天之礼。下一年，任命孔元措兼曲阜县令。泰和四年（1204年），金章宗释奠孔子庙。诏令州郡无庙学者增修。下一年，诏令进士名不得犯孔子讳。贞祐三年（1215年），任命中奉大夫、衍圣公孔元措为太常博士。宝庆元年（1225年），孔子第51世孙孔元用袭封衍圣公兼曲阜县令。蒙古太宗皇帝五年（1233年），蒙古军攻克汴京，金朝灭亡。孔元措仍被袭封为衍圣公，主持对孔子的祭祀。蒙古太宗皇帝九年（1237年），诏令孔元措修茸阙里孔子庙，免除守庙户赋税，免除三氏（孔、颜、孟）子孙世世赋役。蒙古太宗皇帝十二年（1237年），诏令衍圣公孔元措朝燕京。蒙古皇帝元年（1246年），修复阙里孔子庙郓国夫人后寝殿，以奉孔子、颜、孟等十哲像。蒙古宪宗皇帝元年（1251年）孔子第53世孙孔浈袭封衍圣公。第二年，因被孔治诬陷夺爵。中统二年（1261年），以进士杨庸为三氏学教授。诏令阙里孔子庙和书院岁时致祭，月朔释奠，禁止军马侵扰。至元四年（1267年），元世祖敕命修茸阙里孔子庙。定首领军朔望谒孔子之礼。修阙里孔子庙杏坛、奎文阁。将袭封衍圣公宅移出孔子庙，至此宅、庙分开。敕上都（今北京）重建孔子庙。至元十年（1273年），制定释奠官服制度。至元十九年（1282年），任命南宋朝袭封衍圣公孔洙为国子祭酒承务郎兼提举浙东学校事，衍圣公南北宗并立局面结束。修阙里孔子庙垣。至元二十一年（1284年），中书平章政事察罕帖木儿遣官祭祀阙里孔子庙。下一年，升孔治单州防御使，授其子袭任曲阜县尹。下一年，召庙学教授陈俨赴京师。至元二十四年（1287年），设儒学提举司。下一年，诏令免儒户杂徭。至元三十一年（1294年），诏令拨曲阜和沛县部分土地作为生徒学田，命江南行台照磨孔淑督造祭器。元贞元年（1295年），元成宗诏令修茸阙里林庙。封孔子第53世代孙孔治为衍圣公，以杨演为三氏学教授，孔思逮为学正，重建邹县孟子庙。下一年，设衍圣公知印官。大德元年（1297年），元成宗制定各级官员赴任谒庙制度，先谒圣庙，再谒其他诸神庙。下一年，太中大夫济宁路总管按檀不花督修阙里孔子庙。大德四年（1300年），诏令授给衍圣公四品官俸。下一年，立重修孔子庙碑，复给洒扫林庙28户。擢孔思诚国子监丞。济宁路总管按檀不花以修孔子庙余赀置祭田20顷。又下一年，诏令建孔子庙于京师。大德十一年（1307年），加封孔子大成至圣文宣王。至大元年（1308年），元武宗遣集贤学士王德渊赴曲阜祭祀孔子庙、颜子庙。下一年，制春秋二丁释奠用太牢之礼，置奎文阁典籍官。至大三年（1310年），运登歌乐器于阙里孔子庙。下一年，遣官李邦宁释奠于孔子庙，遣国子祭酒刘赓赴阙里祭告孔子庙。延祐三年（1316年），元仁宗诏令以孔子第54世孙孔思晦为中议大夫，袭封衍圣公。封孟子父为邾国公、母为邾国宣献夫人，诏令春秋释奠孔子，以颜子、曾子、子思，孟子配祭。延祐五年（1318年），置孔子庙雅乐。下一年，命三氏学官由衍圣公遴选，置阙里孔子庙司乐一员。下一年，遣官以太牢之礼祭祀孔子。至治二年（1323年），元英宗诏令有司赈济孔氏子孙贫乏者。下一年，遣官以太牢之礼祭祀孔子。泰定四年（1327年），泰定帝任命衍圣公孔思晦为嘉义大夫。至顺元年（1330年），元文宗加封孔子父为启圣王，母为启圣王夫人，颜子为兖国复圣公、曾子为郕国宗圣公，孔伋为沂国述圣公，孟子为邹国亚圣公。以董仲舒从祀孔子庙，位于 70 子之下。下一年，赐衍圣公三品银印。下一年，封圣配郓国夫人亓官氏为大成至圣文宣王夫人，诏令修阙里孔子庙。元统元年（1333 年），元惠宗命造孔子庙祭器，以籍没官产在郓境者赐衍圣公，其家奴令世世服役为洒扫户。下一年，立诏赐孔子庙田宅碑。至元元年（1335 年），元惠宗遣修撰王思诚赴曲阜祭告孔子。下一年，立上都（今内蒙古多伦）孔子庙碑。改塑杞国公像为九章之服。复尼山书院。至元五年（1339 年），元惠宗遣中奉大夫孔思立赴曲阜祭祀孔子。下一年，遣修撰周伯琦赴曲阜祭祀孔子。孔子第 55 世孙孔克坚袭封衍圣公。至正二年（1342 年），元惠宗遣集贤直学士郭孝基赴曲阜祭祀孔子。邹县尹邓彦礼重修子思书院。至正八年（1348 年），元惠宗诏令立加封启圣王碑。晋衍圣公秩中奉大夫，增二品银印。遣授经郎董立以香酒乾羊赴曲阜祭祀孔子。至正十四年（1354 年），邹县达鲁花赤马哈麻增塑颜、曾、思、孟四子像。下一年，元惠宗任命衍圣公孔克坚同知太常礼仪院事，旋摄太常卿，其子孔希学袭封衍圣公。至正十六年（1356 年），元惠宗遣集贤直学士杨俊民赴曲阜祭祀孔子。修葺庙宇。至正二十三年（1363 年），皇太子遣枢密院经历魏元礼赴曲阜祭祀孔子。以上史实表明，宋、辽、金、元时期，北中国先是在金朝统治下，后来全国纳入元朝版图，少数民族统治者对孔子的褒奖和对其嫡裔的礼遇丝毫不亚于汉族人建立的王朝。这说明，孔子及儒学对于中国政治、社会和思想的影响是任何统治者都必须正视的，所以他们采取的政策几乎是一脉相承并且后来居上。

　　明清二代（1368—1911 年）近五个半世纪的悠长岁月，是中国古代社会的最后阶段，也是统治者将对孔子的褒奖和对其嫡裔的礼遇推至最高水准的时期。洪武元年（1368 年），明太祖诏令以太牢之礼祭祀孔子于国学，并遣使赴曲阜祭祀孔子。召孔克坚赴南京亲自接见，封孔子第 56 世孙孔希学为衍圣公，置官署。名庙学为三氏子孙教授司，立尼山、洙泗两书院，各设山长一人，免除孔氏子孙徭役。任命孔氏族人孔希大为知县。赐衍圣公田 2000 大顷，置林庙洒扫户。下一年，诏令立县学，修射圃。洪武四年（1371 年），更定孔子庙祭乐舞。接着，颁孔子庙乐章。洪武七年（1374 年），修葺阙里孔子庙，改世袭知县为世职，由衍圣公保举。任命孔克伸为世职知县。免除衍圣公税粮 30 顷，颁乐器祭服。洪武十年（1377 年），敕修衍圣公府第，重建三氏学，增广孔林田 56 亩。洪武十五年（1382 年），诏令全国郡县通祀孔子。京师太学建成，明太祖亲行释奠礼。重修颜子庙。洪武十七年（1384 年），孔子第 57 世孙孔讷朝见明太祖，袭封衍圣公。下一年，免除圣贤后裔输作者。洪武二十年（1387 年），诏令修葺阙里孔子庙。洪武二十四年（1391 年），诏令郡县长吏朔望诣学校行香。洪武二十六年（1393 年），颁大成乐及乐器于府州县学遵照执行。洪武二十九年（1396 年），明太祖行释奠礼，诏令修葺阙里孔子庙。建文元年（1399 年）明惠帝行释奠礼。下一年，孔子第 58 世孙孔公鉴袭封衍圣公。永乐元年（1403 年），初建孔子庙于京师太学之东。永乐四年（1406 年），定祭祀先师孔子礼仪。下一年，赐衍圣公滋阳田 73 大顷。永乐八年（1410 年），孔子第 59 世孙孔彦缙袭封衍圣公。诏令正孔子庙圣贤衣冠，以合周制。下一年，遣行人雷迅监修阙里孔子庙。永乐十三年（1415 年），颁五经四书、《性理大全》于学宫。下一年，遣使至阙里祭祀孔子庙。永乐十五年（1417 年），立重修阙里孔子庙碑，修葺尼山孔子庙，复置尼山书院。永乐二十二年（1424 年），衍圣公孔彦缙晋京，贺明仁宗继位。赐衍圣公第于东安门北，赐衍圣公正一品服。洪熙元年（1425 年），明仁宗遣户部侍郎李昶赴曲阜祭祀少昊陵、孔子庙。宣德元年（1426 年），明宣宗遣太常寺丞孔克准赴曲阜祭祀少昊陵、孔子庙。宣德四年（1429 年），诏令修阙里雅乐及置乐舞生冠服。宣德九年（1434 年），遣工部侍郎周忱赴曲阜谒林庙，捐建金丝堂。正统元年（1436 年），明英宗遣国子司业赵琬赴曲阜祭祀少昊陵、孔子庙。遣行人李春瑜祭祀衍圣公孔彦缙之母胡氏。下一年，以宋儒胡安国、蔡沉、真德秀从祀孔子庙。正统九年（1444 年），明英宗释奠孔子庙，初设三氏学士员。建嘉祥曾子庙。正统十四年（1449 年），遣行人边永赴曲阜祭祀衍圣公孔彦缙之祖母王氏。景泰元年（1450 年），明代宗遣侍讲吴节赴曲阜祭祀孔子庙。皇帝召衍圣公孔彦缙率三氏子孙晋京观礼。景泰三年（1452 年），官颜、孟二氏子孙各一人，修葺颜子庙，给祭田 20 顷。景泰六年（1455年），以孔子第 61 世孙孔弘绪袭封衍圣公。增孔子庙两庑祭器。设颜子庙礼生 60 名。天顺元年（1457 年），明英宗遣工科右给事中孙昱赴曲阜祭祀孔子庙。衍圣公孔弘绪晋京朝拜皇帝，获增大第。授孔公恂礼科给事中。立颜、曾、思、孟像于文渊阁。天顺八年（1464 年），明英宗遣官祭祀孔林。诏令重修阙里孔子庙。成化元年（1465 年），明宪宗召衍圣公孔弘绪晋京陪祀孔子。遣吏部侍郎尹文赴曲阜祭祀孔子庙。颁给三氏学印，命三氏学三岁贡士一人。免除孔氏粮三分之一。成化五年（1469 年），遣官赴曲阜祭祀衍圣公孔弘绪之妻李氏。衍圣公孔弘绪废，其弟孔弘泰袭爵。巡按御史林诚立阙里孔子庙诸贤神主。成化十二年（1476 年），允准祭酒周洪谟请增孔子庙礼乐的奏议。下一年，遣翰林学士王献赴曲阜祭祀孔子庙，增孔子庙笾豆舞乐之数，用八佾。成化十六年（1480 年），诏令全国各地官员经过孔子庙者皆下马。增广阙里孔子庙制，于成化二十三年完成。下一年，遣行人汪舜民赴曲阜祭祀衍圣公孔弘泰之母王氏。再下一年，给颜子庙 25 户供洒扫。孔、颜、孟《三氏志》撰修完成。弘治元年（1488 年），明孝宗遣太常寺少卿田景贤赴曲阜祭祀孔子庙，召衍圣公孔弘泰入京陪祀。弘治七年（1494 年），衍圣公孔弘泰主持重修孔林驻跸亭、林墙及门楼，创建享殿。弘治十二年（1499 年），阙里孔子庙遭火灾，朝廷派员抚慰孔子后裔，视察灾情。下一年，阙里孔子庙动工重修，历时四年，耗银 15600 余两。重建的大成殿 28 根雕龙石柱为透雕。弘治十六年（1503 年），衍圣公孔弘泰病逝，朝廷遣行人赴曲阜致祭。孔子第 62 世孙孔闻韶袭封衍圣公。加孔氏世袭太常寺博士一人、翰林院五经博士一人。敕重修扩建衍圣公府，由大学士李东阳监工，始建孔府后花园。第二年，阙里孔子庙竣工，特遣大学士李东阳赴曲阜祭祀孔子，立碑于庙庭。弘治十八年（1505 年），提学副使陈镐著《阙里志》完成。正德元年（1507 年），明武宗遣光禄卿杨潭赴曲阜祭祀少昊陵、孔子庙。下一年，任命衍圣公次子袭五经博士，主持子思书院祭祀。正德七年（1512 年），因上一年刘六、刘七起义军攻占曲阜城及周围地区，"污书于池，秣马于庭"，孔子庙、衍圣公府均受到巨大损失，于是，朝廷决定"移县城卫庙"，重修阙里孔子庙和嘉祥曾子庙。下一年，命山东巡抚赵璜赴曲阜祭祀孔子庙。召衍圣公孔闻韶入京陪祀。正德十四年（1519年），重置奎文阁书籍。下一年，立三氏学学录题名碑，兖州知府罗凤补造阙里孔子庙祭器。嘉靖元年（1522年），明世宗遣吏部尚书石瑶赴曲阜祭祀孔子庙。孔子庙竣工，曲阜以卫庙为目的的新县城竣工。下一年，山东巡抚陈凤梧在孔林重修洙水桥，建石坊及庐墓堂。嘉靖三年（1524年），山东巡抚王尧封建义仓赈贷三氏子孙。重修洙泗讲坛。嘉靖六年（1527年），定三氏生员岁贡之例。下一年，颁明伦大典于学宫。嘉靖八年（1529年），立三氏学。行人司司正薛侃上疏陈述有关阙里孔子庙七事，其中要求尊孔子为至圣先师、在州县儒学孔子庙中立启圣祠等。嘉靖十二年（1533年），遣行人陈垲召衍圣公孔闻韶入京陪祀。嘉靖十七年（1538年），山东巡抚胡缵宗在孔子庙内建"金声玉振坊"，题城南门额"宫墙万仞"。嘉靖二十三年（1546年），山东巡抚曾铣在孔子庙内建"太和元气坊"。下一年，衍圣公孔闻韶病逝，其子、孔子第63世孙孔贞干袭封。嘉靖四十五年（1566年），诏令衍圣公选举二人送抚按考试题授知县。隆庆元年（1567年），明穆宗召衍圣公、孔子第64世孙孔尚贤入京陪祀。遣尚宝寺卿刘奋庸赴曲阜祭告孔子庙。隆庆三年（1569年），山东巡抚姜廷颐修葺孔子庙，重建杏坛。隆庆五年（1571年），明穆宗遣礼部左侍郎薛瑄赴曲阜祭告孔子庙。万历元年（1573年），明神宗遣尚宝寺丞张孟男赴曲阜祭告少昊陵、孔子庙。万历四年（1576年），明神宗遣布政司参议周舜岳赴曲阜祭祀衍圣公孔尚贤之祖母卫氏。万历六年（1578年），山东巡抚赵贤营修葺阙里孔子庙、颜子庙。下一年，重修曾子庙。万历十年（1582年），诏令免除孔子后裔赋役。万历十九年（1591年），允准山东巡抚御史毛在请求新建的四氏学（除孔、颜、孟三家外加曾氏）完工。万历二十年（1592年），山东巡抚御史何出光创建孔子庙圣迹殿，立石，刻圣迹图120幅。万历二十二年（1594年），山东巡抚郑汝璧、巡按连标重修孔子林庙、周公庙、颜子庙，建"万古长春"石坊，建陋巷石坊。万历二十八年（1600 年），巡盐御史吴达可置四氏学田。下一年，山东巡抚黄克缵重修阙里孔子庙。万历三十六年（1608 年），济宁兵巡副使王国贞修阙里孔子庙西庑。下一年，巡盐御史毕懋康增置四氏学田。万历四十年（1612年），兖州知府陈良材增置四氏学田，增四氏学廪、增生额。天启元年（1621 年），明熹宗遣顺天府丞姚士琪赴曲阜祭祀孔子庙。初定孔氏后裔乡试编耳字号。衍圣公孔尚贤病逝，其侄、孔子第 65 世孙孔衍植袭封。下一年，遣礼部尚书孙慎行赴曲阜祭告孔尚贤。天启四年（1624 年），吕善著《圣门志》出版。重建邹县孟子庙。下一年，衍圣公孔衍植受召赴京陪祀观礼，诏有职生员送国子监读书。天启七年（1627 年），加衍圣公孔衍植太子太保衔。修洙泗书院。崇祯元年（1628 年），明毅宗遣太仆寺少卿郭兴言赴曲阜祭祀少昊陵、孔子庙。召衍圣公孔衍植赴京陪祀。崇祯三年（1630 年），晋衍圣公孔衍植太子太傅衔。崇祯十四年（1641 年），召衍圣公孔衍植赴京陪祀。

　　顺治元年（1644 年），清世宗赐衍圣公祭田 2157 顷零 50 亩，林庙茔地 21 顷 50 亩。定优渥圣裔之制。下一年，允准祭酒李若琳奏请，孔子谥号为大成至圣文宣王先师。召衍圣公孔衍植赴京，赐第于太仆寺街。顺治四年（1647 年），衍圣公孔衍植病逝，遣布政使祭告。孔子第 66 世孙孔兴燮袭封。顺治七年（1650 年），加衍圣公孔兴燮太子少保衔。下一年，再晋太子太保衔。顺治九年（1652 年），召衍圣公孔兴燮率各博士各氏子孙入京陪祀观礼。下一年，诏令山东原明朝德鲁废藩王庄地拨补衍圣公。顺治十三年（1656 年），巡盐御史王秉乾重修奎文阁。定乐舞生入学额。下一年，定文庙尊称孔子为至圣先师。以乡试耳字号旧额二名归四氏学。顺治十七年（1660 年），召衍圣公孔兴燮率各博士各氏子孙入京陪祀观礼。康熙二年（1663 年），清圣祖诏令重修孔子庙圣迹殿、奎文阁等。康熙七年（1668 年），遣光禄寺卿杨永宁赴曲阜祭祀少昊陵、孔子庙。下一年，复以经义取士。召衍圣公、孔子第 67 世孙孔毓圻率各博士各氏子孙入京陪祀观礼。康熙二十三年（1684 年），清圣祖南巡至曲阜，祭孔子庙，亲行释奠礼。至孔林，祭祀孔子墓，行一跪三叩头礼。赐御书"万世师表"匾额。遣恭亲王长宁、礼部尚书介山祭告周公庙，遣官祭告少昊陵。封衍圣公孔毓圻祖母陶氏一品夫人。孔尚任因御前讲经破格授国子监博士，征调入京。下一年，拨给周公庙祭田50顷，免颜氏地亩税银。扩大孔林地至3000亩。康熙二十六年（1687年），立御制阙里孔子庙文碑、孔子赞碑、周公庙文碑。设周公庙礼生庙户佃户。下一年，遣内阁学士彭孙遹赴曲阜祭祀少昊陵、孔子庙。康熙二十九年（1690年），遣内务府郎中皂保监修阙里孔子庙。康熙三十二年（1693年），阙里孔子庙竣工，遣皇三子赴曲阜祭祀孔子庙和孔林，并捐资建颜子墓享殿。康熙三十四年（1695年），遣通政使吴涵赴曲阜祭祀少昊陵、孔子庙。康熙三十六年（1697年），遣侍读学士史夔赴曲阜祭祀少昊陵、孔子庙。康熙三十八年（1699年），立御制重修阙里孔子庙文碑。重修洙泗书院。康熙四十一年（1702年），议准四氏学教授一体升转。下一年，遣詹事徐秉义赴曲阜祭祀少昊陵、孔子庙。再下一年，赐元圣周公祭田50顷。康熙四十八年（1709年），遣侍讲学士梅之珩赴曲阜祭祀少昊陵、孔子庙。康熙五十二年（1713年），遣户部侍郎廖腾煃赴曲阜祭祀少昊陵、孔子庙。康熙五十七年（1718年），遣礼部侍郎张廷玉赴曲阜祭祀少昊陵、孔子庙。颁中和韶乐乐器一副于阙里。雍正元年（1723年），清世宗遣通政使杨汝谷赴曲阜祭祀少昊陵、孔子庙。衍圣公孔毓圻病逝，其子、孔子第68世孙孔传铎袭封。孟衍泰《三迁志》撰成。下一年，召衍圣公孔传铎率各博士各氏子孙入京陪祀观礼。增四氏学额，取20名。册封孔子先世五代俱为王，新建崇圣祠作为祭祀之所。各地启圣祠一律改为崇圣祠。遣礼部尚书张伯行赴曲阜祭祀孔子，并行册封礼。六月。阙里孔子庙火灾，损失惨重，遣礼部侍郎王景曾赴曲阜慰祭孔子。遣署理工部侍郎马腊会同山东巡抚陈世倌相度重修孔子庙。议准增祀先儒及增先贤后博士。令阙里乐舞生习乐御太常寺。雍正三年（1725年），诏令避至圣孔子讳。确定丁祭用太牢之礼。阙里孔子庙修复工程开始。下一年，命山东巡抚塞愣额监修阙里孔子庙工程。颁御书"生民未有"额于大成殿。下一年。颁御书颜子诸贤匾额。定至圣诞辰斋一日。雍正七年（1729

年），遣通政使留保赴曲阜监督孔子庙工程，诏令阙里文庙正殿正门用黄琉璃瓦。下一年。孔子庙竣工。钦定孔子庙大门曰圣时门，二门曰弘道门，圣像成，命留保祭告。遣皇五子赴曲阜祭祀孔子庙，多罗淳郡王弘暻祭告崇圣祠。诏令设圣庙执事官40员。立御制重修阙里孔子庙文碑。诏令修孔林。雍正九年（1731年），衍圣公孔传铎病，其长孙、孔子第70世孙孔广棨袭封。修洙泗书院。下一年，孔林修缮工程竣工，享殿换黄琉璃瓦。增孔子庙祭费。雍正十三年（1735年），衍圣公孔传铎病逝，遣太常少卿图尔泰赴曲阜祭告少昊陵、孔子庙。乾隆元年（1730年），清高宗诏令辟雍孔子庙大成殿及门俱如阙里文庙制，用黄琉璃瓦。雍正、乾隆年间，孔子嫡系从1至12府建成。下一年，遣左副都御史陈世倌赴曲阜祭祀少昊陵、孔子庙。乾隆三年（1738年），《阙里盛典》编撰完成。衍圣公孔广棨入京陪祀。赐御书"与天地参""化成悠久"匾额。乾隆九年（1744年），颁学政全书于学宫。前一年，衍圣公孔广棨病逝，其子、孔子第71世孙孔昭焕袭封。下一年，颁御纂《周易折中》《性理精义》，钦定《书经传说汇纂》《诗经传说汇纂》《春秋传说汇纂》各二部于学宫。乾隆十三年（1748年），清高宗南巡至曲阜，亲至孔子庙上香，行三跪九叩头礼。亲至孔林祭祀，酹酒，行三跪九叩头礼。下一年，遣太仆寺卿阿兰泰赴曲阜祭祀少昊陵、孔子庙。以后两年，均遣朝廷高官赴曲阜祭祀少昊陵、孔子庙。乾隆二十一年（1756年），清高宗又一次南巡至曲阜，亲至孔子庙、孔林、少昊陵、周公庙祭祀。改流官任曲阜主官，结束由孔氏族人任曲阜主官的历史。修阙里孔子庙唐宋金元绿琉璃瓦碑亭及清黄琉璃瓦碑亭共13座。下一年，清高宗再一次至曲阜，赴孔子庙、孔林祭奠。乾隆二十三年（1758年），颁钦定《三礼义疏》于学宫。下一年，遣通政使图尔泰赴曲阜祭祀少昊陵、孔子庙。乾隆二十六年（1761年），遣吏部右侍郎恩丕赴曲阜祭祀少昊陵、孔子庙。下一年，遣礼部右侍郎介福赴曲阜祭祀少昊陵、周公、孔子庙。乾隆皇帝又一次至曲阜，赴孔子庙、孔林祭奠。乾隆三十年（1765年），颁夹钟南吕两律镈钟特磬各虡于阙里孔子庙。遣礼部右侍郎双庆赴曲阜祭祀少昊陵、周公、孔子庙。乾隆三十四年

（1769 年），颁周范铜器于太学孔子庙。下一年，修古泮池行宫。重修周公庙、颜子庙，葺少昊陵，修御道及沂河桥。乾隆三十六年（1771 年），遣理藩院尚书固伦额驸超勇亲王色布腾巴尔珠尔赴曲阜祭祀少昊陵，简亲王祭祀周公庙。清高宗东巡，又一次至曲阜，赴孔子庙、孔林、少昊陵、周公庙、颜子庙祭奠。颁周范铜器于阙里孔子庙。下一年，遣吏部右侍郎曹秀先赴曲阜祭祀少昊陵、孔子庙。乾隆四十一年（1776 年），清高宗东巡至曲阜，祭祀孔子庙，谒孔林。乾隆四十七年（1782 年），衍圣公孔昭焕病逝，其子、孔子第 72 世孙孔宪培袭封。下一年，始建辟雍于国子监。乾隆四十九年（1784 年），清高宗东巡至曲阜，祭祀孔子庙、孔林、少昊陵、周公庙。下一年，清高宗至文庙行释奠礼，临新建辟雍讲学。衍圣公孔宪培晋京陪祀观礼。乾隆五十一年（1786 年），定陪祀各氏后裔条例。乾隆五十五年（1790 年），清高宗东巡至曲阜，祭祀孔子庙、孔林、少昊陵、周公庙。乾隆五十八年（1793 年），衍圣公孔宪培病逝，其子孔子第 73 世孙孔庆镕袭封。乾隆六十年（1795 年），清高宗最后一次至文庙行释奠礼。嘉庆元年（1796 年），清仁宗赐衍圣公孔庆镕《钦定四库全书总目》一部及《乾隆御定石经》一部。嘉庆三年（1798 年），清仁宗亲至文庙行释奠礼，临辟雍讲学，御书"圣集大成"匾额于天下学宫。衍圣公孔庆镕入京陪祀观礼。嘉庆五年（1800 年），遣都察院左副都御史赓音赴曲阜祭告孔子庙。嘉庆七年（1802 年），诏令增设伏胜后裔为五经博士。清仁宗亲赴文庙行释奠礼。嘉庆十年（1805 年），重修阙里圣迹殿。嘉庆十三年（1808 年），命皇太子诣文庙行释奠礼。重修阙里孔子庙、颜子庙。下一年，遣内阁学士兼礼部侍郎王绥赴曲阜祭告孔子庙。嘉庆十六年（1811 年），清仁宗亲赴文庙行释奠礼。嘉庆十八年（1813 年），命皇次子智亲王至文庙行释奠礼。下一年，再命皇次子智亲王至文庙行释奠礼。嘉庆二十二年（1817 年），清仁宗亲赴文庙行释奠礼。嘉庆二十四年（1819 年），遣刑部左侍郎廉善赴曲阜祭告孔子庙。下一年，颁发"圣时协中"匾额。道光元年（1821 年），清宣宗遣青州副都统西陵阿来赴曲阜祭告孔子庙。下一年，命大学士琦善督修孔林。以明臣刘宗周从祀孔子庙。道光三年（1823 年），以汤斌从祀孔子庙。清宣宗亲赴文庙行释奠礼，临辟雍讲学。衍圣公孔庆镕入京陪祀观礼。道光五年（1825 年），以明儒黄道周从祀孔子庙。下一年，以唐儒陆贽、明臣吕坤从祀孔子庙。颁衍圣公孔庆镕《大清通礼》一部。道光七年（1827 年），以明举人孙奇逢从祀孔子庙。道光九年（1829 年），清宣宗亲赴文庙行释奠礼。道光十六年（1836 年），遣兖州总兵尚政善赴曲阜祭告孔子庙。道光二十二年（1842 年），前一年，衍圣公孔庆镕病逝，其子、孔子第 74 世孙孔繁灏袭封。下一年，以宋文臣文天祥从祀孔子庙。重修衍圣公府。道光二十六年（1846 年），遣曹州镇总兵官祺寿赴曲阜祭告孔子庙。道光三十年（1850 年），以宋儒谢良佐从祀孔子庙。咸丰元年（1851 年），清文宗诏令以宋文臣李纲从祀孔子庙。赐御书"德齐帱载"匾额。下一年，遣协办大学士杜受田赴文庙行释奠礼。以宋文臣韩琦从祀孔子庙。遣青州副都统长清赴曲阜祭告孔子庙。咸丰三年（1853 年），清文宗亲赴文庙行释奠礼，临辟雍讲学。衍圣公孔繁灏入京陪祀观礼。修曲阜城垣。下一年，两次分遣大学士裕城、吏部尚书柏葰赴文庙致祭。下一年，两次分遣吏部尚书花沙纳、兵部尚书同祖培赴文庙致祭。咸丰六年（1856 年），两次分遣大学士贾桢、工部尚书全庆赴文庙致祭。下一年，两次分遣大学士彭蕴章、大学士桂良赴文庙致祭。以先贤孔氏孟皮配享崇圣祠。咸丰八年（1858 年），两次分遣大学士桂良、协办大学士柏葰赴文庙致祭。以宋儒陆秀夫从祀孔子庙。下两年，都是两次分遣大学士赴文庙致祭。同治元年（1862 年），清穆宗亲赴文庙致祭。遣青州副都统恩夔赴曲阜祭告孔子庙。颁"圣神天纵"匾额。衍圣公孔繁灏病逝。下一年，衍圣公孔繁灏之子、孔子第 75 世孙孔祥珂袭封。以先儒毛亨、明儒吕楠、方孝孺从祀孔子庙。礼部议定先贤先儒祀典位次，颁发各省。同治三年（1864 年），诏令修阙里孔子庙及各省学宫。同治七年（1868 年），以宋儒袁燮从祀孔子庙。重修孟子庙。下一年，诏令重修阙里孔子庙。同治十年（1871 年），以先儒张履祥从祀孔子庙。同治十二年（1873 年），山东巡抚丁宝桢、兖州知府伊勒通阿等赴阙里主持孔子庙告成之礼。下一年，以先儒陆世仪从祀孔子庙。光绪元年（1875

年），清德宗以汉儒许慎从祀孔子庙。颁阙里孔子庙、京师太学及各省府州县学御书"斯文在兹"匾额。遣青州副都统春福赴曲阜祭告孔子庙。下一年，衍圣公孙孔祥珂病逝，遣宝鋆赴文庙致祭。光绪三年（1877年），以汉儒刘德、宋儒辅广从祀孔子庙。衍圣公孙孔祥珂之子、孔子第76世孙孔令贻袭封。下一年，遣载龄赴文庙致祭。以先儒张伯行从祀孔子庙。从光绪五年至十一年，每年连续遣官赴文庙祭祀孔子。光绪十二年（1886年），山东巡抚张曜募款重修衍圣公府。下一年，遣青州副都统德克吉纳赴曲阜祭告孔子庙。遣福锟赴文庙致祭。光绪十四年（1888年），衍圣公孔令贻应召入京，赐《四库全书总目》《朱子全书》各一部。颁"斯文在兹"匾额。两次遣官赴文庙致祭。下两年，连遣青州副都统德克吉纳赴曲阜祭告孔子庙。每年两次遣官至文庙致祭。光绪十八年（1892年），以宋儒游酢从祀孔子庙。下一年。两次遣官赴文庙致祭。光绪二十年（1894年），清德宗亲赴文庙致祭。诏令户部行知两江总督，江苏、山东巡抚确切履勘衍圣公府田产。下一年，以宋儒吕大临从祀孔子庙。两次遣官至文庙致祭。连遣青州副都统德恒赴曲阜祭告孔子庙。光绪二十二年（1896年），署两江总督张之洞决定以江苏铜山、沛县地120顷划归衍圣公府，每年由徐州道拨衍圣公府租钱2880千。光绪二十四年（1898年），诏令修葺阙里孔子庙。光绪三十一年（1905年），遣青州副都统、宗室英瑞赴曲阜祭告孔子庙。下一年，谕学部以尊孔为教育宗旨，宣示天下。设国子丞总司文庙、辟雍祭祀事宜。以孔子至圣，德配天地，万世师表，升为大祀，孔子庙盖换黄琉璃瓦。衍圣公孔令贻入京谢恩，钦派稽查山东全省学务。光绪三十三年（1807年），清德宗两次亲赴文庙致祭。下一年，山东巡抚吴廷斌重修阙里孔子庙。诏令以顾炎武、王夫之、黄宗羲从祀孔子庙。宣统元年（1909年），遣青州副都统、宗室英瑞赴曲阜祭告孔子庙。颁发武舞谱。以汉儒赵岐、元儒刘因从祀孔子庙。

1911年辛亥革命爆发，第二年中华民国成立。中华民国元年（1912年），中国孔教总会成立，康有为任总会长，会址设北京。曲阜设孔教总会事务所。中华民国二年（1913年），八月二十七日孔子诞辰，大总统袁世凯派代表赴曲阜致祭。十一月，袁世凯令圣贤后裔此前膺受荣典祀典均继续维持，并给予孔令贻一等大绶宝光嘉禾章。教育部将孔子诞辰日定为圣节。下一年，袁世凯令制定崇圣典例 18 条。依公爵旧制酌定衍圣公孔令贻岁俸银 2000 元，并酌定执事官 40 员，岁俸银 1200 元。发《祀孔典礼》《祭祀冠服制》各一本。九月，袁世凯率百官行祀孔典礼，各省孔子庙令各省主官主祭。中华民国四年（1915 年），袁世凯申令修正崇圣典例。修阙里孔子庙寝殿。中华民国八年（1919 年），大总统徐世昌令先儒颜元、李塨从祀孔子庙。令孔子林庙奉卫之职每年 4000 元，祭器、乐器岁修费每年 2000 元，由曲阜县拨给。九月，衍圣公孔令贻在京病逝，徐世昌赏治丧费 3000 元，并派京兆尹王达前往致祭。中华民国九年（1920 年），孔子诞辰，徐世昌派清朝最后一届状元刘春霖致祭。准内务部文，至圣后裔旧有五经博士均改为奉祀官 8 员，先贤先儒后裔各博士均改为奉祀官 23 员，每人每年俸薪 100 元。孔子第 76 世孙孔德成袭封衍圣公。中华民国十九年（1930 年），南京国民政府下令修缮孔庙大成殿，定名“孔子纪念堂”。中华民国二十三年（1934 年），八月二十七日孔子诞辰，国民党中央特派叶楚伧、山东省主席韩复榘、曲阜县长孙永汉、孔子奉祀官孔德成主祭，在孔子庙举行祭祀大典。第二年，国民政府令孔子嫡裔孙孔德成为大成至圣先师奉祀官，以特任官待遇；以颜子、曾子、孟子嫡裔孙分别为复圣、宗圣、亚圣奉祀官，以简任官待遇。中国孔教总会易名为孔学总会，孔昭曾任总会长，会址设在曲阜古泮池四明亭。

　　上面较为详细地记述了孔子之后两千多年间中国历代王朝和民国政府对孔子的追封和对孔子及颜、曾、孟等所谓圣裔的褒奖和各种优待措施。其中，可以清楚地显示几个重要的倾向。第一，孔子及其创立的儒家学派，作为春秋战国时期“百家争鸣”中一个活跃的成员，尽管在该时期五个半世纪的悠长岁月里一直作为重要“显学”之一存在和发展，但是，它却不但不能“独尊”，而且甚至也不能“独大”，而只能在与其他众多学派的“争鸣”中彰显自己的优长，并且在相当长的时段屈居于法家学派强势的阴影中。然而，到西汉武帝时儒学被“定为一尊”之后，直到 1919

年五四运动前，在中国历史上，孔子一直处于至圣先师、通天教主的尊位，儒学基本上一直处于统治思想、主流意识形态的辉煌之境，没有任何力量能够撼动它独尊的地位。这其中的深刻历史原因我们将在下面予以辨析。第二，孔子和儒学的独尊地位与历史的前进成正比。你看，历代王朝对孔子的褒扬和追封，从最初的"宣尼公"，到"文圣尼父"，到"邹国公"，到"宣父"，到"太师""隆道公"，再到"文宣王"，到"玄圣文宣王""至圣文宣王"，到"大成至圣文宣王"，最后到"大成至圣文宣王先师""大成至圣先师"，一路趋高，达到无以复加的圣境。对孔子祭祀的规格步步提高，最后达到与祭天的规格相当。孔子庙的规格和规模也是步步升级，最后使用黄琉璃瓦覆顶，达到与皇宫同样的水平。所有这一切，有一个基本指向越来越清晰，就是突出孔子"师尊"和儒学独尊的地位。第三，特别是，儒家经典五经、七经、九经，直至十三经，不仅是官方推尊的各级各类学校的基本教科书，而且是不容置疑的理论宝典。隋唐实行科举考试以来，这些经典又成为命题和答案的唯一根据。这些措施无疑强化了儒学的尊位。第四，对孔子嫡系后裔的褒奖和优渥也是一路走高，从封号、爵位级别、俸禄数额，到赐田赐第、免除赋役，再到科举考试中的名额照顾，做官从政时的绿灯指引，以及对颜、曾、孟等圣裔的特殊照顾，在在都展示了对孔子和儒学的无以复加的推尊和褒扬。第五，登上皇位的少数民族统治者，对孔子和儒学的推尊丝毫不亚于汉族皇帝。金朝、元朝、清朝的统治者，一个比一个更加尊孔，更加推尊儒学。乾隆皇帝是历史上至曲阜朝拜孔子庙最多的皇帝，他曾分别于1748、1756、1757、1762、1771、1776、1784、1790 年八次驾临曲阜，拜庙谒林，在孔子灵前行三跪九叩的大礼。正是在清朝，对孔子后裔的优渥达到登峰造极的程度。这说明，在古代中国，无论谁执掌中国的统治权，都不可能离开孔子和儒学，都必须将孔子和儒学的旗帜高扬再高扬。

第三十五章　儒学的发展

　　孔子创立了儒家学派，奠定了仁礼互补、涵盖政治、哲学、社会、伦理和教育等诸多内容的儒学的核心理念，教育出一大批各有所长的优秀弟子，留给后世多部经过他精心整理的儒学经典。在由他开启，到战国时期蔚为大观的思想学术的"百家争鸣"中，儒家学派作为"显学"之一经历了进一步的发展。尽管第一次实现中国真正大一统的秦王朝以"焚书坑儒"给了儒学一次沉重打击，但并没有彻底摧毁儒家经典，更没有杀尽众多的儒家后学。在汉武帝实行"罢黜百家，独尊儒术"的思想文化政策之后，它终于迎来自己悠久而灿烂的黄金时代，伴随着历史的脚步，与时俱进，创新发展，演出了世界文明史上从未间断、继继绳绳、砥砺前行的奇迹。

　　孔子死后，历史很快进入战国时代。在"百家争鸣"的环境中，儒学始终如参天之树，枝繁叶茂，硕果累累。它与杨、墨相颉颃，与道、法相雄长，与阴阳家相和衷共济，保持了举足轻重的思想学术重镇的地位。《韩非子·显学篇》记述孔子之后，"儒分为八"，可见流派分支之多。不过，对后世影响最大的只有三派，即子思之儒、孟氏之儒和孙氏（荀子）之儒。子思（前483—前403年），名伋，是孔子的孙子。据传他作《中庸》一书，发展孔子的"中庸"思想，进而为儒家思想寻来一个天道性命的哲学基础：

天命之谓性，率性之谓道，修道之谓教。……中也者，天下之大本也；和也者，天下之大道也。致中和，天地位焉，万物育焉。①

诚者，天之道也；诚之者，人之道也。②

唯天下至诚，为能尽其性；能尽其性，则能尽人之性；能尽人之性，则能尽物之性；能尽物之性，则可以赞天地之化育；可以赞天地之化育，则可以与天地参矣。③

显然，《中庸》将天人合一作为自己的哲学核心，认为天—诚—性—命—道—教都是相通的。天的精神是诚，诚化育万物，在人身上体现为性和命，率性而行又体现为道。道既是天地万物的总规律，又是人类社会制度与伦理道德的总汇。而使人认识道，进而认识诚，就要靠教。通过教，人们认识性、命、道，最后认识诚。至诚通天，天人合一，人就不仅可以认识自己，主宰人事，而且还能够"赞天地之化育"，"与天地参"，参与天地的运行。子思上承孔子，下启孟子，成为孔子通向孟子的桥梁，在孔孟之道的形成中起了重要作用。宋代以后，《中庸》作为"四书"之一成为儒学的重要经典。子思作为"四配"之一的"述圣"跻入大成殿，与乃祖一起享受朝廷和万民的隆重祭祀。

孟子（前372—前289年），名轲，战国时期邹（今山东邹城）人，鲁国贵族孟孙氏后裔。他将孔子"仁"的思想发展为"仁政"学说，要求"制民恒产"，实行"井田制"，轻徭役，薄赋敛，省刑罚，使百姓安居乐业，实现孔子"老安、壮用、少怀"的理想。他发挥孔子的民本意识，提出"民为贵，社稷次之，君为轻"④的理念，要求当权者"得民心"，认为

① 陈来、王志民主编：《中庸解读》，齐鲁书社 2019 年版，第 55 页。
② 陈来、王志民主编：《中庸解读》，齐鲁书社 2019 年版，第 183 页。
③ 陈来、王志民主编：《中庸解读》，齐鲁书社 2019 年版，第 198 页。
④ 《孟子·尽心下》，《十三经注疏》，中华书局 1982 年版，第 2774 页。

"天时不如地利，地利不如人和"①，做到"得道多助"。孟子思想中具有较多民主性的精华，如提出君臣互相承担权利和义务，强调君以身作则的重要意义：

> 君之视臣如手足，则臣视君为腹心，君之视臣如犬马，则臣视君为国人；君之视臣如土芥，则臣视君为寇仇。……君仁，莫不仁；君义，莫不义。②

孟子发展孔子的"性相近，习相远"的人性论，提出"人性本善"的理论：

> 恻隐之心，人皆有之；羞恶之心，人皆有之；恭敬之心，人皆有之；是非之心，人皆有之。恻隐之心，仁也；羞恶之心，义也；恭敬之心，礼也；是非之心，智也。仁义礼智，非由外铄我也，我固有之也，弗思耳矣。③

孟子从仁、义、礼、智这些道德信条人人固有的前提出发，提出一套在实践中艰苦磨炼的君子人格修养论：

> 天将降大任于斯人也，必先苦其心志，劳其筋骨，饿其体肤，空乏其身，行拂乱其所为所有动心忍性，增益其所不能。④

期望达到成仁取义的"大丈夫"的境界，"富贵不能淫，贫贱不能移，威

---

① 《孟子·公孙丑下》，《十二经注疏》，中华书局 1982 年版，第 2693 页。
② 《孟子·离娄下》，《十三经注疏》，中华书局 1982 年版，第 2726 页。
③ 《孟子·告子上》，《十三经注疏》，中华书局 1982 年版，第 2749 页。
④ 《孟子·告子下》，《十三经注疏》，中华书局 1982 年版，第 2762 页。

武不能屈"①，顶天立地，为理想而奋斗终生。孟子的思想极大地扩展了孔子思想的内涵和外延，构筑起儒学思想的另一座巍巍大厦。后来，人们习惯上将儒学和中国传统思想文化说成孔孟之道，显然是比较反映实际的准确概括。

荀子（前 316—前 235 年），名况，字卿，又名孙卿，战国时期赵国（今属山西）人。他长期游学工作于齐国，曾在齐国稷下学宫"三为祭酒"，深受齐鲁思想文化的陶冶。他以孔子思想的嫡裔传人自居，激烈批评其他儒学派别。他继承孔子思想，更多地将儒家思想拉向唯物论方向。他的《天论》在中国历史上第一次将"天"从人格神的尊位还原为自然界，提出"制天命而用之"的光辉命题。他坚持唯物论的认识论，认定人具有认识一切事物的能力，而自然界和人类社会都是可以认识的："凡以知，人之性也；可以知，物之理也。"②在人性问题上，荀子对孟子的性善论进行了激烈批评，提出了性恶论，认为"善者伪也"，强调后天的学习和改造对人性形成的作用。他援法入儒，提出"群"和"分"的概念，强调建立各种制度和法律的重要意义。他继承孔子的德治思想，倡导"以德服人者王"，同时又要求奖励耕战，富国强兵。他继承和弘扬孔子的民本意识，主张"惠民""爱民""利民"，将"教"与"诛"结合起来，建立稳定有序的国家和社会的运行机制：

> 马骇舆，则君子不安舆；庶人骇政，则君子不安位。马骇舆，则莫若静之；庶人骇政，则莫若惠之。选贤良，举笃教，兴孝悌，收孤寡，补贫穷，如是，则庶人安政矣。庶人安政，则君子安位。……传曰："君者舟也，庶人者，水也。水则载舟，水则覆舟。"③

> 故不教而诛，则刑繁而邪不胜；教而不诛，则奸民不惩；诛而不

---

① 《孟子·滕文公下》，《十三经注疏》，中华书局 1982 年版，第 2710 页。
② 王先谦：《荀子集解》，中华书局 2013 年版，第 480 页。
③ 王先谦：《荀子集解》，中华书局 2013 年版，第 180 页。

赏，则勤励之民不劝。①

　　孔子创立的儒家学说，经过子思、孟子和荀子的继承与发展，内容更加丰富，体系更加完整，为后来的统一王朝提供了一套比较完备的统治理论。其中，荀子的作用尤为突出，所以谭嗣同才说："二千年之政，秦政也；二千年之学，荀学也。"②

　　秦汉时期（前221—220年），是中国封建社会历史发展的第一个高峰。

　　秦朝统一中国后，秦始皇建立起中国历史上第一个统一的专制主义中央集权的行政体制，实行"以法为教，以吏为师""罢黜百家，独尊法术"的思想文化政策，以"焚书坑儒"对儒家学派进行了一次空前的打击。然而，朝野残存的儒家学者和广大儒生没有屈服，他们或散落民间，积极从事儒学的传播，或参加反秦的武装起义，使显赫一时的秦王朝仅仅历时15年而一朝覆灭。西汉初年，"禁网疏阔"。一方面是诸子余绪再次活跃，黄老之学一时登上庙堂之尊；一方面是儒家学者叔孙通、辕固、伏生、田何、申培公、高堂生、江公、公孙弘等顽强坚守儒学的立场，在儒道互黜中积极宣扬儒学的优长和功用。到汉武帝统治时期，董仲舒通过举贤良文学对策脱颖而出，以春秋公羊学派占领了西汉儒学的制高点，以《天人三策》促使汉朝的统治思想完成了由黄老思想向儒学的转变。董仲舒（前179—104年），河北广川（今河北枣强）人。他继承孔、孟思想的主要内容，广泛吸收春秋战国以来道、墨、法家的某些理念，特别是阴阳五行学派的思想资料，通过阐释、发挥《春秋公羊传》的"微言大义"，完成了对先秦儒学的改造，建立起以"天人感应"的神学目的论为哲学基础的新儒学体系。其中的"三统三正"的历史循环论、"德主刑辅"的专制主义中央集权论、"贫富有度"的财富分配论、"三纲五常"的伦理道德

---

① 王先谦：《荀子集解》，中华书局2013年版，第226页。
② 《谭嗣同全集》（下），中华书局1981年版，第337页。

观，以及"罢黜百家，独尊儒术"的思想文化政策，都在很大程度上契合了中国农业宗法社会的需要，因而成为中国古代社会长期的统治思想和主流意识形态。到东汉时期，基本上实现了"以经治国"的政治目标，所谓以《洪范》察变，以《禹贡》治河，以《春秋》决狱，以三百篇当谏书，就是对儒学与政治关系的精彩描绘。

魏晋南北朝（220—589 年）的三个半世纪，一方面是南北分裂，"五胡乱华"，一方面是佛教大盛，道教崛起，儒学的独尊地位受到挑战，思想多元化促进了儒家思想的深化和转化。但此时儒家思想作为统治思想盟主的地位并未动摇。它在吸纳佛、道思想本体论和方法论的基础上经历着从两汉经学到隋唐道学的转变。

隋唐五代时期（581—960 年）近 400 年间，由于中国封建社会历史迎来第二次发展的高峰，儒学也开始走出魏晋南北朝时期的困境，走上复苏之路。隋朝的王通（580—618 年）是第一个高扬儒学旗帜的思想家。他最大的贡献，是一反南朝玄学化儒学偏重有无、本末、体用、名教与自然等问题的抽象思辨和北朝偏重章句训诂的烦琐支离，重新肯定儒学的核心内容仁义礼乐，呼唤民本，褒扬"失德而后刑""先富而后教""仁以行之，宽以居之"① 的仁政思想，同时要求所有人都在"礼"的准则下加强道德修养，创造和谐的人际关系。他特别提出"三教可一"的新观念，要求儒学吸取佛学和道学的某些因子，建立以儒学为主，佛老为辅的思想新格局。他为唐代儒学的重振做了思想上的准备。

唐朝的第一、第二代君王都对儒学有着特殊的偏好，尤其是唐太宗，更是"讲论经义，商略政事"，完全以传统的儒家思想指导封建国家的各项政治与文教活动：

> 贞观二年，诏停周公为先圣，始立孔子庙堂为国学。稽式旧典，以仲尼为先圣，颜子为先师，两边俎豆干戚之容，始备于兹矣。是

---

① 王通：《中说》卷七《述史》，电子版文渊阁四库全书。

岁大收天下儒士，购帛给传，令诣京师，擢以不次，布在廊庙者甚众。学生通一经以上，咸得署吏。国学增筑学舍四百余间，国子、太学、四门、广文亦增置生员，其书、算各置博士、学生，以备众艺。太宗又数幸国学，令祭酒、司业、博士讲论，毕，各赐以束帛。四方儒生负书而至者，盖以千数。俄而吐蕃及高昌、高丽、新罗等诸夷酋长，亦遣子弟请入于学。于是国学之内，鼓箧升讲筵者，几至万人。儒学之兴，古昔未有也。①

唐太宗运用行政的力量，诏令国子祭酒孔颖达等撰定《五经正义》，使南北分裂的经义得到整合，为儒学经典的统一诠释和繁荣创造了条件。唐代儒学的复兴是由韩愈、李翱和柳宗元等人完成的。韩愈（768—824年），河内河阳（今河南孟州市）人。唐朝中叶著名思想家和文学家，居"唐宋八大家"之首。他在中国历史上首次提出"道统说"，即儒学真理的传授系统："尧以是传之舜，舜以是传之禹，禹以是传之汤，汤以是传之文、武、周公，周公传之孔子，孔子传之孟轲。轲之死，不得其传矣。"②韩愈认定，由于孟子死后道统湮灭而不得传，中国出现异端邪说横行无忌的千年黑暗时期，韩愈决心接续孟子，承传道统，力挽狂澜。他将攻击的目标对准佛老，认为它们严重破坏了中国固有的社会秩序和伦理亲情。他重申儒家思想的核心是仁义道德，必须从儒家的伦理观念出发，建立一个君臣父子各安其位、士农工商各守其分的稳定的社会关系。他在继承孟子、董仲舒人性学说的基础上阐述"性三品"理念，将个人修为与齐家治国平天下紧紧联系在一起。韩愈的功绩是在佛老势力大张的时代再一次高扬儒学的旗帜，将自己的呼吁变成知识界和民间的共识。韩愈的同道李翱（772—841年），提出"复性说"，将"善"与儒家的仁义礼乐联系起来。他以儒统佛、援佛入儒的方法论及心性理论，为宋代理学的发展提供了

① 吴兢：《贞观政要》卷七《崇儒学》，电子版文渊阁四库全书。
② 《唐宋八大家散文总集·韩愈集·论说·原道》，河北人民出版社 1995 年版，第 46 页。

重要思想资料。与韩愈齐名的"唐宋八大家"之一的柳宗元（773—819年），祖籍河东（今山西永济）。毕生以恢复"尧、舜、禹、汤、高宗（武丁）、文王、武王、周公、孔子"相传承的圣人之道为己任，极力维护以仁义道德为基本内容的儒学的价值体系。他特别继承荀子的唯物论传统和人本思想，不仅对宇宙起源以及自然界存在不以人的意志为转移的客观规律给予唯物论的回答，而且认为人类社会的发展也存在不以人的意志为转移的"势"，如郡县制代替分封制就是不可逆转之势。而在历史的发展中，决定成败的不是神道而是人道："受命不于天，于其人；休符不于祥，于其仁。……未有丧仁而久者也，未有恃祥而寿者也。"①"圣人之道，不穷异以为神，不引天以为高。利于人，备于事，如斯而已矣。"② 人本理念是儒家思想中的精华，在柳宗元这里得到了发扬光大。隋唐时期儒学复兴的积极意义在于，它为两汉经学向宋明理学的过渡搭建了桥梁。

理学因为在宋明（960—1644 年）时期特别盛行，大师辈出，著作如林，所以又称宋明理学。又因为其中的两派分别以二程（程颢、程颐）、朱熹和陆九渊、王阳明为代表，所以又称程朱理学和陆王心学。宋明理学所专注和研究的主要经典是《易传》《春秋》《诗经》《礼》，而阐发最多的是四书《大学》《中庸》《论语》《孟子》。它围绕着"性与天道"为中心的哲学问题，同时广泛涉及政治、伦理、教育、史学、宗教等问题展开论述。它以阐发儒学的义理为主，又大量吸收佛教和道家的某些思想、概念、范畴，构成严整、细密、庞大、深邃的思想体系，将孔、孟、荀为代表的原始儒学和董仲舒为代表的两汉经学提升至一个新的层次。北宋理学的先驱是所谓"宋初三先生"的胡瑗（993—1059 年）、孙复（992—1057 年）和石介（1005—1045 年）。胡瑗讲性、情、欲的关系，孙复讲"道统"和《春秋》大义，石介讲"道""气"关系，他们共批佛老，张扬

---

① 《唐宋八的家散文总集·柳宗元集·赋颂·贞符》，河北人民出版社 1995 年版，第672 页。

② 《唐宋八的家散文总集·柳宗元集·论说·时令上》，河北人民出版社 1995 年版，第467 页。

"道统"，成为由韩愈到周敦颐的桥梁。北宋理学的真正开山祖师是周敦颐（1017—1073 年），主要著作有《太极图·易说》和《易通》。他提出"自无极而太极"的宇宙生成论，极力阐发子思、孟子关于"诚"的意蕴："诚者，圣人之本。大哉乾元，万物资始，诚之源也。乾道变化，各正生命，诚斯立焉，纯粹至善者也。故曰：一阴一阳之谓道，继之者善也，成之者性也。元亨，诚之通；利贞，诚之复。大哉易也，性命之源乎！"[①] 他认定"诚"既是宇宙的根本，造物的源泉，又是"五常（仁义礼智信）之本，百行之源"，即伦理道德的源泉。他还将"诚"视为一种称之为"顺化"的政治原则。又根据《大学》修齐治平的理论，论证君主专制的合理性：

> 治天下有本，身之谓也。治天下有则，家之谓也。本必端，端本，诚心而已矣。则必善，善则，和亲而已矣。……治天下观于家，治家于身而已矣。身端，心诚之谓也。诚心，复其本善之动而已矣。[②]

周敦颐的宇宙观、政治论和道德观，对二程和朱熹都产生了直接而深刻的影响。北宋理学还有一个奠基人张载（1020—1077 年），凤翔郿县（今陕西眉县）横渠镇人。他对理学的最大贡献是建立以"气"为本的宇宙观，观察到任何事物都包含着互相对立的方面，既对立又互相依存，组成了事物的矛盾运动，这就是他说的"一物两体"，其中蕴涵着朴素的辩证法思想。张载继承孟子"尽心知性"的理念，期望通过"大其心"达到人心与天理的统一：

> 大其心，则能体天下之物，物有本末，则心有内外。世人之

---

① 周敦颐：《易通·诚上第一》，电子版文渊阁四库全书。

② 周敦颐：《易通·家人睽无妄》，电子版文渊阁四库全书。

心，止于闻见之狭；圣人尽心，不以闻见梏其心。其视天下，无一物非我。孟子谓尽心知性知天以此。天大无外，故有外之心，不足以合天心。见闻之初，乃物交而知，非德性所知；德性所知，不萌于见闻。①

显然，张载构筑了从天理、天性到道德及认识论的理论框架，成为儒学由两汉经学的宗教化到哲学化，由人格化到抽象化过渡的必经阶段，对二程和朱熹思想的形成都产生了较深刻的影响。

北宋理学的典型形态，或者说成熟形态是二程兄弟所开创的"洛学"。因为他们同为洛阳人，所以后世将他们建立的学派称为"洛学"。二程指程颢（1032—1085 年）和程颐（1033—1107 年）。他们对理学的主要贡献是进一步完善了"天理论"。他们认为，"道"与"气"的关系是"道"决定"气"。"道"是形而上的理，"气"是形而下的器，即物质，器灭气散，所以"气"不是一种永恒的存在，只有自身变化无穷的"道"即"理"才是一种真实而永恒的存在：

近取诸身，百理皆具。屈伸往来之义，只于鼻息之间见之，屈伸往来只是理，不必将既屈之气复为方伸之气。生生之理，自然不息。②

二程进而认为，尽管万事万物皆有理，但"天理"却是万理的总汇，"万物皆只是一个天理"③。自然界和人类社会都是从那里产生出来，而这个"天理"也就是上帝的别名："天者，理也；神者，妙万物而为之言也；帝者，以主宰事而名。"④再进一步，二程就把天理视为封建社会制度的

① 张载：《正蒙·大心篇》，电子版文渊阁四库全书。
② 朱熹：《二程遗书》卷十五，电子版文渊阁四库全书。
③ 朱熹：《二程遗书》卷二，电子版文渊阁四库全书。
④ 朱熹：《二程遗书》卷十一，电子版文渊阁四库全书。

总汇，所有君臣之义、父子之论、各色人等之别，都是天理秩序所规定和永恒的，"无所逃于天地之间"。而能够将天理和人联系起来的中介就是"诚"，人们只要心存诚敬，也就认识了天理："理则天下只是一个理，故推之四海而准，须是质诸天地考诸三王不易之理。故敬则只是敬此者也，仁只是仁此者也，信只是信此者也。"① 二程还发挥《大学》三纲（明明德、亲民、止于至善）、八目（格物、致知、诚意、正心、修身、齐家、治国、平天下）的理论，提出"格物致知"的认识论。要求人们通过"育诗书，考古今，察物情，揆人事，反复研究而思索之"，以达到对"天理"的领悟。这个"天理"虽然潜藏于万事万物中，但更潜藏于每个人的心中："致知在格物，非由外铄我也，我固有之也。"② 这样一来，二程最终目的就是通过格万物之理而达到认识每个人心中存在的那个先天的"天理"，自觉遵循"天理"的安排，达到对"天命"的认识，安于自己在社会上的地位，维护既定的社会秩序。宋明理学到南宋时期发展到高峰，出现了以胡安国、胡宏父子为代表的湖湘学派。朱熹为代表的闽学派，吕祖谦为代表的婺学派，陆九渊为代表的象山学派，陈亮为代表的永嘉学派和叶适为代表的永康学派等。理学家之间频繁地研讨义理，辩难学术，使理学的范畴、命题逐步确定，含义也更加精密、深刻，成为中国历史上少有的学术繁荣时代。这其中，最具代表性的是朱熹和陆九渊两位里程碑式的大师及其理论探索。

朱熹（1130—1200 年），徽州婺源（今属江西）人。他是宋代理学的集大成者，也是中国封建社会后期学问最广博、影响最深远的学者和思想家。他确立了理学的独特规模和体系，因而成为中国儒学发展到理学阶段的最著名的代表人物。朱熹的思想远承孔、孟，近宗程颐，创造了更为庞大、严密、深刻、细致的理学体系。他把"天"或"天理""理"作为最高的哲学范畴，即宇宙的根源和根本，"理"先于天地而存在，又生出

① 朱熹：《二程遗书》卷二，电子版文渊阁四库全书。
② 朱熹：《二程遗书》卷二十五，电子版文渊阁四库全书。

了天、地、人、物，"合天地万物而言，只是一个理"。"未有天地之先，毕竟也只是理。有此理，便有此天地。若无此理，便亦无天地，无人无物……有理便有气，流行发育万物。"① 理又是无始无终，不依赖天地万物的一个永恒的独立存在，万一天地山河都陷没了，这个理依然存在。他进而认定，理在气先，理在物先：

> 天地之间，有理有气。理也者，形而上之道也，生物之本也。气也者，形而下之气也，生物之具也。是以人物之生，必禀此理，然后有形。其性其形，虽不外乎一身，然其道器之间，分际甚明，不可乱也。②

朱熹为了说明万物的产生、发展和变化，提出化育流行也叫天道流行的概念，认为是天道流行促成了事物生生不息的运动变化：

> 天道流行，发育万物。其所以为造化者，阴阳五行而已。而所谓阴阳五行者，又必有是理而后有是气。及其生物，则又必因是气之聚而后有是形。故人物之生，必得是理，然后有以为魂魄五脏百骸之身。③

朱熹构想的这个人类万物的生成模式显然是非科学的，但他认为宇宙万物都处于生生不息的运动中则是一个接近真实的天才猜测。他在人性问题上基本继承孟子的性善论，而在对善恶的解释上则以禀气的清浊较孟子深入了一步。在认识论上，朱熹尽管也大讲"格物致知"，但他并不主张对现实存在的事物进行研究探索，而是通过格"物"阐明那个在物先存在的理，而这个理就是仁义礼智信，最后回归儒学的本旨。朱熹具有比较

---

① 朱熹：《朱子语录大全》卷二十一，电子版文渊阁四库全书。
② 朱熹：《朱子文集》卷五十八《答黄道夫》（一），电子版文渊阁四库全书。
③ 朱熹：《大学或问》卷一，电子版文渊阁四库全书。

丰富的史学思想，在"以理治史"的原则下，他推出了以《资治通鉴纲目》为代表的史学著作。他要求以天理为准则来统帅和改铸历史，从而把该书写成一部政治教科书，以便"垂懿范于将来"。作为宋明理学的最顶尖的代表人物，朱熹的思想和著作大大提升了儒学的哲理思辨水平，进一步强化了儒学核心价值在社会上的影响，在理学中处于前无古人，后无来者的尊位。他的著作被元、明、清三朝钦定为各级各类学校的教科书和科举考试的圭臬，成为中国封建社会后期 700 多年的统治思想和主流意识形态。

与朱熹同时的陆九渊（1139—1230 年），是江西抚州金溪人。他是宋明理学中"心学"一派的开创者。他的心学体系的核心观点是"心即理"，理在心中：

> 万物森然于方寸之间，满心而发，充塞宇宙无非此理而已。[1]
> 心，一心也；理，一理也。至当归一，精义无二。此心此理，实不容有二。[2]

> 人皆有是心，心皆具是理，心即理也。[3]

> 宇宙便是吾心，吾心即是宇宙。[4]

陆九渊的思想实际上是孟子思想的极致扩展。他将天理与人心合一，认为只要认识了"本心"，也就认识了整个宇宙的真理。而只要除去妨碍认识的"心蔽"，采取直接"顿悟"的方法，就能一下子把握全部真理，成为一个全知全能的"超人"：

---

[1]　陆九渊：《象山语录》卷二，电子版文渊阁四库全书。
[2]　陆九渊：《象山集》卷一《与曾宅之》，电子版文渊阁四库全书。
[3]　陆九渊：《象山集》卷十一《与李宰之二》，电子版文渊阁四库全书。
[4]　陆九渊：《象山集》卷二十二《杂说》，电子版文渊阁四库全书。

> 汝耳自聪，目自明，事父母自能孝，事兄自能弟。本无少缺，不必他求，在乎自立而已。①

> 仰首攀南斗，翻身待北辰。举首望天外，无我这般人。②

陆九渊的心学派将主观唯心论发挥到极致，所以与禅学极度靠近。这一派在政治上和思想上很难得到当权者的青睐，在大多数知识分子中的影响也不敌朱熹一派。不过，由于这一派崇尚自我，重视独立思考，往往能为反正统思想提供理论启迪和为学的方法，可以起到思想解放的作用。明朝王阳明学派的崛起，就是对陆九渊思想的继承和发展。

元朝统治中国的近百年间，理学在理论上基本没有突破性的进展。不过，由于南北理学实现交流与融合，程朱理学又被元朝确立为统治思想，所以它在整个中国获得了较广泛的传播，为其在明朝的继续发展奠定了基础。

明朝建立后，太祖、成祖都特别重视理学。成祖诏令撰修《五经大全》《四书大全》《性理大全》三书，并亲为之撰《御制序言》，赞誉这三部书"广大悉备，如江河之有源委，山川之有条理，于是圣贤之道，灿然复明。所谓考诸三王而不缪，建诸天地而不悖，质诸鬼神而无疑，百世以俟圣人而不惑"③。撰修者胡广、杨荣等撰的《进书表》更明白宣示：

> 合众途于一轨，合万理于一原。地负海涵，天晴日曝，以是而行教化，以是而正人心。使夫已断不续之坠绪，复待而复联；已晦不明之蕴微，复彰而复著。……家孔孟而户程朱，必获真儒之用。佩道德而服仁义，咸趋圣域之归。顿回太古之淳风，一洗相沿之陋习，

① 陆九渊：《象山语录》卷一，电子版文渊阁四库全书。
② 陆九渊：《象山全集》卷三十五《语录》，电子版文渊阁四库全书。
③ 转引自侯外庐等主编《宋明理学史》下卷，人民出版社 1984 年版，第 11 页。

焕然极备，猗欤盛哉！①

目的就是用哲学化的儒学即程朱理学来统一全国上下、君臣父子、士农工商的思想，使之在统一的核心价值观规范下维持和强化既定的社会秩序。明朝初年的宋濂、刘基、方孝孺、曹端、薛瑄、吴与弼等人，就是接续宋元理学的几个大师级人物。

　　明朝中叶以后，随着政治混乱和社会矛盾的激化，日益变得烦琐、僵化和独断的程朱理学已经失去对广大知识分子的吸引力，于是简明直接的王阳明心学一派应时而起。在他之前，广东新会白沙人陈献章，广东增城人湛若水，就已经开始有意与程朱理学疏离，成为心学的先驱。

　　王阳明（1472—1529年），名守仁，字伯安，浙江余姚人，是明朝中叶著名政治家、军事家和思想家。他痛感程朱理学无法阻止明朝政治的昏乱和社会的道德沦丧，迫切需要一种新的能够"正人心，息邪说"的理论，以实现他"灭山中之贼"和"灭心中之贼"的双重目的，以挽救明朝的社会危机。为此，他上溯思孟、陆九渊，近承陈献章、湛若水的理论，又吸收佛学禅宗一派"放下屠刀，立地成佛"的修养方法，著书讲学，聚集一批知识分子在自己周围，创造了心学的繁荣局面，从而使陆王心学成为与程朱理学相伯仲的又一思想流派，在中国儒学史上占有重要的一席之地。王阳明的心学主要由"心即理""知行合一"和"致良知"等基本论题组成，形成一个庞大完整的体系。"心即理"是王阳明心学的理论基础和宇宙观。他说："身之主宰便是心，心之所发便是意，意之所在便是物。"②他把认识的主体"心"和认识的客体"物"等同起来，进而把心（灵明）看成天地、鬼神、万物的主宰：

　　　　我的灵明，便是天地鬼神的主宰，天没有我的灵明，谁去仰它

---

① 转引自侯外庐等主编《宋明理学史》下卷，人民出版社1984年版，第12页。
② 王守仁：《王文成全书》卷一，《传习录》上，电子版文渊阁四库全书。

高？地没有我的灵明，谁去俯它深？鬼神没有我的灵明，谁去辨它吉凶灾祥？天地鬼神万物离却我的灵明，便有天地鬼神万物了；我的灵明离却天地鬼神万物，亦没有我的灵明了。①

显然，王阳明将世界的一切都看成是"心"的外化，从而得出"心即理""心外无物，心外无事，心外无理，心外无义，心外无善"②的结论。顺此而下，王阳明在认识论上就推出"知行合一论"。他抹杀知与行的区别，将二者完全等同起来：

> 知是行的主意，行是知的工夫；知是行之始，行是知之成。
> 行之明觉精察处便是知，知之真切笃实处便是行。③

这种割裂知行统一辩证关系的理论尽管是主观唯心论，但它一方面突出了人的主观认识能力的能动作用，一方面强调了知和行的不可分割的联系，看到了行在认识过程中的重要意义，标志了儒学在认识论上的深化。王阳明认识论的第三个组成部分是"致良知"。他的良知就是"天理"，它是一个先验的存在，包括了全部封建的伦理道德。所谓"致良知"就是"格物致知"，最后回归程朱理学的"存天理，去人欲"，通过不断的自我反省，时时、处处、事事摈除与封建伦理道德不合的杂念、私欲，一切都按"天理"而行，"灭心中之贼"。这样也就天下太平了。显然，王阳明这套理论是为封建统治的长治久安服务的。王阳明还继承和发展了孔子的教育思想。他在政务繁忙的情况下，一直不忘聚徒讲学。在一篇名曰《箴》的四言诗中这样总结自己的教学经验：

> 古之教者，莫难严师。师道尊严，教乃可施。严师唯何？庄敬

---

① 王守仁：《王文成全书》卷三，电子版文渊阁四库全书。
② 王守仁：《王文成全书》卷二《与王纯甫》，电子版文渊阁四库全书。
③ 王守仁：《王文成全书》卷一《传习录》下，电子版文渊阁四库全书。

自持；外内合一，非徒威仪。施教之道，在胜己私；敦义敦利，辨析毫厘。源之不洁，厥流孔而。毋忽其细，慎独慎微；毋事于言，以身先之。教不由诚，曰惟自欺。施不以序，敦云匪愚。庶余知新，患在好为。凡我师士，宜鉴于兹。①

这其中显然包含着丰富的教学经验和教学原则。他要求在教学中贯彻启发诱导、潜移默化的原则，鼓励学生独立思考，追求真理，不要盲从，认为学问贵在自得。这种精神易于引导人们离经叛道，走向思想解放之路。他也遵循序渐进、因材施教等原则，提倡立志、勤学、改过、责善，以教学相长规范师生关系等，蕴含着不少符合唯物论认识论的合理因素，不时进发出朴素辩证法的光辉。王阳明心学派总体上是为明朝统治服务的，但由于它强调独立思考，强调人的主观能动性，强调对人和事的自我判断，就给僵化的程朱理学带来巨大冲击。他的后学，如王艮一派的许多思想家何心隐、罗汝芳、罗钦顺、李贽等都走向叛逆之路，为明清之际的思想解放做出显著贡献。

尽管王阳明的心学派给僵化的程朱理学笼罩下的思想界吹进一缕清风，但它也无力扭转明朝日益彰显的颓势。一批学者越来越对空谈心性的王学提出质疑，在明清鼎革之际酝酿出强有力的实学思潮。清朝初年，由于政府的极力提倡和支持，程朱理学一时呈现回光返照之态。陆世仪、陆陇其、李光地等为代表的一批理学家，协助清朝政府恢复了明朝时期的思想文化政策，程朱理学作为官方意识形态的地位得到继承和巩固。但实学思潮的兴起却使这种趋势受到明显冲击。实学思潮的代表人物是黄宗羲、顾炎武、王夫之、颜元、李塨等人，他们的前驱则是明朝末年的顾宪成、高攀龙、刘宗周、黄道周等人。

黄宗羲（1610—1695 年），字太冲，学者称梨洲先生，浙江余姚人。他是明清之际的思想巨人和学术巨人。他的最重要的贡献是继承原始儒学

---

① 王守仁：《王文成全书》卷二十八，电子版文渊阁四库全书。

的民本思想，对君主专制的危害进行了猛烈的揭露与抨击。他认为君主是"天下之大害"，因为君主"荼毒天下之肝脑，离散天下之子女，以博我一人之产业"，"敲剥天下之骨髓，离散天下之子女，一奉我一人之淫乐"，丝毫不为国家百姓着想。所以天下人都"怨恶其君，视之如寇仇，名之为独夫"。[①] 他披着复古的外衣，以"三代政治"为楷模，设计出一个政治上君臣共治，经济上计户授田，并实行"工商皆本"政策的理想社会，显示了他对中国资本主义萌芽的敏感和民主意识的觉醒。他的著作成为中国近代资产阶级革命派和改良派的思想资源，产生了很大影响。

顾炎武（1613—1682 年），原名绛，字忠清。后更名炎武，字宁人。江苏昆山人。他总结明朝灭亡的教训，猛烈批判程朱理学和陆王心学。主张经世致用，求实创新。他特别对君主独尊和专权的地位提出挑战，推出天下之人与天子分权的观点：

> 所谓天子者，执天下之大权者也。其执大权奈何？以天下之权，寄天下之人，而权仍归天子。自公卿大夫至百里之宰，一命之官，莫不分天子之权，以各治其事，而天子之权乃益尊。后世有不善治者出焉，尽天下一切之权而收之在上，而万机之广，固非一人之所能操也，而权乃移于法，于是多为之法以禁防之。[②]

他提出改革封建制度的弊端，主张"寓封建之意于郡县中"，要求给广大知识分子一个自由议论朝政的环境，通过"转移人心，整顿风俗"，发扬正气，改革积弊，使国家社会获得长治久安的基础。顾炎武的思想弘扬了儒学中不少民主性的精华，对近代中国民主革命产生了积极影响。他的学术成就和治学方法对乾嘉学派和近代国学的兴起都发挥了积极作用。

在明末清初的思想家中，对理学的批评最有深度的是王夫之

---

① 黄宗羲：《明夷待访录·原君》，电子版文渊阁四库全书。
② 顾炎武著，黄汝成集释：《日知录》，上海古籍出版社 2006 年版，第 541 页。

（1619—1692 年），字而农，号姜斋，学者称船山先生，湖南衡阳人。他是中国封建社会唯物论思想的集大成者，达到了中国 17 世纪唯物论的最高水平。他继承张载的"气本论"，驳斥了"有生于无"的玄学观点。他在中国历史上第一次正确地回答了宇宙在空间和时间上的有限无限问题，肯定了物质世界永恒运动的属性，在对理学最重要的范畴，如理气、道器、能所、知行、理欲、动静等的诠释上，基本上都做了唯物论的回答。他反对程朱陆王将"理""欲"对立起来的观点，认为作为生存发展自然需要的"欲"（饮食男女）和作为协调个体相互关系准则与规范的"理"应该是一致的。只有满足欲望，才能符合"天理"："人欲之各得，即天理之大同；天理之大同，无人欲之或异。"① 在政治思想上，王夫之继承原始儒学的"身正"理念和民本意识，推出限制君权的理论，认为王位非一姓之私，所以应该遵循"不以一人疑天下，不以天下私一人"② 的原则，使王位"可禅、可继、可革"③，即王位通过禅让、血缘继承和改朝换代更替都是合理的。这就维护了"汤武革命"的观点。他要求从中央到地方都实行分权制，还要"任法""任教"，既防止官吏贪暴，又教化百姓向善和服从。他主张宽以待民，轻徭薄赋，限制土地兼并，使百姓有一个较好的生产生活条件。王夫之堪称那个时代百科全书式的学者，他的思想达到了那个时代的高峰。

颜元（1675—1704 年），直隶博野（今属河北）人。李塨（1659—1733 年），直隶蠡县（今属河北）人。他们反对理学的"空虚之义"，重视"实事实物"，提出"正其谊以谋其利，明其道以计其功"和"天地间田，宜天地间人共享之"的思想，展示了实学思潮贴近民生的本意。他们二人的思想和学术被后人称为"颜李学派"。

---

① 王夫之：《周易外传》卷四，第 53—54 页，（清）同治四年湘乡曾氏金陵节署刻《船山遗书》本。

② 王夫之：《黄书·宰制》，第 18—19 页，（清）同治四年湘乡曾氏金陵节署刻《船山遗书》本。

③ 王夫之：《黄书·原极》第 3 页，（清）同治四年湘乡曾氏金陵节署刻《船山遗书》本。

以黄、顾、王为代表的实学思潮，到康熙以后没有被思想学术界发扬光大，而是几乎被乾嘉学派的考据学完全代替。只有戴震继承了实学关心国计民生的儒学传统，成为当时思想和学术界的一抹亮色。

戴震（1727—1777 年），字东原，安徽休宁人。他也是一位百科全书式的思想家和学者。他上承王夫之的批判精神，对宋明理学的弊端进行了再一次比较深入的清算。他犹如一只忠于职守的雄鸡，在风雨如晦的年代里尽了自己长鸣不已的责任，在哲学、政治、社会、伦理等诸多方面继承发扬了原始儒学的精华，为中国思想史增加了新的元素。在哲学上，他坚持"气本论"的唯物论传统，认为万事万物都是由"气"构成，"气化流行，生生不息"①。阴阳五行是宇宙的实体，气是实体的运动，理是实体运动中的秩序和条理。理与事、气不能分开，各种不同的事物具有不同的特殊规律，构成此事物与彼事物的区别和特点。他猛烈批判理学的理、欲二元论，认定理中存欲，理体现欲，理存于欲中。人的情欲按照它本来的要求得到满足就是合理的："惟有情有欲而又有知，然后欲得遂也，情得达也。天下之事，使欲之得达，斯已矣。"②他愤怒地斥责理学家的理欲二元论最后走到"以理杀人"的荒谬地步。戴震从理欲一致论出发，认为人人平等，所有人的合理欲望都应该得到满足，"通天下之情，遂天下之欲"③。这其中，蕴含着原始儒学深刻的民本意识和人道主义精神。

盛行于清朝乾隆、嘉庆时期的乾嘉学派，尽管它通过考据、辨伪、训诂、辑佚在经学、小学、音韵学、史学、算学，水地、典章制度、金石、校勘等方面取得了划时代的成就，完成了对中国古代元典尤其是经书和子书的总清算，但由于它基本上抛弃了儒学对于国脉民命的关注，所以在思想上留下的成果不多。乾嘉以后，特别是鸦片战争以后，清朝进入它的衰败期。在救亡的旗帜下，出现了近代今文经学的崛起和洋务派的"中体西用"论。

---

① 戴震：《孟子字义疏证》中，（清）乾隆刻《微波榭丛书》本，第 1 页。
② 戴震：《孟子字义疏证》下，（清）乾隆刻《微波榭丛书》本，第 3 页。
③ 戴震：《孟子字义疏证》下，（清）乾隆刻《微波榭丛书》本，第 19 页。

以李鸿章、张之洞、左宗棠等为代表的洋务派，是清政府中主张学习西方先进科学技术、革新教育、发展近代工商业，以达到"求强""求富"、挽救民族危亡为目标的实力派官僚。他们提出"中体西用"的口号，将中国封建制度和传统思想文化作为"体"，将西方科学技术作为"用"，把二者结合起来，以应对中国社会发展面临的诉求。这种观点尽管仍然固守中国的封建思想文化，但已经看到西方科学技术的功用。洋务派在发展中国近代工商业和引进西方科学技术方面发挥了一定的积极作用。

近代今文经学的崛起由常州学派开其端。常州人庄存与（1719—1788年）、刘逢禄（1776—1829年），从治《春秋公羊传》入手，大力张扬公羊高、董仲舒、何休等汉代今文经学的理论，宣传"建五始""统三统""大一统""张三世""内诸夏而外夷狄"等公羊学的"微言大义"，极力否定汉学家倾注全部精力和感情的古文经典，为近代今文经学的历史写下了开篇第一章。接着，龚自珍（1792—1841年）也从《春秋公羊传》入手，大倡"天地东西南北之学"，对清朝文恬武嬉的腐败进行揭露和批判。要求打破"万马齐暗究可哀"[①]的局面，锐意进行政治，军事、科场等方面的改革，使国家摆脱积贫积弱的困境，坚决抵抗外国侵略。与龚自珍齐名的魏源（1794—1857年），批判乾嘉学派放弃家国情怀是"蠢儒"和"庸儒"，他发挥今文经学"内诸夏而外夷狄"的微言大义，提出了著名的"师夷之长技以制夷"的口号，突破了原始儒学的范围，开启了中国先进知识分子向西方学习的新时期。近代今文经学发展到康有为、梁启超、谭嗣同那里，在理论上有了突破性的进展。

康有为（1858—1927年），字广厦，号长素，广东南海人。他猛烈攻击古文经学的《春秋左氏传》《逸礼》《毛诗》等重要经典，认定这些经典全是刘歆编造的"伪书"。他将孔子塑造成矢志社会改革的通天教主和为万世作法的"素王"，把六经说成是孔子为托古改制而精心创作的神圣宝典，把近代资本主义国家的国会、议院也统统说成是孔子的创造。他

---

① 《龚自珍全集·己亥杂诗》，上海人民出版社1975年版，第521页。

以"通三统""张三世"的"公羊三世说"为武器，要求进行一系列的政治、经济和教育等诸多方面的改革，引导当时的中国在政治上经过开明专制走上君主立宪的道路，在经济上转向资本主义的发展道路。他的理论为1898年的戊戌变法运动提供了理论基础。

梁启超（1873—1929年），字卓如，号任公，广东新会人。他是康有为领导变法运动的主要助手之一，特别在宣传上起了无可替代的作用。他反复宣传康有为"公羊三世说"观点，着力张扬"变"的哲学，激起朝野对变法的热情和支持。谭嗣同（1865—1898年），字复生，号壮飞，湖南浏阳人。他是一个热血沸腾的爱国者，积极参加变法运动，最后成为走向刑场的"戊戌六君子"之一。他在自己的代表性著作《仁学》中，把儒学最重要的概念"仁"的内涵无限扩大，将其与"通"和"平等"联系起来，引申至对自由、平等、博爱的追求。他对封建专政制度和纲常名教进行猛烈批判，喊出"冲决"一切网罗的口号。他在批判"秦政""荀学"的同时，将自由、平等、博爱等西方资产阶级的信条硬说成是孔子"改制"时的发明："孔子初立教也，黜古学，改今制，废君统，倡民主，变不平等为平等，亦汲汲然动矣。"① 他打着孔子的旗号，精心设计了一个理想化了的资产阶级的伊甸园：

> 无国则畛域化，战争息，猜忌绝，权谋弃，彼我亡，平等出；且虽有天下，若无天下矣。君主废，则贵贱平；公理明，则贫富均。千里万里，一家一人，视其家，逆旅也；视其人，同胞也。父无所用其慈，子无所用其孝，兄弟忘其友恭，夫妇忘其倡（唱）随。若西书中百年一觉者，殆仿佛《礼运》大同之象焉。②

这种乌托邦理想，既彰显了这个维新志士的激情，也显示了他的局限。

---

① 谭嗣同：《仁学》三十，华夏出版社2002年版，第99页。
② 谭嗣同：《仁学》四十七，华夏出版社2002年版，第99页。

　　1911 年的辛亥革命结束了中国两千多年的封建帝制，但并没有改变中国半殖民地半封建的社会性质。1915 年，中国先进知识分子发起了著名的新文化运动，喊出了"打倒孔家店"的口号。这个运动批判封建专制制度和封建文化中许多妨碍历史发展和社会进步的弊端，当然是正确的，反映了历史前进的方向。但由于受形而上学世界观和方法论的影响，对儒学的认识和批判不够全面，缺乏辩证的分析，没有看到儒学中蕴含的具有积极意义的内容，这就引起新儒学一派的反弹。五四运动之后，马克思主义在中国得到较广泛的传播，与西方传入的资产阶级自由主义和中国传统的儒学形成鼎足而三的思想重镇。面对马克思主义和自由主义的风生水起，传统儒学意识到自己遇到了两千年来空前强大的对手，继续以往的那套理论模式已经难以与之颉颃，于是与西方资产阶级哲学结盟，产生了西学化的儒学，这就是新儒学。第一代新儒学的代表人物是梁漱溟、冯友兰、熊十力、贺麟等人。

　　梁漱溟（1893—1988 年），广西桂林人。他是中国新儒学的开山之祖，以《东西文化及其哲学》一书的出版宣告了新儒学中新孔学一派的诞生。梁漱溟的新孔学是由宋明理学（主要是王阳明一派心学）、法国哲学家柏格森的生命哲学和佛教的唯识宗杂糅而成。他把中国的传统儒学作为"体"，将柏格森的生命哲学作为"用"，力图以"用"来改造"体"，以建立一种与西方现代哲学相联系的新儒学体系。其基本理论框架是：将《易传》的变易思想和宋明理学的"天理流行"与"万物化生"的思想附会柏格森的"生命冲动"论，以建立自己的生机主义的宇宙观；以王阳明"致良知"附会柏格森的直觉主义，建立自己直觉主义的认识论；以宋明理学的"理欲之辨"附会柏格森的唯意志论，用"情理"代替宋明理学的"天理"，建立自己的伦理思想。他将世界文化的发展依次分成西方文化、中国文化和印度文化三个阶段，认为一个比一个高级和高明。这显然是对世界文明史的错误理解。梁漱溟特别赞扬儒家建立在"情义"基础上的伦理思想：

　　吾人亲切相关之情，发乎天伦骨肉，以至于一切相与之人，随
　　其相与之深浅久暂，而莫不自然有其情分。因情而有义，父义当慈，
　　子义当孝，兄之义友，弟之义恭。夫妇、朋友，乃至一切相与之人，
　　莫不自然互有应尽之义。……举整个社会各种关系而一概家庭化之，
　　务使其情益亲，其义益重。①

梁漱溟显然看到儒学关于家庭伦理的许多合理内核，但他把这种家庭伦理
过于理想化和扩大化了。梁漱溟的不少观点都是错误的，但他开启了近代
"以洋释儒"的学风，对后世的影响还是深巨的。

　　冯友兰（1895—1985 年），字芝生，河南唐河人。他是新儒学中新理
学一派的创始人。他以研究中国哲学史名家，《新理学》是他哲学思想的
代表作。他自诩写作此书的目的是："为天地立心，为生民立命，为往圣
继绝学，为万世开太平。"② 这里的"往圣"和"绝学"指的就是程朱理学
为代表的正统儒学。他借助西方现代哲学主要是新实在主义的某些理论
和方法，对程朱理学进行改造，建立起自己的哲学体系。他继承程朱理
学"理在事先"的观点，认为在万物之先有一个由无数多的理组成的"理
世界"，从而建立起自己的客观唯心论的世界观。他继承程朱理学永恒不
变的纲常伦理学说，把仁、义、礼、智、信等道德信条说成是根源于"天
理"或"社会之理"的永恒存在。他继承传统儒学的"天人合一"论，将
其视为人生的最高境界。他认为人生有自然境界、功利境界、道德境界和
天地境界，而"极高明而道中庸"的圣人所达到的境界就是"天人合一"
的天地境界。这个达到这一境界的圣人其实不过是他心目中的"人欲净
尽、天理流行"的偶像而已。冯友兰的《新理学》，博采众家，融会中西，
特别是引进西方的"逻辑分析"方法，改变了传统儒学的思维模式，是具
有较高思辨水平的哲学著作，其中承认规律的必然性和运动的绝对性，含

①　梁漱溟：《中国文化要义》，上海人民出版社 2011 年版，第 79 页。
②　冯友兰：《三松堂全集》第四卷，河南人民出版社 1986 年版，第 511 页。

有一些合理的因素，是抗日战争时期影响最大的哲学体系之一。

熊十力（1885—1968 年），湖北黄冈人，新儒学中新唯识论一派的代表。其代表作是《新唯识论》一书。他继承佛学唯识宗"万法唯识"的主观唯心论，将"识"与"本心"认作宇宙的本体。他借用西方哲学如罗素的"事素"说、柏格森的生命哲学与直观主义，创造了自己的"新唯识论"体系，最后"归宗此土儒宗"。他继承陆王"性外无物"的思想，提出"体用不二"的唯心主义本体论。他高扬儒家"知其不可而为之"的入世精神，塑造"内圣外王"的理想人格新形象。他认为"内圣"就是"自识本心"，把握宇宙本体，找到"安身立命"的依据。"外王"就是经世致用，它与"内圣"是体与用的关系，"内圣"只有通过"外王"才能体现出来。熊十力的伦理思想一方面沿袭传统儒学的基本内容，一方面又注入西方独立、自由、平等的价值观念：

> 古者儒家政治思想，本为极高尚之自由主义，以个人之尊严为基础，而互相协和，以成群体，期于天下之人人，各得自主而亦互相联属也；各得自治而亦互相比辅也，《春秋》太平之旨在此。①

> 平等之义安在耶？曰：以法治言之，在法律上一切平等。国家不得以非法侵犯其人民之所想、言论等自由，而没其他乎？以性分言之，人类天性本无差别，故佛说一切众生皆得成佛。孔子曰"当仁不让于师"，孟子曰"人皆可以为尧舜"，此皆平等之义也。②

熊十力既看到传统儒学中蕴含的爱国主义和入世精神的可贵之处，也认识到西方文化中的民主政治、社会改造理论和发达的自然科学的优长之点，因而提出融合中西文化的主张，还是有一定的积极意义。

---

① 熊十力：《熊十力论著集》之《十力语要》卷一，中华书局 1996 年版，第 97 页。
② 熊十力：《熊十力论著集》之《十力语要》卷三，中华书局 1996 年版，第 284 页。

贺麟（1902—年），四川金堂人，他是新儒学中新心学派的代表。他留学德国，对德国古典哲学有着比较深入的了解，是向中国输入德国古典哲学的重要学者。他以新黑格尔主义来解释、发挥和改造传统儒学的陆王心学的本体论，提出"心为物之体，物为心之用"的命题；继承王阳明"知行合一"论，提出"自然的知行合一观"；继承陆王"扶持纲常名教"的传统，从本体论出发，证明"三纲五伦"的合理性。他还从哲学化、宗教化、艺术化三条途径"谋求儒家思想的新发展"，以便实现传统儒学的现代化。尽管贺麟的"新心学"总体上没有脱离唯心论体系，但因为晚出，加之他西方哲学的修养较之梁、冯、熊诸人高出一筹，所以其理论思辨水平也有明显提高。其中对人类主观能动性的思考和对知行关系的探索，就闪现着辩证思维的光芒，对推动五四以来中国哲学思维的发展起了促进作用。

总之，第一代新儒学的代表人物虽然具有与新文化新思想相对抗的明显倾向，对历史发展和社会进步的作用也是负面超过正面，但从学术层面讲，新儒学的出现也给新文化运动的新锐分子提供了有益的警示。第一，中国传统文化，尤其是它的核心儒学思想，已经融化在中华民族的血液里，在两千多年的悠长历史上，它发挥的虽然并不全是积极作用，但消极作用毕竟是第二位的。要将它从中国的文化系统中剔除出去既无必要，也非常困难。第二，在传统文化深厚根植的中国，"全盘西化"既不是明智的选择，也不可能成功。因为外来的思想文化能否被中国接受并得到发展，关键在于它能否与中国传统文化在发生冲突的同时也产生相契合相兼容的一面。第三，新儒学最大的功绩，一是它极力挖掘儒学中的精华，千方百计寻找那些已经形成中华民族精神重要组成部分的具有永恒价值的因子。二是它试图寻求儒学与西方思想文化的结合点，期望通过与西方思想文化的结合使儒学重新焕发生机与活力。第四，新儒学对新文化运动的回应在某些方面击中了它的软肋：形而上学的世界观和方法论。传统文化的未来发展路径只能是创新性发展和创造性转化。全盘否定、彻底决裂的路子是绝对走不通的。

第三十六章　思想永存

公元前479年二月十日夜，尽管一代思想巨人孔子永远停止了思考，但他创立的儒学却没有销声匿迹。他的众多弟子"散而之四方"，不断地宣传、弘扬和发展儒家学说。一代又一代的儒学传人，以顽强的执着、无与伦比的坚韧，继承和发扬光大着孔子的事业。终于等来了汉武帝和董仲舒横空出世的年代，一个空前雄才大略的皇帝和一个对儒学创新发展卓有成效的划时代的思想巨人热烈拥抱，推出了"罢黜百家，独尊儒术"的思想文化政策。从此以后，在两千多年的中国古代社会，无论王朝怎样更替，坐龙庭者是汉族精英还是草原雄杰，儒学本身从内容到形式如何变迁，它作为统治思想和主流意识形态的地位总是深固不摇，孔子作为"大成至圣先师"的尊位总是不断升级，他的灵前总是颂声洋洋，香烟缭绕。这种状况，直到1915年敲响新文化运动的开台锣鼓，才开始发生变化。原因何在？简而言之，是因为儒学构筑了中华民族最核心的价值理念，既获得统治者的青睐，又得到被统治者的认可，找到了统治者和被统治者利益的结合点，成为中国宗法农业社会最适宜的意识形态。

因为儒学倡导大一统，鼓吹"夷夏之防"，强调中华民族是一个统一的整体，中国自古以来是一个统一的国家。反映了以汉族为主体的中华各族人民对祖国的认同，蕴含着深厚的爱国主义，形成了强大的民族凝聚力。此一凝聚力与时间的积累成正比，历时愈久，力量愈强。尽管中国历史上也有分裂的三国南北朝时代和不同民族政权宋、辽、金、元对抗的时代，但总体上是统一的时代多于分裂的时代。在中国人民的意识中，统一是常态，分裂是非常态。人民在分裂的时代思念统一，不惜以热血和头颅促成和捍卫统一。因此，卫国保民的民族英雄得到全民的尊仰，而出卖国家民族利益的汉奸卖国贼则被全民鄙夷和唾弃。

因为儒学倡导尊君爱民，鼓吹建立士、农、工、商各安其位、各得其所的稳定秩序，君民皆易于接受。正如梁启超在《论中国学术思想变迁之大势》一文中所分析，儒学"严等差，贵秩序，而措而施之者，归结于君权"，"于帝王驭民，最为适合"。它"说忠孝，道中庸，与民言服从，与君言仁政，其道可久，其法易行"。①

因为儒学倡导三纲五常的伦理学说，给封建社会的人际关系罩上一层温情脉脉的纱幕，是中国古代社会核心价值观的重要组成部分，反映了中国宗法农业社会中君主、臣僚和百姓对道德伦理的认同。这套伦理学说，对于维护、协调古代中国社会的各种人际关系发挥了比较积极的作用。

因为儒学有着强烈的民本思想的政治文化意识。儒学虽然反对"犯上作乱"，但它重视百姓的利益，关心百姓的冷暖，强调"民为邦本，本固邦宁"，"民贵君轻"，"得乎丘民为天子"，颂扬"汤武革命"，承认百姓有权诛杀夏桀、商纣之类的"独夫民贼"。要求君王对百姓行"仁政"，施"德治"，从皇帝到百官都要加强自身的修养，以身作则，率己正人，做到"身正而令行"。这种"好皇帝""清官"和廉政意识，长期得到当权者的首肯和百姓的拥护。

因为儒学主张德刑并用、宽猛相济的治国理念。一方面强调德治、仁政，对百姓实行德主刑辅、教化为先的政策，一方面吸收法家的某些治国思想，强调"不分贵贱亲疏一断于法"的法制原则，从而使德治与法治紧密结合，创造了中国古代独特的治理体系和治理思想，对于维护国家和

---

① 梁启超：《饮冰室合集·文集之七》，《饮冰室合集》第 1 册，中华书局 1989 年版，第40 页。

社会的长治久安发挥了积极作用。

因为儒学具有博大深广的人道主义精神。儒学提倡"仁者爱人""己欲立而立人，己欲达而达人""己所不欲，勿施于人"，反对损人利己，鄙视以邻为壑；要求每个人都设身处地地为别人着想，自己活，也让别人活；自己活得好，也希望并帮助别人活得好，以爱心和亲情建立友爱和谐的人际关系。这种思想在封建社会里虽然不无理性化的成分，实行起来也比较困难，但这种美好的理想对大多数人还是有吸引力的。

因为儒学提倡积极进取的人生态度，鼓吹独立不移的大丈夫精神。儒学一贯关心国家和民族的命运，有浓烈的家国情怀，以"修身、齐家、治国、平天下"为己任，在任何艰难困苦和挫折面前不悲观，不气馁，认定目标，勇往直前。为了真理和正义，"知其不可而为之"，"杀身成仁，舍生取义"，以生命去捍卫自己的理想和人格。这种积极进取的人生态度具有永恒的价值。同时，儒学还一贯提倡"富贵不能淫，贫贱不能移，威武不能屈""三军可多帅，匹夫不可夺志"的大丈夫精神，呼唤崇高的人格和良知，自尊自信，自立自强，以"达则兼济天下，穷则独善其身"的人生信条策励自己，苦筋骨，劳心志，"慎独"自励，无怨无悔，承天下大任，"养浩然之气"，在任何时候都保持自己高洁的品性，决不向恶势力投降，更不与之同流合污。这种人生态度和精神品质，对中华民族的精英，特别是广大知识分子具有永恒的吸引力。

因为儒学一贯重视教育。孔子、孟子、荀子、董仲舒、何休、郑玄、二程、朱熹、陆九渊、王阳明以及其他数以千百计的儒家学者，几乎无一例外地以教师为职业，把"得天下英才而教育之"作为人生最大的乐事。儒学重视教育，全身心地投入教育，使我国文化、教育和学术事业得以延续和发展，其功至伟，不可磨灭。与此相联系，儒学一贯强调尚贤、举贤、任贤的人才选拔任用政策，尤其将选优原则贯彻到人事任用制度的全过程，后来又推动国家实行规范化的人才选拔制度如科举考试。十万进士、百万举人迤逦而出，由此选拔了大批优秀人才到国家和社会的关键岗位服务，保证了国家行政和社会生活的有序运行。

因为儒学坚持"和而不同"的辩证思维，在人与自然的关系上强调"天人合一"，要求人与自然界和谐相处；在君臣关系上强调彼此都承担权利和义务，臣子勇于负责，敢于进谏。君王虚怀若谷，善于纳谏；在君民关系上，百姓尊君事上，君臣爱民亲民，使上下、贵贱、智愚、贫富都能找到利益的平衡点，和谐相处，维护社会的安定。

因为儒学具有开放性的学术品格。儒学从其诞生那天起就不断地从历史文献，从现实社会，从所有有知识的人那里吸纳知识，丰富和发展自己。它不是一个自满自足、故步自封、自我封闭的僵化的体系，而是以开放的心态，海纳百川的博大胸怀，"苟日新，又日新，日日新"的积极进取意识，不断地、广泛地吸收其他学派的思想、观念，根据社会的需要，改造自己的学说。孔子的儒学一变而为思孟与荀学，又一变而为董学，再一变而为宋明理学，在这一不断演变过程中，先秦诸子百家中的墨、名、法、道、阴阳等学派的许多思想，玄学、佛学的许多理念和方法，都被悄悄地吸纳，从而使儒学越来越博大、厚重、精深，不断增强了它对社会和人生需求的适应能力。

因为儒学经典如《十三经》和其他众多儒学著作，都能用最精粹的语言表述人生智慧，阐发哲思与真理，因而形成强大的话语权，对中国的思想、文学和语言的形成和发展都产生了巨大而深远的影响。例如《论语》产生的成语有313条，由《十三经》产生的成语共有2113条，占中国整个成语的四分之一。

最后，因为儒学具有实践性和普及性的品格。儒学没有故作高深的玄理，也不用晦涩难解的文字，其政治社会思想、伦理道德情操，人生价值理念，都用比较贴近百姓生活的语言和司空见惯的事物进行表述和阐发，因而能够润物细无声地渗透到人们的心田之中，融化到人们的血液里，深入到人们的骨髓中，变成民族文化的强大基因。

反观先秦以来的其他学派，虽然各有其特定内涵，各有其优长之处，各有其存在价值，各有其对中国传统思想文化的独特贡献，然而，除了法家思想在秦朝取得了公认的主导地位，以黄老名世的新道家在西汉初年有

着近 60 年作为统治思想的辉煌外，其余各家思想，在两千多年的封建社
会中，或者销声匿迹，或者作为主流思想的补充而存在，谁也未能像儒学
那样，以统治思想长期左右封建社会政治的运行。其原因在于，与儒学相
比，它们本身所固有的缺失无法适应不断变化的社会对主流思想文化的
诉求。

墨家曾是战国前期与儒家相抗衡的影响巨大的学派，所谓"杨朱墨
翟之言盈天下。天下之言，不归杨则归墨"①。然而，在秦朝以后，它却
销声匿迹，在汉初一度活跃的诸子余绪中也找不到它的身影。原因在于，
1. 它的某些思想观念，如"尚同""尚贤""非攻"之类，已被儒学吸纳。
2. 它提倡的"兼相爱，交相利""爱无等差"等学说，纯粹是不切实际的
幻想，不可能被社会普遍认同。3. 其"节用""节葬""非乐"等思想，尽
管反映了当时的个体生产者对社会贫富不均的不满情绪和提高生活水平的
愿望，但又有着这种小生产者的明显局限。它认为人们的衣食住行的各种
消费应以满足基本的生理需要为前提，超过这个界限，就是奢侈淫僻，所
以，美好的饮食、华美的房舍、美丽的衣服，动听的音乐，一概是不必要
的。它把人们的消费水平固定为一个最低标准的模式，并要求社会上所有
的阶级和阶层共有这个模式。这种平均主义的保守的消费观念不利于生产
的发展和人民生活水平的提高，是一种一厢情愿的空想。司马谈批评它
"简而难尊"，"其事不可遍循"②，是很有道理的。墨家思想最后从社会上
消失，是因为剥削者和被剥削者都认为它难以遵行。

名家在战国时期曾名噪一时，但因其学说着重于形式逻辑，缺乏完
整的政治、社会、经济和伦理思想，就是形式逻辑的一些论题也陷于诡
辩，所以司马谈批评它"苛察缴绕，使人不得反其意，专决于名而失人
情"，"使人简而善失真"。③ 它仅仅是一种思维的工具，当然没有资格成
为统治思想。

① 《孟子·滕文公下》，《十三经注疏》，中华书局 1982 年版，第 2714 页。
② 司马迁：《史记》卷一百三十《太史公自序》，中华书局 1959 年版，第 3289 页。
③ 司马迁：《史记》卷一百三十《太史公自序》，中华书局 1959 年版，第 3291 页。

　　法家有一套完整的由法、术、势组成的专制主义中央集权的政治理论和以耕战为手段，以"富国强兵"为目的的经济理论，易于操作，立竿见影，因而受到列国统治者的青睐。秦始皇以此理论为指导，不仅完成了中国的统一，而且建立起强大的中央集权的国家，充分显示了法家理论的效用。然而，法家理论也有它致命的弱点。第一，它迷信武力和刑政，将其视为唯一的夺权、掌权和治国的手段。第二，它把人与人之间的关系看成纯粹的利害关系。君臣、父子、兄弟、夫妻、朋友、买者和卖者、地主与农民，无一不是利害关系。人与人之间不存在丝毫的道义和亲情，一切都是互相争夺、互相利用、互相坑害，贯彻其中的只是丛林法则。对于统治者来说，法家理论有成功之道却缺乏长治久安之术；对于被统治者来说，它纯粹是一种血腥的震慑之论，根本不具备亲和力。秦朝二世而亡的教训引起汉初君臣的深刻反思，他们明白，法家理论只能作为统治思想的一个组成部分加以应用，却千万不能将其作为旗帜树立起来。所以，在秦朝以后中国两千年的封建社会里，法家思想的命运是被统治者明骂而暗用，所谓"儒法互补"主要指的制度层面上的结合。在思想领域，除个别时候个别思想家偶尔为之发出一些赞美之词外，法家基本上处于被审判的境地。

　　以老子、杨朱、庄周等为代表的道家思想虽然清醒地看到了人类文明的发展带来的社会矛盾、贫富分化、压迫剥削等不公平现象并给予猛烈的抨击，弘扬人的生命意识、自主意识，鼓吹自由自在、保身全性的生活，具有一定的积极意义。但是，道家思想的局限性也十分突出鲜明。第一，他们对人类社会的发展持悲观态度，认为人类最美好的时代是文明出现前的史前时期，主张社会倒退到"小国寡民"甚至"同与禽兽居，族与万物并"①的时代。第二，他们追求绝对的精神自由，反对一切制度和礼法，倡导"无为而治"，实际上要把社会推向无政府状态。第三，他们强调"任自然""保身全性""拔一毛利天下而不为"，放弃对国家、社会和

---

① 陈鼓应：《庄子今注今译》，中华书局 1983 年版，第 270 页。

民族的责任。以黄老名世的新道家尽管与原始道家已有很大的不同，但其
"无为而治"的放任理论不利于国家实施干预政策，因而只能在汉初的特
殊历史条件下成为主流思想辉煌一时。在中国封建社会的历史上，道家思
想虽然没有像墨家那样消亡，在魏晋南北朝时期也曾一度以玄学的名号创
造过短暂的辉煌，但它只能作为儒家的同盟军，作为主导思想的补充而存
在。那种认为道家思想为中国主流思想的看法显然是很不准确的。

　　发端于齐国的阴阳家偏重于哲学思想，其政治、经济和伦理方面的
内容甚少或根本没有涉及，因而不具备成为统治思想的条件。况且，由于
它成为孟子、董仲舒构筑新儒学的重要资料，实际上已经融入新儒学之
中，阴阳家自己也就失去争当统治思想的愿望了。阴阳家的思想在秦汉以
后的中国思想界尽管对哲学和医学等继续发挥重要影响，但它从来就不具
备思想界盟主的资格。

　　其他学派，如农家的平均主义空想，根本不具备实践的品格。纵横
家只看重纵横捭阖的政治外交斗争策略和诡谲万端的诈骗之术，其他理论
则十分贫乏。兵家虽有丰富的战略战术思想，但政治经济社会伦理思想相
对薄弱，它们当然也没有条件单独争夺统治思想的宝座。东汉时期传入中
国的佛教，到魏晋南北朝时期已经蔚为大观，隋唐时期更是获得长足发
展。由于它以生死轮回、善恶报应进行蛊惑，特别是承诺发给信徒一张通
向极乐世界的廉价门票，所以能够俘获相当多的各阶层信众。但是，因为
佛教不敬上天、不孝祖宗、鄙视传宗接代的生命延续，再加上它缺乏治国
理政的方略，它就不可能成为大多数中国人的信仰，更不可能成为统治思
想。魏晋南北朝时期以"三玄"（《周易》《老子》《庄子》）为资料幻化出
来的玄学曾经在上流社会风靡一时，成为与儒学相颉颃的重要思想流派，
对提升中华民族的思辨水平做出了重要贡献。但是由于玄学是一门"玄而
又玄"的学问，它热衷辨析的论题如"有"与"无"、"本"与"末"、"名
教"与"自然"、"声有哀乐"与"声无哀乐"等，都是远离民众生活的玄
思，根本不具备普及的品格，只能在高级知识分子中传播，当然也不可能
成为统治思想和主流意识形态。只有经过董仲舒改造过的儒学，既保留了

原始儒学那博大精深的内涵，又有选择地吸收了其他学派的理论和方法，并且基本上消除了原始儒学"博而寡要，劳而少功""迂远而阔于事情"等弊端，成为内容最丰富，涉及政治、经济、思想、伦理、文化教育等社会生活的方方面面，最贴近百姓生活，最易为百姓所了解，又较易操作的学说。尤其重要的是，它适应中国宗法农业封建社会的特点，尽量照顾到社会上各个阶级和阶层的利益，找到了剥削者与被剥削者、统治者与被统治者利益的结合点，成为他们双方都乐于接受的理论和学说。一句话，经过不断改造的儒学，最适应社会的需要，最具备实践的品格，最善于顺世变异，因而能够拔出同列，登上统治思想的宝座，成为中国封建社会主流文化的核心和主要组成部分。尽管两千多年间，世事不断变迁，思想文化波澜起伏，外来文化强烈冲击，儒学的统治地位却一直稳如泰山，没有丝毫的动摇。

正因为儒学有博大精深的内涵，具备实践性、普及性和开放性的品格，所以能够适应长期中国古代社会的需要，对促进历史的发展产生了巨大而深远的积极作用。不仅如此，随着中外经济文化交流的日益扩大，孔子和儒学也走向世界舞台，对世界上的许多国家和地区产生了越来越大的影响。孔子早已当之无愧地被联合国列为全世界纪念的文化名人，为中华民族赢得了巨大荣誉。孔子及儒学较早发生影响的地方是亚洲那些与中国毗邻的国家和地区，特别是朝鲜、越南和日本。汉武帝实行"罢黜百家，独尊儒术"的思想文化政策不久，汉帝国就在朝鲜设立郡县，派官治理，儒学也随之成了那里的统治思想。从公元1世纪到公元675年，即从朝鲜由新罗、百济、高句丽三国并立到新罗统一时期，儒学开始大量传入朝鲜。此后经王氏高丽和李氏朝鲜王朝，儒学在朝鲜蓬勃发展，达到了鼎盛时期。新罗一面仿照唐朝于首都庆州设立国学，向青年学生传授儒家经典《左氏春秋》《礼记》《毛诗》《论语》《孝经》等，一面大量派遣留学生到中国学习。仅公元840年学成回国的留学生即多达105人。有些留学生参加唐朝的科举考试，终唐一代进士及第者达58人。其中不少人名震一时，成为儒学在朝鲜的传播者和朝鲜的第一代儒生。新罗还仿照唐朝实行科举考试。由于考试内容全为儒家经典，儒学自然就与仕途结合起来，进一步得到广大知识分子的重视。高丽王朝继续推行以儒家经典为内容的科举考试，吸引了成千上万的热衷仕途的士子们刻苦攻读儒学著作。随着大批中国儒学经典的传入和翻刻，孔子和儒学在高丽的传播越来越广泛，影响与日俱增。孔子的地位扶摇直上，越来越受到人们的尊仰。公元992年，在首都开城的最高学府国子监里，建立起壮丽辉煌的文庙，内中供奉着孔子、颜渊、曾参、子思和孟子的塑像，国子监中也挂出了72贤人的画像。孔子被加谥为"玄圣""至圣""大成"和"百王之师"，越来越受到普遍的顶礼膜拜。文庙逐步由首都向各道推广，几乎所有道府所在地都建起如同中国各州县城都有的文庙。儒学的广泛传播不仅影响到高丽王朝的政治、经济和思想文化教育，特别影响到它道德伦理观念的形成和发展。在这里，三纲五常被视为天经地义，孝子顺孙、义夫节妇受到国家和社会的大力表彰。公元1392年李氏王朝建立以后，儒家思想得到进一步的传播，孔子和儒学的影响达到鼎盛时期。1910年日本吞并朝鲜以后，推行殖民化的思想文化教育，儒学开始衰落，很快失去统治思想的显赫地位。第二次世界大战结束后，朝鲜分裂为北部的朝鲜民主主义人民共和国和南部的大韩民国两个独立政权。尽管儒学在今日朝鲜和韩国已不能恢复昔日的辉煌，但作为一种学术思想仍然受到重视。朝鲜和韩国的学者都承认，孔子与儒学曾经对朝鲜的古代社会产生过其他任何思想无法替代的深远影响。今天，儒学的许多思想观念已经融化在朝鲜民族的文化特别是伦理道德之中，继续发挥着积极的作用。

越南与中国山水相连，越南人在春秋战国时期是中国文献记载的众多百越族之一，与两广的越人有着难以分割的血缘联系。两国人民在遥远的古代已经开始了密切的来往。秦朝统一中国后，即在越南北部设立象郡，直接派官治理。汉武帝时期又在越南设立交趾、日南、九真三郡，此后直至五代时期，越南作为郡县直接受中国中央王朝统治达千年以上。在这一漫长的历史长河中，儒家经典大批传入，儒学教育普遍实施，孔子思想和儒家学说逐渐在越南传播开来，从而加速了越南社会的封建化进程和经济文化的发展。例如，东汉时期的越南人，相当的多数还在树上搭屋而居，处于"知母不知父"的群婚状态。东汉循吏任延任九真太守以后，在那里广泛推行一夫一妻制度，推广牛耕技术，大大促进了越南经济的发展和文明的进步。公元939年，越南独立建国，经吴朝、丁朝、黎朝后，于1010年开始了李朝统治时期。统治者为了巩固封建秩序，发展经济和文化教育，有意识地提高孔子和儒学的地位，命令各地修文庙供奉孔子及其他儒学大师，大力兴办儒学教育，推行以儒学为内容的科举考试制度，同时大量输入儒家经典。陈朝（1225—1400年）统治时期，继续采取一系列措施提高孔子和儒学的地位。1428年黎朝建立后，儒学在越南达到鼎盛时期。黎朝进一步大力兴办教育，在京城设国子监，在地方各路、县设立学校，配备专门的教职人员，以五经为教材，培养大批青年知识分子。与此同时，又健全以儒学为内容的科举考试，为国家选拔大批掌握儒家思想的各级官吏。随着大批儒家典籍和其他中国文献著作的不断传入、翻印，不仅儒家思想在越南迅速普及到民间，而且产生了越南自己的儒学大师和儒学著作，这表明越南在儒学民族化的进程中取得了重大进展。与此同时，孔子作为儒学的祖师爷被推尊到极高的地位。文庙的规模日益扩大，数量迅速增加，从首都到各州县几乎都建了起来。越南皇帝亲率百官定时以王礼祭祀孔子，儒家思想终于成为统治思想，儒学的信条成为规范各个领域社会生活的金科玉律。这自然给越南的政治、经济、思想文化和社会生活的方方面面都打上深刻的印记。19世纪末期越南沦为法国的殖民地以后，广泛推行法国资产阶级的思想文化，孔子和儒学的地位不可避免地衰落下去，失去了统治思想的尊位。但是，作为构成越南民族思想文化的一个重要组成部分，儒学仍然在越南的社会生活中继续发挥着重要作用。

　　较之朝鲜和越南，与中国一衣带水之隔的日本，所受孔子及儒家思想的影响有后来居上之势。儒家思想在日本传播的历史，可以追溯到公元285年西晋使者王仁向日本献《论语》和《千字文》。隋唐时期，中日思想文化交流进入黄金时代。大批日本使团和留学生络绎不绝地来往于中日之间，孔子和儒家思想在日本的传播形成犹如东海的波涛那么汹涌澎湃的浪潮。正是在孔子和儒家思想的影响下，日本孝德天皇于公元646年推行"大化革新"运动。这是日本执政者以儒家思想为指导，以中国唐朝的政治经济制度为典范而推行的封建化的政治社会改革运动。在文化教育方面，日本仿照唐朝国子监设立大学寮，定期举行祭祀孔子的典礼。儒家经典《周易》《尚书》《周礼》《仪礼》《礼记》《毛诗》《春秋左氏传》《孝经》《论语》等成为各级各类学校的必读教材。公元710年，日本建都平城（今奈良），开始了奈良时代。儒学得到进一步的发展，从中央的大学寮到地方的各级各类学校，形成了一套完整的儒学教育体系，春秋两季的祀孔大典盛况空前。而一批又一批的遣唐使、留学生和学问僧乘风破浪，联翩渡海来到唐朝治下的中华大地，架起更为畅通的思想文化交流的桥梁。奈良朝继续以儒家的伦理道德观念整顿社会秩序，忠、孝、节、义、仁、礼、智、信等逐渐成为人们努力实践的道德信条。公元794年，日本国都自奈良迁至平安（今京都），开始了400余年的平安时期，儒学又获得进一步的发展。公元1192年，日本进入幕府统治时期，这时的中国正处于南宋王朝理学最兴盛的时代。随着南宋与日本频繁的经济文化交流，理学开始源源不绝地传入日本。公元1603年，德川家康结束长期的战乱，于江户（今东京）创立幕府，日本历史进入江户时代。因为程朱理学适应了德川氏巩固封建政治和社会发展的需要，所以倍受重视。此后，儒学被日本执政者定为官学，其他"异学"都被禁止，儒学在日本进入鼎盛时期。从天皇到各幕府将军和各级地方政府，都争先恐后地提倡尊孔读经，儒家学者大受重用，不少人充当顾问，参与机要。明朝的儒家学者朱舜水在明朝灭亡后流亡日本，受到水户藩主德川光圀的崇高礼遇，被尊为老师，不论风雨寒暑，定时前来问候。重大问题，随时请教。朱舜水死后，德川光圀甚至说"世上再无学者"了。这一时期，日本的崇儒突出地表现在教育上，从中央到地方，从官学到私学，从高等教育到初等教育、女子教育、幼儿教育，从学校教育到社会教育，无不以儒学为内容。由于教育的发达，导致人才辈出，学术界出现一派繁荣景象。儒学的日本化取得了显著成绩，形成了日本自己的朱子学派、阳明学派、水户学派、古学派、折中学派、考证学派等百家争鸣的局面。与此相适应，中国的儒家经典通过各种途径大量输入日本，如大型类书《古今图书集成》《皇清经解》和《太平御览》等，就是在这一时期传到日本的。有些经典如《群书治要》《论语义疏》《古文孝经孔氏传》等后来在中国亡佚，而流传到日本的却保存下来了。此一时期，日本大量翻刻经书，对儒学在日本的逐步普及起了重大作用。随着儒学地位的日渐崇隆，对孔子的尊崇也达到空前的高度和规模。从京都到各藩地，到处都建起了规模不等的孔子庙。孔子灵前，香火不断，儒家思想，历久不衰，从而对日本的政治、经济、思想、文化、教育以及社会生活的各个方面，特别是对伦理道德产生了极其深刻的影响。三纲五常等道德信条成为最崇高的观念，逐步普及到下层百姓之中。日本的史书充塞着对忠臣、义士、孝子和节妇的连篇累牍的表彰之辞。这一切对维护日本封建的等级秩序起了重要作用。公元1868年，日本开始明治维新运动，开启了日本"脱亚入欧"、发展资本主义的历史进程。日本朝野努力学习西方资本主义的政治、经济和社会学说，儒家思想自然丧失了作为官学的地位。但是，由于儒学在日本传播的时间较久，普及的程度也较深，所以仍然对此后日本的教育、道德和社会生活有着十分明显的影响。直到今天，孔子和儒家思想依然受到日本学术界的广泛关注，成为许多学者争相研究的热门课题。

由于儒学在朝鲜、越南和日本等中国周边地区获得广泛的传播，同时深刻影响了这些国家和地区历史的发展，学术界就将中国和朝鲜、越南与日本等国家和地区称为"东亚文化圈"或"儒学文化圈"。

孔子和儒学传入欧美世界较之传入朝鲜、越南和日本晚得多，影响也小得多。然而，一旦传入，就受到西方政界和学界的广泛重视，并且产生了许多意象不到的作用。孔子和儒学在欧美的传播被学术界称之为"东学西渐"，以与"西学东渐"相对应。尽管中国通往中亚和欧洲的丝绸之路在两汉时期就打开了，成吉思汗及其子孙领导的蒙古大军的西征也曾到达地中海和多瑙河流域，意大利的马可波罗也曾在元朝的广袤国土上流连往返，并写下广为流传的《马可波罗游记》，但是，这一时期的中西交流还很少涉及思想文化的层面。孔子和儒学真正传入西方是在十六七世纪，通过来华的耶稣会教士为媒介进行的。当时商业和航海都比较发达的意大利传教士捷足先登，首先来到中国，其中最著名的是利玛窦。他在中国居留多年，一面传教，一面学习中国文化，特别是儒家学说。他率先用儒学解释基督教义，并将《四书》翻译成拉丁文。他的弟子、法国传教士金尼阁又将《五经》翻译成拉丁文，介绍给欧洲。利玛窦和其他传教士写了不少有关中国文化和儒学的书，使西方开始了解中国文化与孔子及儒家学说。西方人惊异孔子思想的博大精深，将他推尊为"天下先师"和道德与政治、哲学方面最博大的学者和预言家。

金尼阁之后，法国政府又派张诚、白晋、李明、刘应、洪若翰等五位传教士到北京，通过他们，不少儒家典籍和中国文献被翻译成法文传回法国。除《四书》《五经》外，郑樵的《通志》、马端临的《文献通考》、明朝的《永乐大典》、清朝的《古今图书集成》等也传入法国。孔子思想及儒学所具有的人文精神，在十七八世纪神学统治下的法国引起了激烈的反响，引发了遍及法国的"中国热"，对法国启蒙思想家和法国大革命产生了巨大影响。百科全书派的领袖霍尔巴赫特别推崇孔子以德治国的政治主张，认为"欧洲政府非学中国不可"。百科全书的主编狄德罗在百科全书中高度赞美孔子的学说，特别重视孔子以"理性"治国、平天下的主张。法国另一位启蒙思想家伏尔泰对孔子思想更是推崇备至，赞扬孔子哲学是一套完整的伦理学说，教导人们以普遍的理性抑制自己的欲望，从而建立起和平与幸福的社会。伏尔泰还把孔子的画像挂在自己的礼拜堂里，虔诚地朝夕礼拜。法国重农学派的创始人魁奈对儒家的重农轻商思想特别推崇。他的名著《经济学图表》就是在这一思想的启迪下推出了只有农业才是国家财富泉源的思想。魁奈评论《论语》第二十章时说："它们都是讨论善政、道德及美事……胜过于希腊七圣之言。"法国启蒙思想家把孔子作为"圣人"称颂，目的是利用他们加工改造过的理性化的孔子和儒家思想来针砭时弊，抨击封建制度，寄托自己的理想。例如，雅各宾派的著名领袖罗伯斯皮尔起草的《人权宣言》就引用了孔子的格言"己所不欲，勿施于人"。进入 20 世纪，法国对孔子和儒学的研究一直处于欧洲的前列，产生了沙畹、马伯乐、高本汉等一批著名学者。直至今日，他们的著作对加强中法文化交流仍然起着重要的作用。

孔子及儒家思想也以传教士为媒介在十七八世纪传入德国，对德国的启蒙思想家产生了很大的启迪作用。如莱布尼茨从 21 岁就开始研究儒学，对儒家的自然神论、伦理道德以及政治观点由衷地赞美，甚至公然宣称在道德和政治方面中国人优于欧洲人。《易经》一书及宋儒邵雍等对该书的图说，对莱布尼茨的二进位制算术的完善起了促进作用，而他的单子论也显然受到中国哲学的启示。此外，德国文学家歌德、席勒等也深受孔子和儒学的影响，他们作品中洋溢着的理性主义是与孔子和儒家思想相通的。第二次世界大战以后，德国学术界加强了对孔子、儒学和中国古代文化的研究，中德文化交流呈日益扩大之势。

孔子和儒学传入英国较晚，直到 19 世纪才由传教士马礼逊将儒家经典带到英伦三岛。鸦片战争以后，英国加强了对儒学的研究，理雅各留华 30 年，先后把《论语》《孟子》《大学》《中庸》《书经》《诗经》和《春秋左氏传》《礼记》《孝经》《易经》等译成英语，并对孔子作了崇高的评价，认为他"以最好的和最崇高的身份代表着人类最美的理想"。第二次世界大战以后，特别是新中国成立以后，英国对孔子和儒学的研究进一步加强，出现了如威利、火克思、崔采德、浦利波兰克等一大批声名卓著的学者。特别是李约瑟博士主持编写的《中国科学技术史》，对孔子和儒学提出了不少独到的见解。另一学者梅森则指出，儒学并不排斥自然科学，朱熹就以敏锐的观察和精湛的思辨悟出沧海桑田的变迁。

孔子及儒学传入美国较之传入欧洲差不多晚了两个世纪，直到 19 世纪初才由来华的传教士沟通了两个国家的交流。其中，裨治文、卫三畏、丁韪良、明恩溥、狄考文、卫斐烈、李佳白等就是有名的传教士兼汉学家。李佳白颂扬孔子是中国的"至圣"，儒家思想是"教民之本"，主张中国应以儒教立国。他认定儒教与基督教并不矛盾，要求儒教与基督教"互

相和合，互相敬爱，互相劝勉，互相辅助"。另一个美国学者艾默生认为
孔子是"中国文化的中心"，"是全世界各民族的光荣"，"孔子是哲学上的
华盛顿"。这些美国学者的著作和文章对美国人民了解孔子与儒学思想起
了重要的作用。进入 20 世纪，美国进一步加强了对中国问题包括儒学的
研究。各大图书馆大量收集有关中国的资料，一些大学纷纷开设中国问题
的课程，设立研究中国的各类机构，不少基金会也专门拨款推动中国问题
的研究。到第二次世界大战前，美国形成自己独具特色的研究中国问题的
队伍，涌现出一批著名的学者。他们对中国问题包括其中的儒学都有相当
的研究，对孔子及其思想作了很高的评价。二次世界大战之后，美国学术
界对中国问题及孔子与儒学的研究又大大前进了一步，产生了以费正清为
代表的研究中国问题的学者群。学术界之外，一些政界人士也研究孔子和
儒学思想，如美国国务卿斯退丁纽斯在 1945 年冬天的一次广播演说中，
提出维护世界和平的唯一办法，就是"发扬人类道德，灌输仁人的道德精
神，然道德必以中国孔子道德为目标"。20 世纪 60 年代以后，特别是随
着中美关系的"解冻"，中美政治、经济、文化的交流日趋活跃。美国学
术界对孔子和儒学的研究，无论就规模还是深度都达到了前所未有的水
平。除了对儒家经典和儒学著作的翻译、注释外，对孔子及儒家学派的哲
学、政治、伦理、教育等思想以及孔子和儒学与近代、当代中国的关系，
孔子及儒学在世界各国的传播、影响等问题，都进行了比较深入的研究，
出版了一大批著作，对孔子及儒学作了极高的评价。顾立雅推尊孔子为
"世界上最伟大的人物之一"。拉铁摩尔称颂孔子是"编述已经被认为是古
代圣人智慧公式的人"。威尔·杜兰则说："孔子的学说主宰中国达两千年
之久，中国的历史就是孔子思想的影响史。……在今天，要医治由于知识
的爆发、道德的堕落、个人及国家品格衰弱，以及那使个人遭致那种混乱
而起的痛苦的，实在没有比孔子的学说和教条这剂药方更好的了。"1984
年美国出版的《人民年鉴手册》，将孔子列为世界十大思想家之首。目前，
除中国之外，美国对孔子和儒家思想的研究已经走在世界的最前列。

　　此外，孔子思想和儒家学说也先后传入俄罗斯、东欧、东南亚、西

亚、南亚次大陆、澳洲、北非、拉丁美洲等几乎世界的每个角落，在那里产生着越来越大的影响。随着中国综合国力的不断提升和中外文化交流的不断扩大，孔子及儒学正大踏步地走向世界！

孔子与儒学之所以越来越为世界各国所接受，一方面因为孔子思想与儒学本身的许多理念具有广泛价值，一方面由于这些理念作为解决当今世界难题的宝鉴越来越为世界有识之士所认可。孔子和儒学，在哲学上注重人事，轻视鬼神，要求最大限度地发挥人的主观能动性；在政治上，提倡德治、仁政、举贤、清廉，对百姓富之教之；在伦理道德上主张爱人、立人、达人、修身、慎独，强调忠、孝、节、义、仁、礼、智、信，培养君子人格；孔子一生从事教育，学识渊博，循循善诱，与弟子亲密无间，充满亲情。这一切都超越了国界，与全人类的感情息息相通，因而极易为世界各个国家和民族的人民所理解、欢迎和接受。当前，放眼全球，映入人们眼帘的，一边是物质文明高度发展，一边是人情淡薄，道德沦丧；一边是某些富国富得流油，奢靡之风蔓延，同时不断发动战争夺取世界重要资源，一边是一些国家和地区，特别是一些第三世界的穷国在战争、饥饿和疾病中苦苦熬煎。如何使当今世界走向和平与安宁，均富与平等，恢复人与人之间的友爱、互助、信任、纯情？不少有识之士将目光投向孔子和儒家思想，期望从那里找到答案，找到出路，找到人类社会发展的美好前景。1985 年，世界上荣获诺贝尔奖的一批科学家在巴黎发表了一个著名的宣言，其中说："人类如果想在 21 世纪继续生存下去，就必须回眸2465 年前的孔子，从他的思想中汲取智慧。"看来，随着世界各个国家民族之间经济文化交流的进一步发展，孔子和儒学必将越来越融汇到人类文明发展的大潮中，展示其魅力和风采，发挥其日益巨大的积极作用。

孔子生平大事年表

公元前 551 年　周灵王二十一年　鲁襄公二十二年　1 岁

历史进入春秋晚期，"礼崩乐坏"，大国争霸，战乱频仍。

生于鲁国陬邑昌平乡，姓孔名丘，字仲尼。

公元前 549 年　周灵王二十三年　鲁襄公二十四年　3 岁

父亲叔梁纥去世，母亲颜徵在携孔子移居鲁国都曲阜阙里，艰难谋生。

公元前 548 年　周灵王二十四年　鲁襄公二十五年　4 岁

崔杼弑齐庄公。楚国"量入修赋"。

公元前 546 年　周灵王二十六年　鲁襄公二十七年　6 岁

宋国向戌发起"弭兵"运动，诸侯会盟于宋国。

孔子在母亲教育下，自幼好学，与儿童游戏，演习礼仪，同时参加各种劳动，"吾少也贱，故能鄙事"。

公元前 545 年　周灵王二十七年　鲁襄公二十八年　7 岁

大约在此前后，孔子入平民学校读书。

公元前 543 年　周景王二年　鲁襄公三十年　9 岁

郑国子产为政，"使都鄙有章，上下有服，田有封洫，庐井有伍"。

孔子在平民学校读书。

公元前 539 年　周景王六年　鲁昭公三年　13 岁

齐国政归陈氏，"国之诸市，屦贱踊贵"。晋国"民闻公命，如逃寇仇"。各诸侯国卿大夫坐大,"陪臣执国命","政在家门"。

孔子在平民学校读书。

公元前537年　周景王八年　鲁昭公五年　15岁

鲁国三桓季、孟、叔孙三家大夫在此前"三分公室"基础上再"四分公室",季氏占其二。

孔子经过多年刻苦学习,学业大进,坚定了立志向学的人生导向。

在此前后,充当丧祝开始为人"相礼"。

公元前535年　周景王十年　鲁昭公七年　17岁

楚国王为章华之宫。

母亲病逝。鲁贵族季氏宴请士以上贵族,孔子赴宴,被季氏家臣阳货拒之门外。

公元前533年　周景王十二年　鲁昭公九年　19岁

孔子娶宋国人亓官氏之女为妻。"入太庙,每事问",继续学习各种历史文化知识。

公元前532年　周景王十三年　鲁昭公十年　20岁

齐国陈氏击败栾、高二家贵族,势力进一步坐大。

孔子任季氏家委吏,即管理仓库的小官。同年生子,因鲁昭公赐鲤鱼为贺,故取名鲤,字伯鱼。

公元前531年　周景王十四年　鲁昭公十一年　21岁

楚国灭蔡国。

孔子改任季氏家的乘田吏,即管理牛羊畜牧的小吏。

公元前525年　周景王二十年　鲁昭公十七年　27岁

晋国灭陆浑之戎。

孔子会见来鲁国访问的郯国国君,谈少昊氏等东夷族的远古遗事。

公元前523年　周景王二十二年　鲁昭公十九年　29岁

学琴于师襄子。

公元前522年　周景王二十三年　鲁昭公十八年　30岁

楚国贵族伍员奔吴。郑国执政子产去世。新任执政大叔兴兵灭"崔苟之盗"。

在此前后，孔子创办私学，收徒讲学。会见来鲁国访问的齐景公。

公元前 518 年　周敬王二年　鲁昭公二十四年　34 岁

三月前后，孔子赴周王朝国都洛邑，访查典籍，问礼于老子，问乐于苌弘。

公元前 517 年　周敬王三年　鲁昭公二十五年　35 岁

鲁昭公与三桓矛盾激化，双方兵戎相见，昭公被逐奔齐，季氏代行鲁国政。

孔子批评"季氏八佾舞于庭"，"三家彻《雍》"。离鲁赴齐。

公元前 516 年　周敬王四年　鲁昭公二十六年　36 岁

王子朝携周王室典籍奔楚。

孔子至齐，寓高昭子家，会见晏婴，与齐景公论政。

公元前 515 年　周敬王五年　鲁昭公二十七年　37 岁

吴公子光杀吴国君僚自立，是为吴王阖闾。

齐国不用，孔子由齐返鲁。此后十余年一直贫居不仕，从事教学和思想文化研究，逐步建立起以仁礼互补为核心的理论体系，创立儒家学派。

公元前 513 年　周敬王七年　鲁昭公二十九年　39 岁

晋国赵鞅执政，赋一鼓铁，铸刑鼎，著范宣子刑书。遭孔子批评。

公元前 503 年　周敬王十七年　鲁定公七年　49 岁

孔子继续从事教学和研究。阳货劝他入仕。

公元前 502 年　周敬王十八年　鲁定公八年　50 岁

阳货发动叛乱，其同党公山不狃据费邑，使人召孔子，终未成行。不久阳货失败奔齐。

公元前 501 年　周敬王十九年　鲁定公九年　51 岁

入仕，任中都宰。

公元前 500 年　周敬王二十年　鲁定公十年　52 岁

孔子任司空，不久升任大司寇，主管鲁国的司法和治安事务。齐、鲁两国国君举行夹谷会盟，孔子任相礼陪鲁君赴会。他巧妙折冲，取得外交胜利，齐国归还此前侵占的鲁国郓、讙、龟阴之田。

齐相晏婴去世。

公元前 499 年　周敬王二十一年　鲁定公十一年　53 岁

以司寇行摄相事，代季氏处理国政。

公元前 498 年　周敬王二十二年　鲁定公十二年　54 岁

为了强公室，抑私家，孔子提出"堕三都"的计划并组织实施。堕郈、费成功，堕郕邑未竟功。孔子与三桓矛盾激化，失去信任。

公元前 497 年　周敬王二十三年　鲁定公十三年　55 岁

因为在鲁无法继续从政，孔子带领部分弟子出国游历，先到卫国，会见卫灵公。

公元前 496 年　周敬王二十四年　鲁定公十四年　56 岁

离卫赴陈国，途中在匡邑、蒲邑遇险后，返回卫国，受到卫灵公的欢迎。孔子会见卫灵公夫人南子，加强与当权者的联系，逐渐受到卫国朝野重视。孔子任卫灵公顾问，弟子子路等多人在卫国任职。

公元前 495 年　周敬王二十五年　鲁定公十五年　57 岁

卫灵公与南子同车游卫都街市，使孔子为次乘，招摇过市，孔子不悦。

公元前 494 年　周敬王二十六年　鲁哀公元年　58 岁

吴王夫差大败越国于夫椒。

佛肸以中牟叛，孔子欲往，子路反对，未成行。又想去晋国，至黄河渡口，得知晋国执政赵鞅杀害贤人鸣犊和窦犨，毅然返回，途经陬乡时，作《陬歌》，以悼念晋国被杀的两位贤者。返回卫国后，被卫灵公冷落。

公元前 493 年　周敬王二十七年　鲁哀公二年　59 岁

离卫赴陈国，途经曹、宋两国。宋国司马桓魋欲加害孔子，孔子师徒只得微服分散奔郑国。

公元前 492 年　周敬王二十八年　鲁哀公三年　60 岁

至陈国，任陈侯的文化顾问。

公元前 489 年　周敬王三十一年　鲁哀公六年　63 岁

离陈赴楚国，途中绝粮于陈、蔡间。

公元前 488 年　周敬王三十二年　鲁哀公七年　64 岁

至楚国汉北地区，与楚国北部地方长官叶公论政。此后两年，漫游汉北地区。

公元前 486 年　周敬王三十四年　鲁哀公九年　66 岁

吴国开邗沟，沟通江、淮，是为中国大运河之始。

孔子离楚返卫，经陈国，因病滞留于陈。

公元前 485 年　周敬王三十五年　鲁哀公十年　67 岁

病愈，自陈经仪、蒲入卫国，夫人亓官氏病逝。

公元前 484 年　周敬王三十六年　鲁哀公十一年　68 岁

吴军大败齐师于艾陵。

季康子迎聘孔子归鲁，结束 14 年的周游列国之行。鲁国待之以"国老"。此后继续从事教学和研究，并以主要精力整理《诗》《书》《礼》《易》《乐》《春秋》等典籍。

公元前 483 年　周敬王三十七年　鲁哀公十二年　69 岁

鲁国实施"用田赋"改革。

冉求做季氏家臣，帮助季氏进行赋税改革，提高税率，孔子认定他"聚敛"，号召弟子们"鸣鼓而攻之"。

孙子孔伋生。

公元前 482 年　周敬王三十八年　鲁哀公十三年　70 岁

吴、晋黄池会盟，吴王夫差主盟，成为春秋五霸之一。

孔子一行到子游任职的武城观光。儿子孔鲤病逝，以士礼安葬。

公元前 481 年　周敬王三十九年　鲁哀公十四年　71 岁

得到陈成子杀死齐简公的消息，孔子晋见鲁哀公和三桓，恳请出兵讨伐，未果。

颜回病逝，孔子十分悲伤。西狩获麟，《春秋》绝笔。

公元前 480 年　周敬王四十年　鲁哀公十五年　72 岁

与鲁君、季康子谈论防盗、杀人、服民等问题。

子路在卫国内乱中遇害，孔子更加悲痛，身体日衰。

公元前 479 年　周敬王四十一年　鲁哀公十六年　73 岁

楚国白公胜之乱。

二月十日，孔子病逝，葬于鲁城之北泗上墓地，弟子在墓地筑庐而居，为之守孝三年。

后　记

　　我 1960 年考入山东师范学院历史系，师从安作璋、胡滨、刘祚昌诸先生学习历史专业。1964 年考入中国科学院历史研究所读研究生，师从侯外庐先生学习中国思想史，到后来从事历史教学和研究，时间已经超过一个甲子。半个多世纪以来，我在历史研究中比较关注对历史人物，尤其是政治家与思想家的事功衡定、思想探颐和命运求索。自 1980 年出版《梁启超传》后，陆续出版了《老子》《王莽传》《刘邦评传》《秦始皇帝大传》《汉高帝大传》《汉光武帝大传》《辛亥著名人物传记丛书·梁启超》《细说王莽》《梁启超评传》《孟子传》等人物传记。在我撰写的论文中，不下百篇涉及从古代到近代的人物专评。我给历史人物写传，特别关注时代条件和个人修为的互动。我始终认定，每个历史人物都在他个人无法选定的历史条件下活动，在时代提供的或大或小的舞台上施展拳脚，最后的结局往往有天壤之别，而造成这种结局的最终原因是个人如何以自己独特的思想、智谋和才干因应时代的诉求。当年"约为兄弟"的项羽、刘邦都是叱咤风云的反秦起义军的领袖，具有贵族背景和气质的项羽风头一时还远远超过"无赖相"十足的刘邦，但他们最后竞争的结局是，项羽自刎乌江，刘邦成为大汉王朝的开国皇帝。一奶同胞的班固和班超，哥哥修为成划时代的历史学家却死于非命，而弟弟远赴西域打拼三十年赢得定远侯的显爵光耀门庭。……为他们写传，就要探寻结局背后的复杂成因，着重展示性格即命运的真谛。

2010年我彻底从山东大学儒学高等研究院退休后，又系统地重读先秦诸子，沉潜到那个时代与先贤进行心灵的对话。我再一次震惊儒、墨、名、法、道、阴阳诸家代表人物的思想之深邃超前，视野之宏阔辽远，才华之辉辉灼灼，文章之各有千秋。面对他们，我萌生了一个强烈的愿望，期盼在自己有生之年为其中的每一个代表人物写一部传记，以展现我心目中传主的思想、情操和命运。2013年齐鲁书社出版了我写的《孟子传》以后，我打算逐步推出孔子、老子、墨子、庄子、荀子、韩非子等人的传记。今年是孔子诞辰2573年，逝世2500年，谨以此书的出版作为对这位深深影响了中国和世界的思想文化巨人的纪念。

本书在写作和出版过程中，得到齐鲁书社总编刘玉林先生、山东大学易学研究中心教授刘保贞先生、人民出版社编审王萍女士等的帮助，在此特致衷心的感谢！

作　者

2021年5月1日于山东大学兴隆山寓所